Grokking Deep Learning

最小のコードで学習する
深層学習のすべて

Andrew W.Trask＝著
株式会社クイープ＝監訳

本書内容に関するお問い合わせについて

このたびは翔泳社の書籍をお買い上げいただき、誠にありがとうございます。弊社では、読者の皆様からのお問い合わせに適切に対応させていただくため、以下のガイドラインへのご協力をお願い致しております。下記項目をお読みいただき、手順に従ってお問い合わせください。

●ご質問される前に

弊社 Web サイトの「正誤表」をご参照ください。これまでに判明した正誤や追加情報を掲載しています。

正誤表　　https://www.shoeisha.co.jp/book/errata/

●ご質問方法

弊社 Web サイトの「刊行物 Q ＆ A」をご利用ください。

刊行物 Q ＆ A　https://www.shoeisha.co.jp/book/qa/

インターネットをご利用でない場合は、FAX または郵便にて、下記“翔泳社愛読者サービスセンター”までお問い合わせください。

電話でのご質問は、お受けしておりません。

●回答について

回答は、ご質問いただいた手段によってご返事申し上げます。ご質問の内容によっては、回答に数日ないしはそれ以上の期間を要する場合があります。

●ご質問に際してのご注意

本書の対象を越えるもの、記述個所を特定されないもの、また読者固有の環境に起因するご質問等にはお答えできませんので、あらかじめご了承ください。

●郵便物送付先および FAX 番号

送付先住所〒 160-0006 東京都新宿区舟町 5
FAX 番号 03-5362-3818
宛先（株）翔泳社愛読者サービスセンター

本書を、Tara と私に教育を受けさせるために
人生の多くの時間を犠牲にしてくれた母に捧げる。
母の努力が本書から感じ取れることを願っている。

そして本書を父に捧げる。
私たちに惜しみない愛情を注ぎ、まだ幼い頃にプログラミングと
テクノロジーを教えることに時間を割いてくれたことに感謝している。
あなたがいなければ本書が書かれることはなかっただろう。

あなたたちの息子であることは大きな誇りである。

まえがき

本書は3年間にわたる途方もない努力の成果です。あなたが手にしている本にたどり着くまでに、筆者は少なくとも2倍の量のページを書きました。6つの章は出版できる状態になるまでに3～4回は一から書き直しており、その途中で、当初の計画にはなかった重要な章が追加されました。

さらに重要なのは、本書に比類ない価値を持たせる2つの決断が早い段階で下されたことです。本書は、基本的な算術演算以外の数学の知識を必要とせず、何がどうなっているのかを隠してしまいがちな高レベルのライブラリを使用しません。つまり、本書を読めば、ディープラーニングの仕組みを誰でもきちんと理解できます。これをなし遂げるには、高度な数学や他の人が書いた複雑なコードに頼ることなく、基本的な概念や手法を説明したり教えたりする方法を考え出さなければなりませんでした。

本書を執筆する上で目標となったのは、ディープラーニングを実践するためのハードルをできるだけ下げることでした。理論をただ読むのではなく、自分で発見するのです。実際に動くデモがあれば、その助けになります。そこで、そうしたデモに必要なコードをすべて理解できるようにするために、大量のコードを書き、それを正しい順序で説明するように最善を尽くしました。

この知識を、本書で検討するすべての理論、コード、例と組み合わせれば、新しいアイデアをはるかにすばやく試せるようになります。成功への近道とよりよい雇用の機会が約束されるだけでなく、より高度なディープラーニングの概念をよりすばやく習得できるようになるでしょう。

この3年間、筆者は本書を執筆しただけでなく、オックスフォード大学の博士課程に進み、Googleのチームに参加し、分散人工知能プラットフォームであるOpenMinedをリードする手助けをしました。本書は何年にもわたる思考、学習、教育の集大成です。

ディープラーニングを学ぶための資料は他にもたくさんあります。本書を選んでくれたことをうれしく思っています。

謝辞

本書の制作に貢献してくれた方々全員に深く感謝しています。何よりもまず、Manningのすばらしいチームに感謝したいと思います。Bert Batesは文章の書き方を教えてくれました。Christina Taylorは3年間根気よく付き合ってくれました。Michael Stephensの創造力を考えれば、本書の成功は出版する前から決まっていたも同然でした。作業が遅れていたときはMarjan Baceの激励によって状況ががらりと変わったものでした。

メール、Twitter、GitHubを通じた初期の読者からの多大な貢献なしには、本書が現在の形になることはなかったでしょう。Jascha Swisher、Varun Sudhakar、Francois Chollet、Frederico Vitorino、Cody Hammond、Mauricio Maroto Arrieta、Aleksandar Dragosavljevic、Alan Carter、Frank Hinek、Nicolas Benjamin Hocker、Hank Meisse、Wouter Hibma、Joerg Rosenkranz、Alex Vieira、Charlie Harringtonに対し、本文とコードリポジトリの改良を助けてくれたことに深く感謝します。

制作のさまざまな段階で原稿を読むために時間を割いてくれたレビュー担当者に感謝したいと思います。Alexander A. Myltsev、Amit Lamba、Anand Saha、Andrew Hamor、Cristian Barrientos、Montoya、Eremey Valetov、Gerald Mack、Ian Stirk、Kalyan Reddy、Kamal Raj、Kelvin D. Meeks、Marco Paulo dos Santos Nogueira、Martin Beer、Massimo Ilario、Nancy W. Grady、Peter Hampton、Sebastian Maldonado、Shashank Gupta、Tymoteusz Wołodźko、Kumar Unnikrishnan、Vipul Gupta、Will Fuger、William Wheeler。

UdacityのMatとNikoにも感謝しています。UdacityのDeep Learning Nanodegreeに本書を追加してくれたおかげで、若いディープラーニング実践者の間で早い段階から本書が知られるようになりました。

Dr. William Hooperには、彼のオフィスにふらりと立ち寄っては、コンピュータサイエンスについてうるさく質問することを許してくれたことに感謝しなければなりません。彼が（すでに定員に達していた）Programming 1の授業を特別に受講させてくれたことが、私がディープラーニングの道に進むきっかけとなりました。かけだしの私を大目に見てくれたことに心から感謝しています。

最後に、夜も週末も本書にかかりきりの私に対して寛容で、原稿の整理を何度も手伝ってくれ、GitHubリポジトリの作成やデバッグまでしてくれた妻に感謝したいと思います。

本書について

本書は、ディープラーニングの基礎を理解し、主要なディープラーニングフレームワークを使いこなせるようになることを目的として書かれています。最初にニューラルネットワークの基礎に重点的に取り組んだ後、高度な層やアーキテクチャを詳しく見ていきます。

本書の対象読者

本書は学習のハードルをできるだけ下げることを意識して書かれています。線形代数、微積分、凸最適化はもちろん、機械学習の知識さえ前提としていません。ディープラーニングを理解するために必要なこれらのテーマについては、そのつど説明していきます。高校で数学を勉強し、Python をいじったことがあれば、本書を読む準備はできています。

本書の構成

本書は 16 の章で構成されています。

- 第 1 章ではディープラーニングを学ぶ理由と、学習を始めるにあたって必要なものについて説明します。
- 第 2 章では、機械学習、パラメトリックモデルとノンパラメトリックモデル、教師あり学習と教師なし学習などの基本概念を詳しく見ていきます。また、以降の章で繰り返し登場する「予測、比較、学習」パラダイムも紹介します。
- 第 3 章では、予測を行うための単純なネットワークを取り上げ、最初のニューラルネットワークを構築します。
- 第 4 章では、前章で行った予測を評価し、次のステップでモデルを訓練するために誤差を特定する方法について説明します。
- 第 5 章では、「予測、比較、学習」パラダイムの学習部分に焦点を合わせ、詳細な例を用いて学習モデルを追っていきます。
- 第 6 章では、最初の「ディープ」ニューラルネットワークを構築します。
- 第 7 章では、ニューラルネットワークを俯瞰的に捉えることで、頭の中のイメージを単純化します。
- 第 8 章では、過学習、ドロップアウト、バッチ勾配降下法を紹介し、新たに構築したニューラルネットワークでデータセットを分類する方法について説明します。

- 第 9 章では、活性化関数を取り上げ、確率をモデル化するときに活性化関数を使用する方法について説明します。
- 第 10 章では、畳み込みニューラルネットワークを取り上げ、構造が過学習の抑制に役立つことを示します。
- 第 11 章では、自然言語処理(NLP)を取り上げ、ディープラーニング分野の基本的な用語や概念を紹介します。
- 第 12 章では、リカレントニューラルネットワーク(RNN)を紹介します。RNN はほぼすべてのシーケンスモデリング分野において最先端のアプローチであり、この業界において最もよく使用されているツールの 1 つです。
- 第 13 章では、ディープラーニングフレームワークのパワーユーザーになることで、ディープラーニングフレームワークを一から構築する方法を速習します。
- 第 14 章では、リカレントニューラルネットワークを使って言語のモデル化という難題に取り組みます。
- 第 15 章では、データのプライバシーに着目し、フェデレーションラーニング、準同型暗号、そして差分プライバシーやセキュアな MPC(Multi-Party Computation)に関連する概念など、プライバシーの基本概念を紹介します。
- 第 16 章では、ディープラーニングの旅を続けるために必要なツールやリソースを紹介します。

本書のサンプルコード

本書のサンプルコードは https://github.com/iamtrask/grokking-deep-learning からダウンロードできます。

本書では、Jupyter Notebook と NumPy を使用します。これら 2 つのツールのインストール手順はそれぞれのWebサイトにあります※1。本書の例はPython 2.7で作成したものですが、Python 3でもテストしてあります。インストールの手間を省きたい場合は、Anaconda フレームワークもお勧めです※2。

※ 1　Jupyter Notebook : https://jupyter.org/
NumPy : https://numpy.org/
[訳注] 翻訳時の検証には、Python 3.7.4、NumPy 1.17.2 を使用した。

※ 2　https://docs.continuum.io/anaconda/install/

著者紹介

Andrew Trask（アンドリュー・トラスク）

Digital Reasoningの機械学習研究所の創設メンバー。Digital Reasoningでは、自然言語処理、画像認識、音声文字起こしに対するディープラーニング手法の研究を行っている。Andrewと研究パートナーは、数か月のうちに、感情分類と品詞タグ付けにおいて公開されていた最善の結果を上回る成果を出している。世界最大の人工ニューラルネットワークを1,600億あまりのパラメータで訓練し、その結果はThe International Conference on Machine Learningで共著論文として発表されている。それらの結果は『Journal of Machine Learning』に掲載された。現在はDigital Reasoningでテキスト／音声分析のプロダクトマネージャーを務めており、ディープラーニングをコアコンピテンシーとするSynthesysのコグニティブコンピューティングプラットフォームの分析ロードマップの進行を管理している。

目次

1 ディープラーニング入門
ディープラーニングを学ぶのはなぜか

本章の内容

- なぜディープラーニングを学ぶべきなのか
- なぜ本書を読むべきなのか
- どのような準備が必要か

> “数学が難しいからといって気に病むことはない。私のほうがもっと苦労している。”
>
> —アルベルト・アインシュタイン

1.1 ディープラーニングの世界へようこそ

この時代に最も価値あるスキルを学ぶ

このページを開いてくれてありがとう！ ディープラーニングは機械学習と人工知能が交わる刺激的な分野であり、社会や産業をがらりと変えるものです。本書で説明する手法はあなたの周囲の世界を変えています。自動車のエンジンの最適化からソーシャルメディアに表示される内容まで、ディープラーニングはそれこそどこにでも存在し、圧倒的な存在感を放っています。そしてすごくおもしろいのです。

1.2　なぜディープラーニングを学ぶべきなのか

知能を徐々に自動化するための強力なツール

古来より、人間は周囲の環境を理解して制御するために道具をこしらえてはよいものにしてきました。ディープラーニングは、このイノベーションの物語における「今日の章」にあたります。

この章がこれほど人を引き付けるのは、この分野が**機械のイノベーション**というよりも**知的なイノベーション**だからです。機械学習の他の分野と同様に、ディープラーニングの目的は**知能をちょっとずつ自動化すること**にあります。この数年間の試みは大きな成功を収めており、コンピュータビジョン、音声認識、機械翻訳、その他のタスクでこれまでの記録を塗り替えています。

膨大な数の分野にわたってこれらの偉業を達成するにあたり、ディープラーニングが**人間の脳にヒントを得たアルゴリズム**（ニューラルネットワーク）を使用していることを考えると、これは驚くべきことです。ディープラーニングはまだ発展途上の分野であり、多くの課題を抱えていますが、最近の開発は途方もない興奮を生み出しています。おそらく私たちは単なるよい道具を発見したのではなく、人間の心の窓を開いたのです。

ディープラーニングは熟練労働を自動化する可能性を秘めている

ディープラーニングの開発が現在どれくらい進んでいるかについてはさまざまな見方があり、その潜在的な影響があれこれ取沙汰されています。こうした予測の多くは大袈裟なものですが、検討する価値のあるものが１つあります ―― 職を奪われることです。というのも、ディープラーニングのイノベーションが「ここで」止まってしまったとしても、世界中の熟練労働者にすでに途轍もない影響を与えているからです。ディープラーニングが安価な代替策となる説得力のある例としては、コールセンターのオペレーター、タクシーの運転手、ヒラのビジネスアナリストが挙げられます。

幸いなことに、経済は突然変化したりしません。しかし、現在のテクノロジーの能力を考えると、いくつかの面で気がかりな点はすでに通り過ぎています。本書を読むことで、崩壊の危機に直面している産業から、成長／繁栄期を迎えている産業 ―― つまり、ディープラーニングへうまく移行できることを願っています。

知能と創造力のシミュレーションから人間とは何かが明らかになる

筆者がディープラーニングを始めたのは好奇心からです。ディープラーニングは人間と機械が交錯するすばらしい分野です。考える、推測する、作り出すことが実際に何を意味するのかを解き明かすのは、啓発的で、魅力的で、筆者にとって刺激的です。ありとあらゆる絵画のデータセットを使ってモネに似た絵を描く方法を機械に教えるとしましょう。これはまったくもって可能であり、その仕組みを確認できるなんてびっくりするほどすごいことです。

1.3　ディープラーニングを学ぶのは難しい？

「楽しく」なるまでの作業はどれくらい大変か

これは筆者が気に入っている質問です。筆者にとって「楽しさ」とは、自分が作ったものが**学習する**のを目の当たりにすることです。自分が作ったものがそのようなことをするなんて驚きです。あなたも同じように感じるとしたら、答えは簡単です。本書では、第３章の数ページ目で最初のニューラルネットワークを作成します。そのために必要な作業は、ここからそこまでのページを読むことだけです。

第３章からは、コードを少し覚えます。そして、第４章の中ほどまで読み進めると、「次」の楽しさが見つかります。各章はそのように進みます。前の章のコードを覚えてから次の章を読むと、新たなニューラルネットワークを実際に試してみることができます。

1.4　なぜ本書を読むべきなのか

ディープラーニングを始めるためのハードルは驚くほど低い

本書を読む理由は、筆者が本書を書いている理由と同じです。筆者が知る限り、（大学の数学の学位に相当する）**高度な数学の知識を前提とせず**にディープラーニングを教えるリソース（書籍、講座、ブログの記事）が他にないからです。

誤解しないでほしいのですが、数学を用いてディープラーニングを教えることにはちゃんとした理由があります。結局のところ、数学は言語です。この言語を使ってディープラーニングを教えるほうが**効率的**であることは確かです。しかし、ディープラーニングの「仕組み」をしっかりと理解した聡明かつ優秀な実践者になるために、高度な数学の知識を前提とすることが絶対に必要であるとは思えないのです。

では、なぜ本書を使ってディープラーニングを学ぶべきなのでしょうか。本書では、高校レベルの数学の知識がある（そしてその知識がさびついている）ことを前提としており、**知っておく必要があることについてはそのつど説明する**からです。掛け算を覚えているでしょうか。xyグラフ（方眼紙に線が引かれたもの）を覚えているでしょうか。それで十分です。

フレームワークの内部の仕組みが理解しやすくなる

ディープラーニングの教材（書籍、講座など）は大きく2種類に分かれます。1つ目は、PyTorch、TensorFlow、Kerasなど、よく知られているフレームワークやコードライブラリの使い方を中心に説明するものです。2つ目は、ディープラーニングそのものを教えることに焦点を合わせたものです。要するに、主要なフレームワークの**内部の科学**を教えるものです。

最終的には、「両方」を学ぶことが重要です。NASCARのドライバーになりたければ、操縦するモデル（フレームワーク）とドライビング（科学とスキル）の両方を学ばなければならない、というのと同じです。しかし、フレームワークを学ぶだけでは、マニュアル車がどのようなものかも知らないのに最新モデルのシボレーカマロの長所と短所を学ぶようなものです。本書では、ディープラーニングがどのようなものかを説明することで、フレームワークを学ぶための準備を整えます。

数学に関連する内容はすべて直観的なたとえに置き換えられる

筆者は数式に遭遇するたびに、次の2段階のアプローチをとっています。まず、その手法を現実の直観的な「たとえ」に置き換えます。数式を文字どおりに受け取ることはまずありません。数式を「パーツ」に分解し、それぞれにストーリーを割り当てます。本書でも同じアプローチをとっています。数学的な概念にぶつかったときは、その数式が実際に行うことを別のたとえで示します。

> “ 物事はできるだけ単純であるべきだが、単純すぎてもいけない。”
>
> —アルベルト・アインシュタイン

入門編の後は「プロジェクト」ベースで進む

何か新しいことを学ぶときにいやな点を1つ挙げるとすれば、学んでいる内容が役立つ、あるいは問題に直結するものかどうかに疑問を抱くことです。実際に誰かが金づちに関するあらゆることを教えてくれたとしても、金づちを持って釘をこういうふうに打つと教えてくれなければ、金づちの使い方を教えているとは言えません。点と点が線で結ばれていないこともあるでしょう —— 金づちと釘の入った箱とたくさんの木材を持たされて現実世界に放り出されたら、当てずっぽうでやるしかありません。

本書では、木材、釘、金づちの目的を説明する前に、それらを読者に与えます。各レッスンでは、道具を手に取り、それらを使って何かを作り、作業を進めながらその仕組みについて説明します。このようにすると、さまざまなディープラーニングツールの詳細をまとめたリストが手元に残るだけ、ということはなくなり、それらのツールを使って問題を解決する能力が身につくはずです。さらに、最も重要な部分である「解決したい問題に対して各ツールがどのような状況でなぜ適しているのか」についても理解できます。この知識があれば、学業でも仕事でもキャリアを築くことができるでしょう。

1.5　どのような準備が必要か

Jupyter Notebook と NumPy のインストール

筆者はもっぱら Jupyter Notebook で作業を行っています。ディープラーニングを学ぶ上で(筆者にとって)最も重要なことの 1 つは、訓練の途中でニューラルネットワークを停止させ、すべてのパーツをばらばらにしてどうなっているのかを確認できることです。このような目的にもってこいなのが Jupyter Notebook です。

本書では NumPy を詳しく見ていきますが、これはフレームワーク(線形代数ライブラリ)を 1 つしか使用しないからこそ可能なことです。これにより、フレームワークを呼び出す方法だけでなく、あらゆる部分の仕組みを理解できます。本書では、ディープラーニングをすべて一から教えます。

必要なツールのインストール手順については、「はじめに」を参照してください。

高校の数学の知識が必要

本書の目的は、代数の基礎を理解しているという前提で、ディープラーニングを教えることにあります。

個人的に解いてみたい問題を見つける

これは作業を始めるために「必要かもしれない」という程度のことに思えるかもしれません。そうとも言えるでしょうが、まじめな話、ぜひ個人的に解いてみたい問題を探してみてください。筆者が知っている中で、ディープラーニングで成果を上げている人は全員、解決しようとしている問題が何かしらありました。ディープラーニングを学ぶことは、他の興味深いタスクを解決するための「前提条件」にすぎません。

筆者の「問題」は、Twitter を使って株価を予測することでした。Twitter を使った株価予測はとてもおもしろそうだったので、腰を据えて文献を読み、プロトタイプを構築してみようという気になりました。

今にしてみると、この分野は真新しく、急速に変化しています。このため、次の数年間、これらのツールを使って1つのプロジェクトを追求すれば、気がつけば「その問題」の第一人者になっていた、ということだってあるかもしれません。筆者の場合、プログラミングについてほとんど何も知らない状態から、ディープラーニングについて学んだ知識を応用したプロジェクトを立ち上げ、ヘッジファンドから研究助成金を獲得するまでに要した時間は18か月ほどでした。あるデータセットを使って別のデータセットを予測する興味深い問題があることは、ディープラーニングにおいて重要な触媒の役割を果たします。ぜひ見つけてください。

1.6　Pythonの知識が必要

本書ではPythonを使って説明する

Pythonは驚くほど直観的な言語です。これまでに作成された中で最も広く採用され、最も理解しやすい言語かもしれないと筆者は考えています。さらに、Pythonコミュニティはこれ以上ないほどシンプルであることに情熱を傾けています。このような理由により、本書ではすべての例をPythonで記述することにしました。

コーディング経験はどれくらい必要か

Python Codecademy[※1]というオンライン講座（英語版のみ）をざっと眺めてみてください。目次を読み、そこにある用語をすんなり理解できれば、準備はできています。よくわからない用語がある場合は、その項目を読んでから戻ってきてください。この講座は初心者向けに非常によく練られています。

1.7　まとめ

Jupyter Notebookがあり、Pythonの基礎を理解していれば、次章に進む準備はできています。次章は、（何かを構築するのではなく）大部分が説明で構成される最後の章です。この章では、人工知能、機械学習、（そして肝心の）ディープラーニングの高度な用語、概念、分野を紹介します。

※1　https://www.codecademy.com/learn/learn-python

基本概念 機械はどのように学習するか　2

本章の内容

- ディープラーニング、機械学習、人工知能とは何か
- パラメトリックモデルとノンパラメトリックモデル
- 教師あり学習と教師なし学習
- 機械はどのように学習するか

 5年後には、大型IPOの成功はすべて機械学習によるものになるだろう。

—エリック・シュミット、Google Executive Chairman、
GCP Next 2016の基調講演にて

2.1　ディープラーニングとは何か

ディープラーニングは機械学習の手法の一種

ディープラーニングは機械学習の一種であり、学習能力を持つ機械（マシン）の研究と開発を目的とする分野です（汎用人工知能の実現が最終目標になることもあります）。

この業界では、コンピュータビジョン（画像）、自然言語処理（テキスト）、自動音声認識（音声）など、さまざまな分野の実用的なタスクの解決にディープラーニングが使用されています。簡単に言うと、ディープラーニングは機械学習のツールボックスに含まれている**手法**の1つであ

り、**人工ニューラルネットワーク**を主に使用します。人工ニューラルネットワークは、人間の脳にヒントを得たアルゴリズムの一種です。

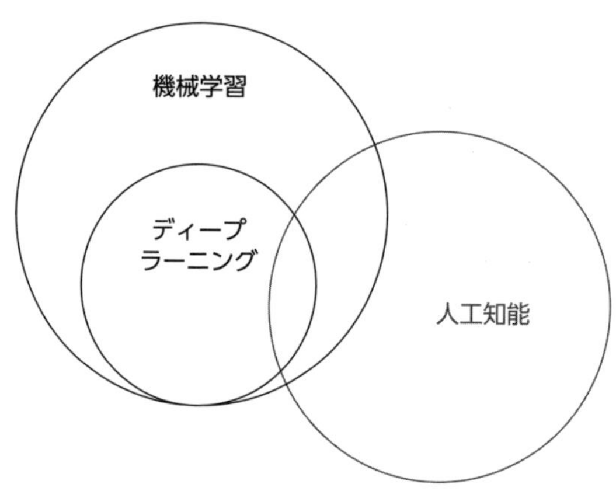

この図に示されているように、すべてのディープラーニングが汎用人工知能（映画に登場するような意識を持つ機械）を追求するわけではありません。このテクノロジーは幅広い問題の解決に応用されています。本書では、最先端の研究や業務に取り組む準備を整えるために、その両方を支えているディープラーニングの基礎を理解します。

2.2　機械学習とは何か

> 明示的にプログラムしなくても学習する能力をコンピュータに与える研究分野
>
> —アーサー・サミュエル

ディープラーニングが機械学習の一種であるとすれば、機械学習は何でしょうか。一般的には、その名前が示すとおりのものです。機械学習はコンピュータサイエンスの一分野であり、**明示的にプログラムされていない**タスクを実行するために**機械が学習**します。要するに、機械がパターンを観測し、そのパターンを何らかの方法で直接または間接的に模倣しようとします。

機械学習　〜=　猿真似をする

ここで、直接的な模倣と間接的な模倣は**教師あり**（supervised）と**教師なし**（unsupervised）の２種類の機械学習法に対応しています。教師あり機械学習は、２つのデータセット間のパターンを直接模倣するものであり、常に入力データセットを出力データセットに変換しようとします。これは非常に強力で有益な機能になることがあります。次の例について考えてみましょう（入力は入力データセット、出力は出力データセットを意味します）。

- 画像のピクセルを使って（入力）、ネコが存在するかどうかを検出する（出力）
- 好きな映画を使って（入力）、他にも気に入りそうな映画を予測する（出力）
- 誰かの言葉を使って（入力）、喜んでいるのか悲しんでいるのかを予測する（出力）
- センサーのデータを使って（入力）、降水確率を予測する（出力）
- エンジンのセンサーを使って（入力）、最適な設定を予測する（出力）
- ニュースデータを使って（入力）、明日の株価を予測する（出力）
- 入力された数値を使って（入力）、その２倍の数値を予測する（出力）
- 生のオーディオファイルを使って（入力）、その音声のテキストを予測する（出力）

これらはすべて教師あり機械学習タスクです。どの場合も、機械学習アルゴリズムは**あるデータセットを使って別のデータセットを予測できる**ような方法で、２つのデータセット間のパターンを模倣しようとします。上記のすべての例で、**入力**データセットだけで**出力**データセットを予測できるとしたらどうでしょうか。それは途轍もない能力になるはずです。

2.3　教師あり機械学習

教師あり機械学習はデータを変換する

教師あり機械学習は、あるデータセットを別のデータセットに変換するための手法です。たとえば、過去10年間の毎週月曜日の株価をすべて記録したMonday Stock Pricesというデータセットと、同じ期間にわたって記録されたTuesday Stock Pricesというデータセットがあるとします。ここで、教師あり機械学習がどちらかのデータセットを使ってもう一方のデータセットを予測するとしましょう。

この10年分の月曜日と火曜日のデータセットで教師あり機械学習アルゴリズムをうまく訓

練すれば、月曜日の株価に基づいて翌日の火曜日の株価を予測できるかもしれません。このことについて少し考えてみてください。

教師あり機械学習は応用人工知能の重要な要素であり（応用人工知能は特化型 AI とも呼ばれます）、**知っていること**を入力として受け取り、**知りたいこと**にすばやく変換するのに役立ちます。このため、教師あり機械学習アルゴリズムは人間の知能や能力をそれこそさまざまな方法で拡張することができます。

機械学習を使った作業の大部分は、何らかの教師あり分類器の訓練に費やされます。正確な教師あり機械学習アルゴリズムの開発に役立てるために、通常は（後ほど説明する）教師なし機械学習も実行されます。

本書の残りの部分では、入力データを有益な出力データに変換できるアルゴリズムを作成します。つまり、観測可能で、記録可能で、さらには**理解可能**なデータを、論理分析が必要なデータに変換します。これが教師あり機械学習の威力です。

2.4 教師なし機械学習

教師なし機械学習はデータを分類する

教師なし機械学習は、あるデータセットを別のデータセットに変換する点では、教師あり機械学習と同じです。ただし、変換されるデータセットが**事前に知らされておらず、理解されていない**という違いがあります。教師あり機械学習とは違って、モデルに複製させる「正しい答え」はありません。「このデータからパターンが見つかったら教えて」と教師なし学習アルゴリズムに命令するだけです。

たとえば、**データセットをグループに分類する**ことは教師なし学習の一種です。分類（クラスタ化）では、**データポイント**のシーケンスが**クラスタラベル**のシーケンスに変換されます。10 個のグループを学習する場合、ラベルはたいてい 1 から 10 までの数字になります。各データポイントには、そのデータポイントが属しているグループに基づいて数字が割り当てられます。このようにして、データセットが一連のデータポイントから一連のラベルに変換されます。これらのラベルはなぜ数字なのでしょうか。アルゴリズムは、そのグループが何なのかまでは教えてくれません。知りようがないからです。アルゴリズムが教えてくれるのは、「何か構造のようなものが見つかった。データの中に次のようなグループがあるようだ」ということだけです。

このクラスタ化の概念を教師なし学習の定義としてしっかり覚えておいてください。教師なし学習の形式はさまざまですが、**どのような形式の教師なし学習もクラスタ化の一種と見なすことができる**からです。この点については、後ほど詳しく説明します。

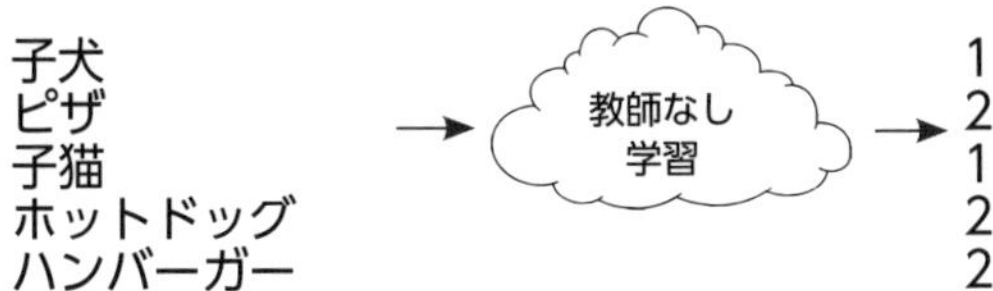

この例について考えてみましょう。各グループの名前はわかりませんが、アルゴリズムがそれぞれの単語をどのような方法でクラスタ化したのかがわかります（答え：1 はかわいい、2 はおいしい）。他の形式の教師なし学習もクラスタ化の一種にすぎません。これらのクラスタが教師あり学習になぜ役立つのかは、後ほど明らかになります。

2.5　パラメトリック学習とノンパラメトリック学習

ざっくり言うと、試行錯誤学習と数え上げ／確率

先の 2 つの節では、すべての機械学習アルゴリズムを教師ありと教師なしの 2 つに分けました。ここでは、同じ機械学習アルゴリズムをパラメトリックとノンパラメトリックの 2 つのグループに分けます。この小さな機械学習の雲には、次の 2 つの設定があります。

つまり、実際には4種類のアルゴリズムの中から選択することになります。アルゴリズムは、教師なしか教師ありのどちらかであり、かつパラメトリックかノンパラメトリックのどちらかです。教師あり学習と教師なし学習は学習する**パターンの種類**に関するものですが、パラメトリックとノンパラメトリックは学習の**保存方法**に関するものであり、さらに言えば、**学習の方法**に関するものです。まず、パラメトリックとノンパラメトリックの正式な定義から見てみましょう。実際には、厳密な違いをめぐってまだ議論が繰り広げられています。

> パラメトリックモデルのパラメータの数は固定であり、ノンパラメトリックモデルのパラメータの数は**無限**です（データによって決まります）。

例として、四角い杭を正しい（四角い）穴に押し込む問題があるとしましょう。小さな子供はいずれかの穴にすっぽり収まるまですべての穴に杭を押し込んでみます（パラメトリック）。しかし、10代ともなると、面の数（4）を数えて、同じ数の面を持つ穴を探すかもしれません（ノンパラメトリック）。パラメトリックモデルは試行錯誤する傾向にあり、ノンパラメトリックモデルは数を数える傾向にあります。もう少し詳しく見てみましょう。

2.6　教師ありパラメトリック学習

ざっくり言うと、つまみを用いた試行錯誤学習

教師ありパラメトリック学習に基づく機械は、決まった数のつまみ（パラメトリック部分）が付いた機械です。これらのつまみを回すと、学習が行われます。入力データが渡され、つまみの角度に基づいて処理され、**予測値**に変換されます。

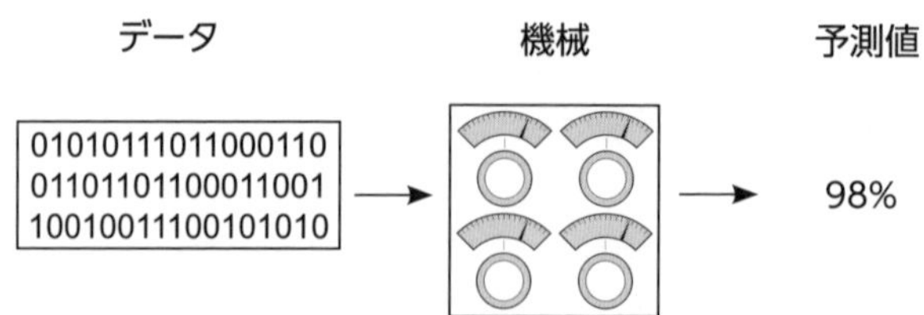

学習はつまみをさまざまな角度に回すことによって行われます。たとえば、レッドソックスがワールドシリーズで勝つ確率を予測したい場合、このモデルはまず、入力データを使って予測を行います。入力データは勝敗記録や選手の足指の平均数といった試合の統計データなどで

あり、勝つ確率は98%と予測されるかもしれません。次に、このモデルはレッドソックスが実際に勝ったかどうかを確認します。勝敗がわかった後、このモデルはつまみを回して、次回同じ入力データや似たような入力データが与えられたときにより正確な予測ができるようにします。

チームの勝敗記録が予測の判断材料として適切だった場合、このモデルは「勝敗記録」つまみの出力を「上げる」でしょう。逆に、チームの勝敗記録が予測の判断材料として不適切だった場合は、このつまみの出力を「下げる」かもしれません。パラメトリックモデルの学習は、このような方法で行われます。

モデルが学習した内容は常につまみの位置で表すことができます。この種の学習モデルは探索アルゴリズムとして考えることもできます。設定・調整・リトライを繰り返しながら、つまみの適切な設定を「探す」からです。

さらに言うと、この試行錯誤の概念は正式な定義ではありませんが、パラメトリックモデルに共通する特性です(ただし、例外があります)。任意の(ただし固定の)数のつまみがある場合、最適な設定を突き止めるには、ある程度の調査が必要です。対照的に、ノンパラメトリック学習は数え上げに基づくことが多く、新たに数えるものが見つかった場合は新しいつまみを追加します。教師ありパラメトリック学習を3つのステップに分けて見ていきましょう。

ステップ1：予測する

教師ありパラメトリック学習の具体的な例として、ここでもレッドソックスがワールドシリーズで勝つかどうかを予測することにします。先に述べたように、まず、試合の統計データを集め、それらを機械に渡して、レッドソックスが勝つ確率を予測します。

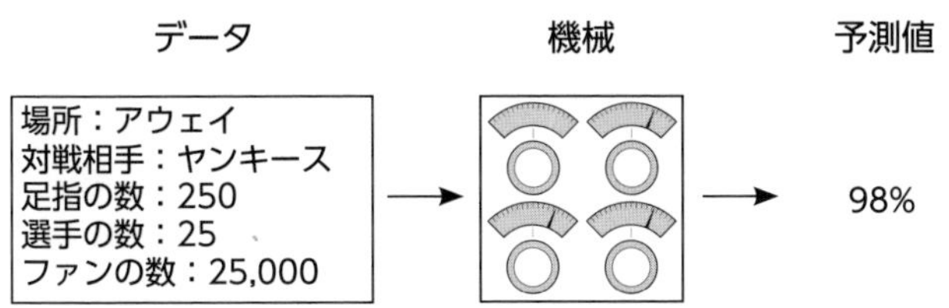

ステップ2：真のパターンと比較する

次に、予測値(98%)を目的のパターン(レッドソックスが勝ったかどうか)と比較します。残念ながらレッドソックスは負けてしまったので、比較の結果は次のようになります。

予測値：98% > **真の値**：0%

このモデルの予測値が0%であったとしたら、チームが次の試合に負けることを完全に予測していたことになります。そこで、機械の性能を向上させるために、ステップ3に進みます。

ステップ3：パターンを学習する

このステップでは、モデルの予測（98%）がどれくらい外れていたかと、予測時の入力データ（試合の統計データ）の両方を学習することで、つまみを調整します。つまり、つまみを回すことで、特定の入力データに対する予測がより正確になるようにします。

理論的には、次に同じ統計データが渡されたときの予測値は98%よりも低くなるはずです。それぞれのつまみが**さまざまな入力データに対する予測の感度**を表すことに注意してください。この感度を変更するのは「学習」するときです。

つまみを回して感度を調整する

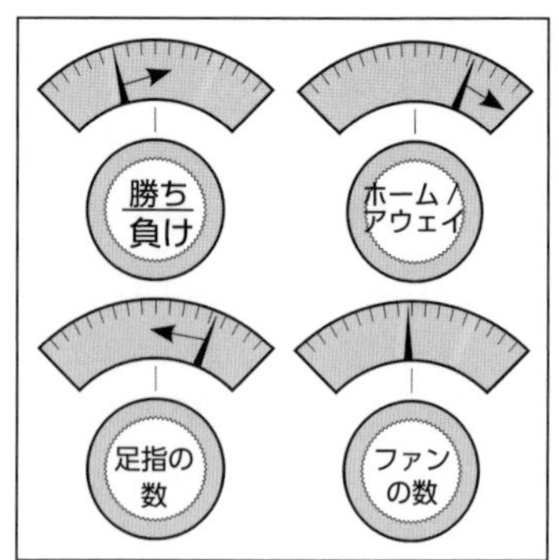

2.7　教師なしパラメトリック学習

教師なしパラメトリック学習のアプローチも非常によく似ています。大まかな手順を見てみましょう。先に述べたように、教師なし学習の目的はデータを分類することです。教師なしパラメトリック学習では、つまみを使ってデータをグループに分類します。ですがこの場合は、グループごとに複数のつまみを使用するのが一般的であり、それぞれのつまみは特定のグループに対する入力データの親和性を表します（これは大まかな説明なので、例外やちょっとしたニュアンスの違いがあります）。入力データを右図の3つのグループに分類したいとしましょう。

ホームまたはアウェイ	ファンの数
ホーム	**100k**
アウェイ	50k
ホーム	**100k**
ホーム	**99k**
アウェイ	50k
アウェイ	10k
アウェイ	11k

このデータセットのデータは、パラメトリックモデルに特定させたい3つのグループ（クラスタ）を示しています。太字はグループ1、太字なしはグループ2、グレーはグループ3です。訓練した教師なし学習モデルに1つ目のデータポイントを渡すと、グループ1に最も強くマッピングされることがわかります。

各グループの機械は、入力データを0から1までの数字に変換することで、**入力データがそのグループのメンバーである確率**を示します。このようなモデルの訓練の方法や最終的な特性はそれこそさまざまですが、大まかに言えば、これらのモデルはパラメータを調整することで、入力データを（1つ以上の）グループに分類します。

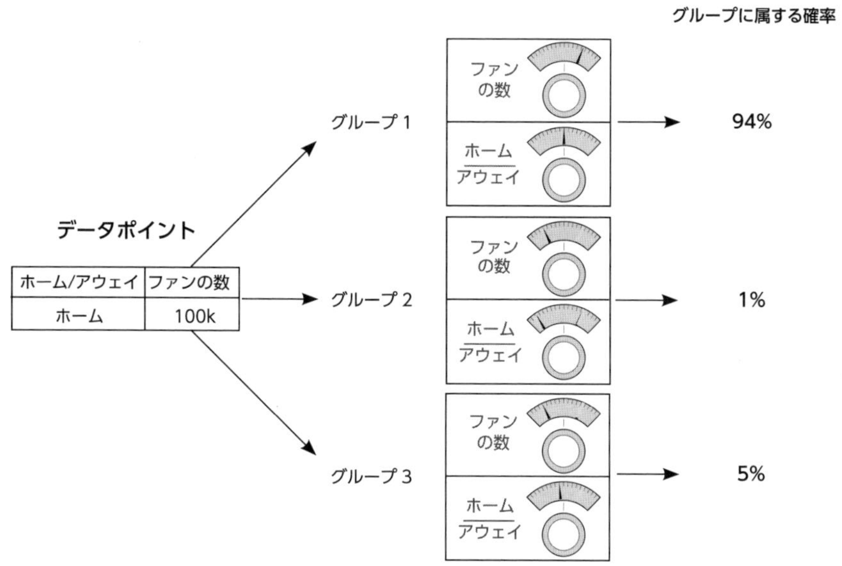

2.8 ノンパラメトリック学習

ざっくり言うと、数え上げに基づく手法

ノンパラメトリック学習は、パラメータの個数が（事前に定義されるのではなく）データによって決まるアルゴリズムです。このため、さまざまな方法で数を数える手法に適しており、データに含まれているカウント可能なアイテムの個数に基づいてパラメータの個数が増えていきます。たとえば、教師あり学習のノンパラメトリックモデルが、信号機の信号が特定の色のときに車が「通行」する回数を数えるとしましょう。ほんのいくつかのサンプルを数えた後、このモデルは「真ん中」の信号が常に車を通行させることと（100%）、「右」の信号が車をときどき通行させること（50%）を予測できるようになるでしょう。

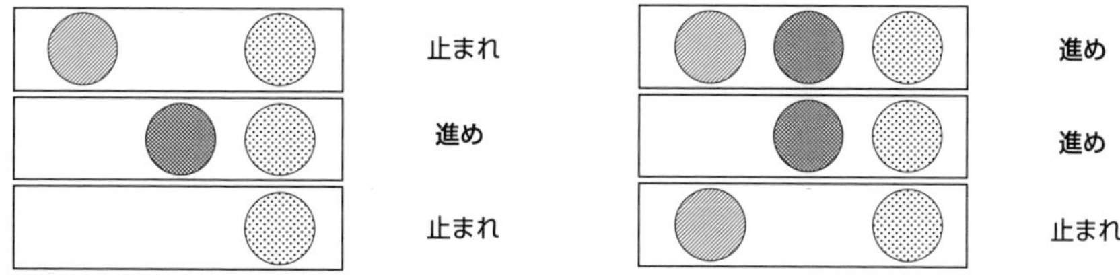

このモデルにはパラメータが 3 つあります。これらのパラメータは、それぞれの信号が点灯して車が通行する回数を表す 3 つのカウントです（おそらく観測値の総数で割ってあるでしょう）。信号の数が（3 つではなく）5 つだったとしたら、パラメータは 5 つになるでしょう。パラメータの個数がデータ（信号の数）に基づいて変化するため、この単純なモデルは**ノンパラメトリック**です。対照的に、パラメトリックモデルの場合はパラメータの個数が最初から決まっています。さらに重要なのは、そのモデルを訓練するサイエンティストの一存で（データに関係なく）パラメータの個数を増減できることです。

注意深い読者は、この考えに異議を唱えるかもしれません。先ほどのパラメトリックモデルでは、入力データごとにつまみがあるように見えました。ほとんどのパラメトリックモデルでも、データに含まれているクラスの個数に基づいた入力が与えられなければなりません。このため、パラメトリックアルゴリズムとノンパラメトリックアルゴリズムの間には**グレーゾーン**が存在します。パラメトリックアルゴリズムでさえ、明らかな数え上げパターンではないものの、データ内のクラスの個数に多少左右されます。

このことは、**パラメータ**が総称で、パターンをモデル化するために使用される一連の数字を表すにすぎないことも示しています（ただし、それらの数字の使い方に制限はありません）。カウントはパラメータです。重みはパラメータです。正規化されたカウントや重みはパラメータです。相関係数もパラメータのことがあります。パラメータという用語は、パターンをモデル化するために使用される一連の数字を表すのです。そして、ディープラーニングはパラメトリックモデルの一種です。ノンパラメトリックモデルの説明は以上になりますが、ノンパラメトリックモデルは興味深く強力なアルゴリズムです。

2.9　まとめ

本章では、さまざまな機械学習を少し詳しく見てきました。機械学習アルゴリズムが教師ありか教師なしであり、かつパラメトリックかノンパラメトリックであることがわかりました。さらに、これら 4 種類のアルゴリズムの違いも確認しました。教師あり機械学習があるデータセットを学習して別のデータセットを予測することと、教師なし学習が 1 つのデータセットをさまざまなクラスタに分類することがわかりました。また、パラメトリックアルゴリズムではパラメータの個数が決まっていることと、ノンパラメトリックアルゴリズムではデータセットに基づいてパラメータの個数が調整されることもわかりました。

ディープラーニングでは、ニューラルネットワークを使って教師ありの予測と教師なしの予測を行います。ここまでは、この分野全体のどのへんにいるのかを明確にするために、概念的な部分を重点的に見てきました。これ以降の章はすべてプロジェクトベースになります。Jupyter Notebook を開いてさっそく取りかかりましょう。

3 ニューラル予測 順伝播

本章の内容

- 予測を行う単純なネットワーク
- ニューラルネットワークとは何か、ニューラルネットワークは何をするか
- 複数の入力を持つ予測
- 複数の出力を持つ予測
- 複数の入力と出力を持つ予測
- 予測値に基づく予測

> 予測なんかには関わらないようにしている。
> そんなことをしたらすぐにばかに見られてしまう。 
>
> —ウォーレン・エリス
> 漫画本作家、小説家、脚本家

3.1 予測する

前章では、**予測、比較、学習**というパラダイムを学びました。本章では、最初のステップである「予測」について詳しく見ていきます。すでに説明したように、予測ステップとは次のようなものです。

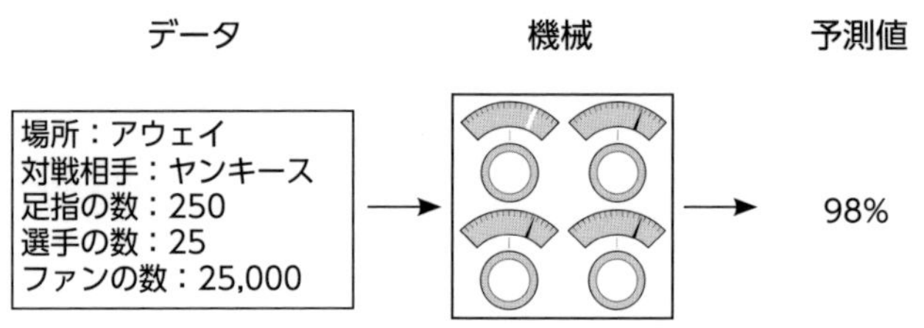

本章では、ニューラルネットワークのこれら３つのステップがどのような仕組みになっているのかを詳しく見ていきます。まず、１つ目の「データ」から見ていきましょう。最初のニューラルネットワークでは、データポイントを一度に１つ予測します。

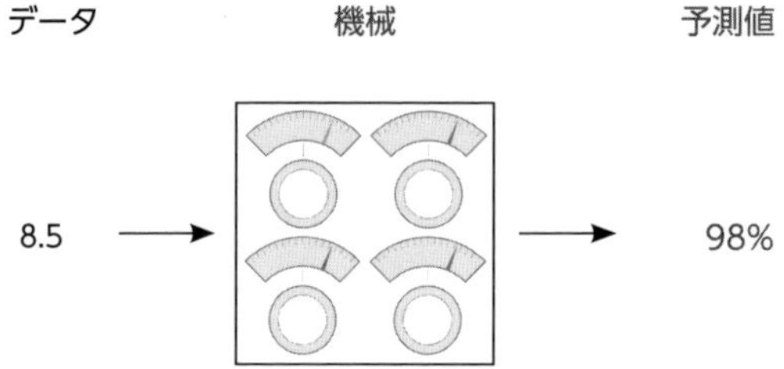

後ほど示すように、一度に処理するデータポイントの数はネットワークの外観に大きな影響を与えます。「一度に伝播するデータポイントの数はどのようにして決めるのだろう」と思っているかもしれません。その答えは、与えられたデータをもとにニューラルネットワークが正確な予測を行えると思うかどうかによります。

たとえば、写真にネコが写っているかどうかを予測したい場合は、画像の全ピクセルがニューラルネットワークに一度に渡されることが絶対に必要です。なぜでしょうか。画像のピクセルが１つだけ与えられたとして、その画像にネコが含まれているかどうかを判断できるでしょうか。筆者には無理です（なお、これは大まかなやり方です。ネットワークには常に十分な情報が与えられますが、「十分な情報」とは、大まかに言うと、人間が同じ予測を行うために必要と思われる量のことです）。

ネットワークはひとまず措いておきましょう。結論から言うと、入力データセットと出力データセットの形状[※1]を理解してからでなければ、ネットワークは作成できません。ここでは、レッドソックスが勝つ確率という１つの予測に徹することにしましょう。

※１　**形状**は「列の数」を意味する。つまり、「一度に処理するデータポイントの数」である。

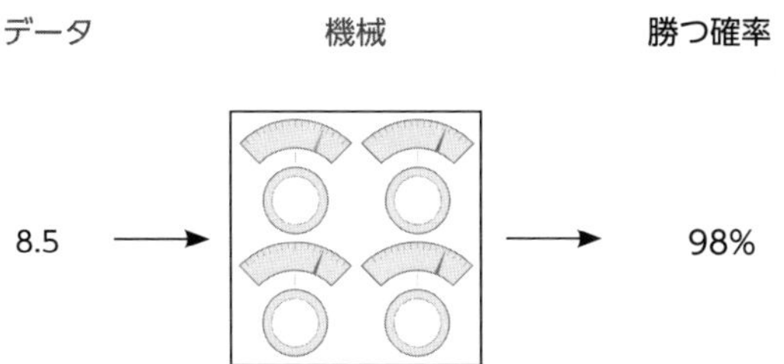

入力として 1 つのデータポイントを受け取り、出力として 1 つの予測値を生成したい、ということがわかったところで、ニューラルネットワークの作成に取りかかることができます。入力は 1 つだけで、出力も 1 つだけなので、入力を出力にマッピングするつまみが 1 つだけ含まれたネットワークを構築することになります。これらのつまみは、実際には**重み**（weight）と呼ばれるため、これ以降はそのように呼ぶことにします。難しい話は抜きにして、最初のニューラルネットワークを見てみましょう。このネットワークでは、入力データを出力データにマッピングする重みが 1 つだけ含まれています。

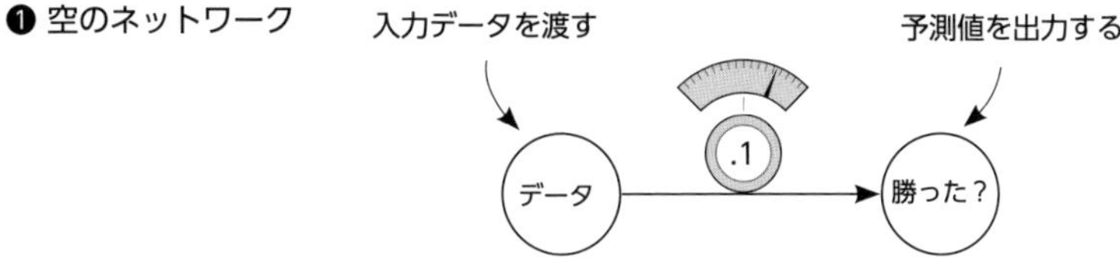

この図に示されているように、この重みが 1 つだけのネットワークは、データポイントを 1 つずつ受け取り、予測値（チームが勝つかどうか）を 1 つだけ出力します。

3.2　予測を行う単純なニューラルネットワーク

できるだけ単純なニューラルネットワークから始める

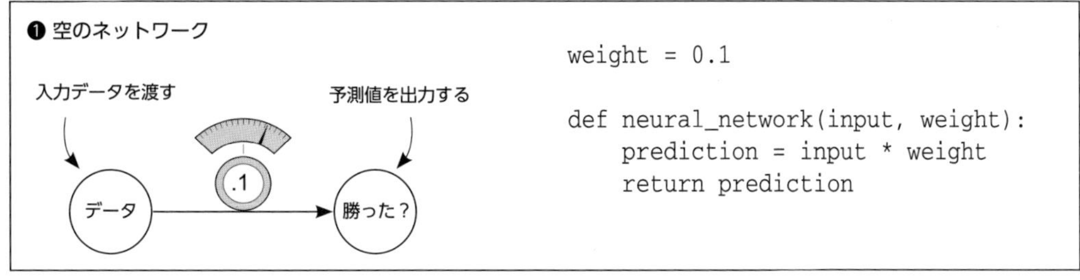


```
weight = 0.1

def neural_network(input, weight):
    prediction = input * weight
    return prediction
```

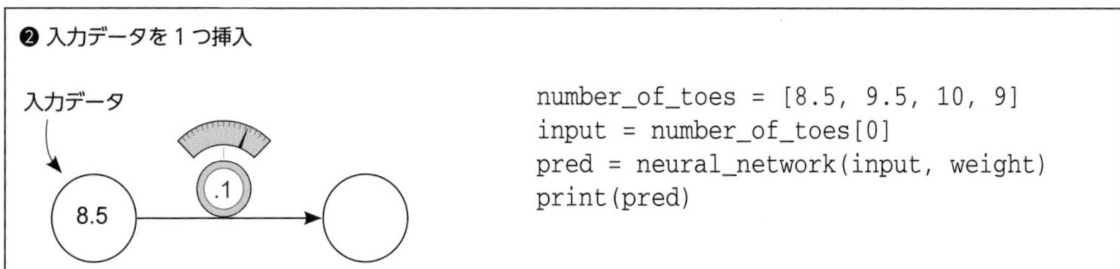

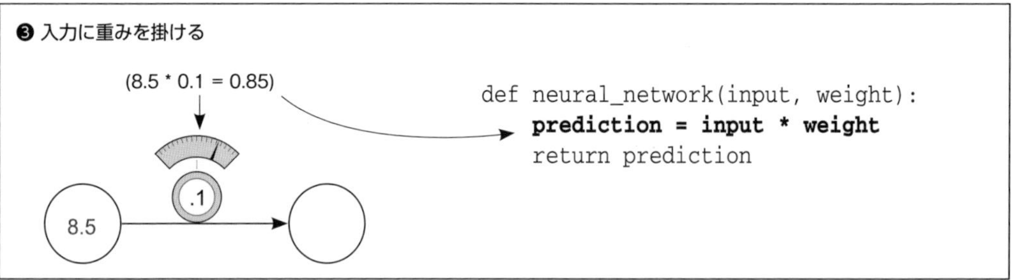

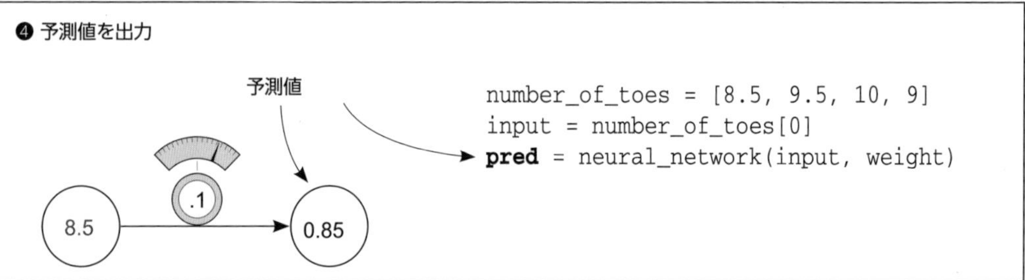

3.3　ニューラルネットワークとは何か

初めてのニューラルネットワーク

ニューラルネットワークの構築を開始するために、Jupyter Notebook を開いて次のコードを実行してみましょう。

```
weight = 0.1

def neural_network(input, weight):        ネットワーク
    prediction = input * weight
    return prediction
```

続いて、次のコードを実行します。

```
number_of_toes = [8.5, 9.5, 10, 9]
input = number_of_toes[0]
pred = neural_network(input, weight)
print(pred)
```
ネットワークを使って何かを予測する

たった今、最初のニューラルネットワークを作成し、このネットワークを使って予測を行いました。最後の行は予測値(pred)を出力しており、その値は0.85になるはずです。では、ニューラルネットワークとは何でしょうか。とりあえず、**入力データ**を掛けて**予測値**を生成できる1つ以上の**重み**ということにしておきましょう。

入力データとは何か
実際にどこかに記録されている数字。通常は、今日の気温、野球選手の打率、昨日の株価など、容易に知り得るもの。

予測値とは何か
入力データに基づいてニューラルネットワークが出力するもの。「今日の気温からすると人々がトレーナーを着る見込みは**0%**」、「この選手の打率からするとホームランを打つ見込みは**30%**」、「昨日の株価からすると今日の予想株価は**101.52**」など。

予測は常に正しいか
いいえ。ニューラルネットワークは間違えることがありますが、間違いから学ぶことができます。たとえば、予測値が大きすぎる場合は、次回の予測値が小さくなるように重みを調整し、逆に予測値が小さすぎる場合は、予測値が大きくなるように重みを調整します。

ネットワークはどのようにして学習するか
試行錯誤です。最初に予測を試み、次にその予測値が大きすぎるか小さすぎるかを確認します。最後に重みを変更（増減）し、次回同じ入力が渡されたらより正確な予測になるようにします。

3.4 このニューラルネットワークは何をするか

入力に重みを掛け、入力を決まった量だけスケーリングする

前節では、ニューラルネットワークで初めての予測を行いました。最も基本的なニューラルネットワークは**乗算**の力を利用します。このニューラルネットワークは、入力(この場合は8.5)に重みを掛けます。重みが2である場合、このニューラルネットワークは入力を2倍にします。重みが0.01である場合は、入力を100で割ります。このように、入力として渡された値が重みの値によってスケーリングされます。

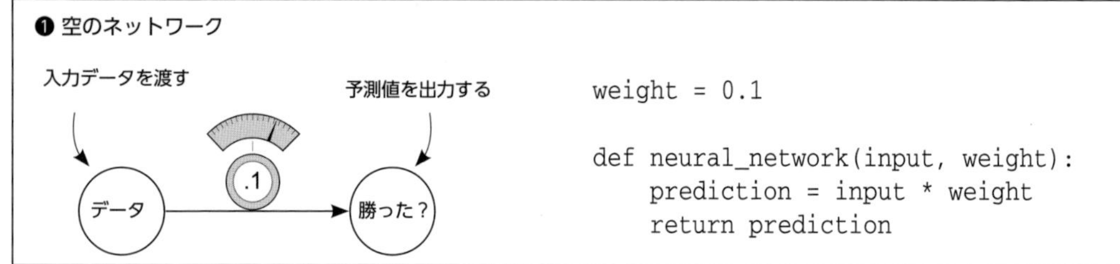

ニューラルネットワークのインターフェイスは単純です。input 変数を**情報**、weight 変数を**知識**として受け取り、prediction を出力します。これから目にするニューラルネットワークはどれもこのような仕組みで動作します。つまり、重みに含まれている知識を用いて入力データの情報を解釈します。後ほど登場するニューラルネットワークの input と weight の値はもっと大きく複雑ですが、基本的な前提は常に同じです。

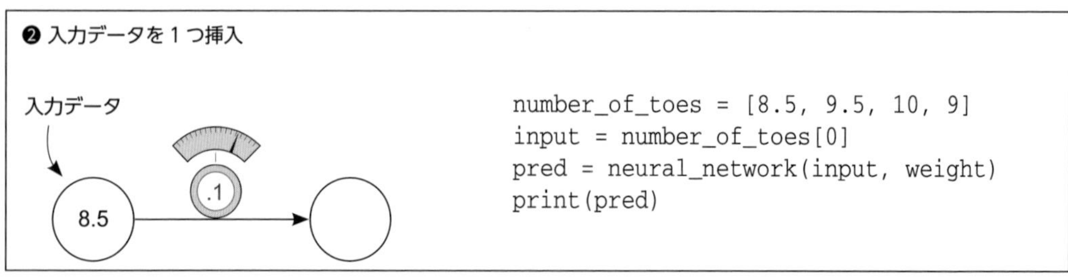

この場合の情報は、8.5（試合前のチームの足指の平均数）です。ここで注意点がいくつかあります。まず、このニューラルネットワークは1つの情報以外にはアクセスできません。この予測の後に number_of_toes[1] を渡したとしても、このネットワークは1つ前の予測を覚えていません。ニューラルネットワークが知っているのは入力として渡されたものだけで、それ以外のことはすべて忘れてしまいます。次節では、複数の入力を同時に渡すことで、ニューラルネットワークに「短期記憶」を与える方法を紹介します。

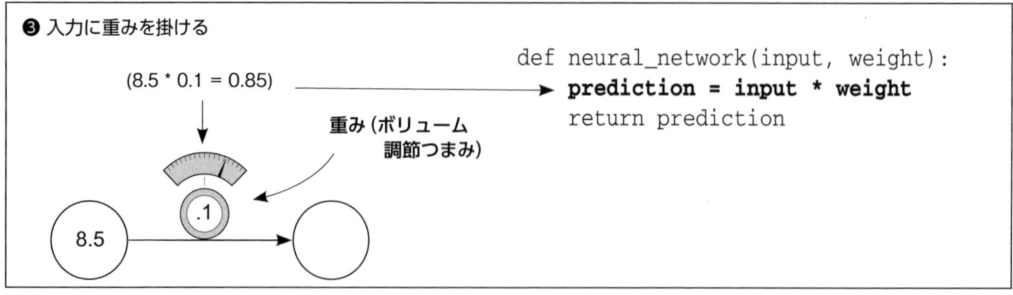

ニューラルネットワークの重みの値については、ネットワークの入力データと予測値の間の**感度**（sensitivity）として考えることもできます。重みが非常に大きい場合は、入力がどれだけ小さくても予測値がかなり大きくなる可能性があります。重みが非常に小さい場合は、入力が大きくても予測値は小さくなるでしょう。要するに、感度は「ボリューム」のようなもので、「重みを大きくする」と入力との相対で予測値が増幅されます。重みはボリューム調節つまみなのです。

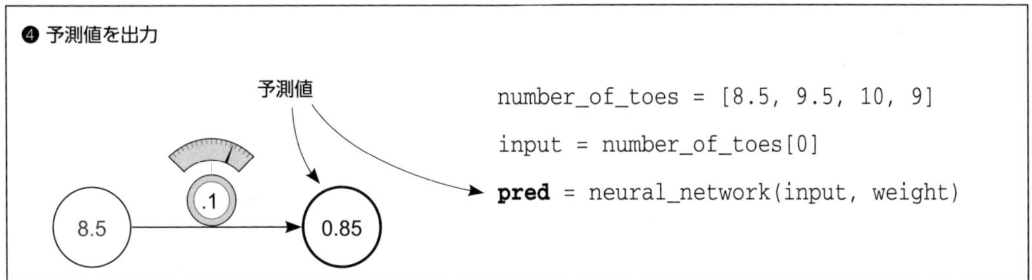

このニューラルネットワークが実際に行っているのは、number_of_toes 変数に「ボリューム調節つまみ」を適用することです。理論的には、このつまみは入力データ（チームの各選手の足指の平均数）に基づいてチームが勝つ確率（尤度）を予測するためのものです。これがうまくいくかどうかは状況によります。率直に言って、入力データが 0 であるとしたら、おそらくひどい試合になるでしょう。ですが、野球はそんなに単純ではありません。次節では、複数の情報を同時に渡すことで、ニューラルネットワークが十分な情報を得た上で決断を下せるようにします。

ニューラルネットワークが予測できるのは正の数だけではなく、負の数も予測できます。さらに、入力として負の数を渡すこともできます。たとえば、今日人々がコートを着る確率を予測したいとしましょう。気温が摂氏 -10 度であるとすれば、負の重みにより、人々がコートを着る確率は高くなるでしょう。

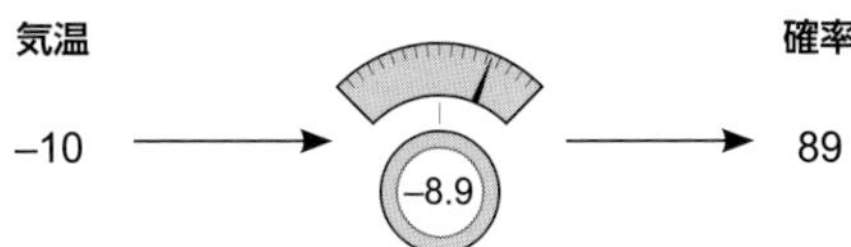

3.5　複数の入力を持つ予測

ニューラルネットワークで複数のデータポイントの情報を組み合わせる

最初のニューラルネットワークは、入力としてデータポイントを1つ受け取り、そのデータポイントに基づいて1つの予測を行うことができました。おそらく、「1つのデータだけで判断材料として十分なのだろうか」と思っているかもしれません。そう思っているとしたら、よいところに気づいています。ニューラルネットワークに（1つだけでなく）もっと多くの情報を与えることができるとしたらどうでしょうか。理論的には、ネットワークの予測性能はよくなるはずです。結論から言うと、ニューラルネットワークには一度に複数の入力を渡すことができます。次の予測について考えてみましょう。

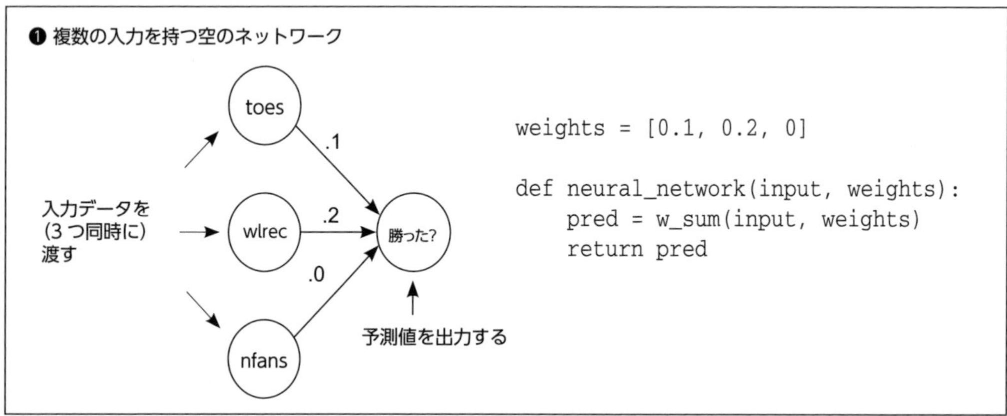


```
weights = [0.1, 0.2, 0]

def neural_network(input, weights):
    pred = w_sum(input, weights)
    return pred
```

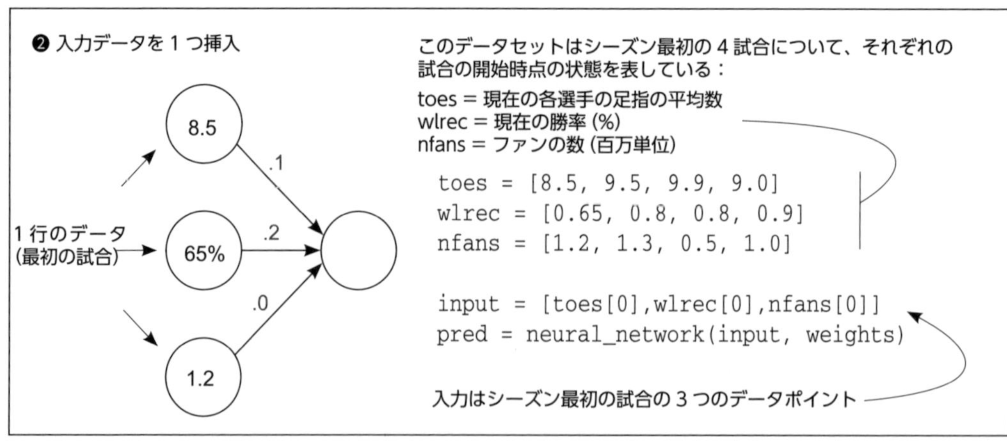


```
toes = [8.5, 9.5, 9.9, 9.0]
wlrec = [0.65, 0.8, 0.8, 0.9]
nfans = [1.2, 1.3, 0.5, 1.0]

input = [toes[0],wlrec[0],nfans[0]]
pred = neural_network(input, weights)
```

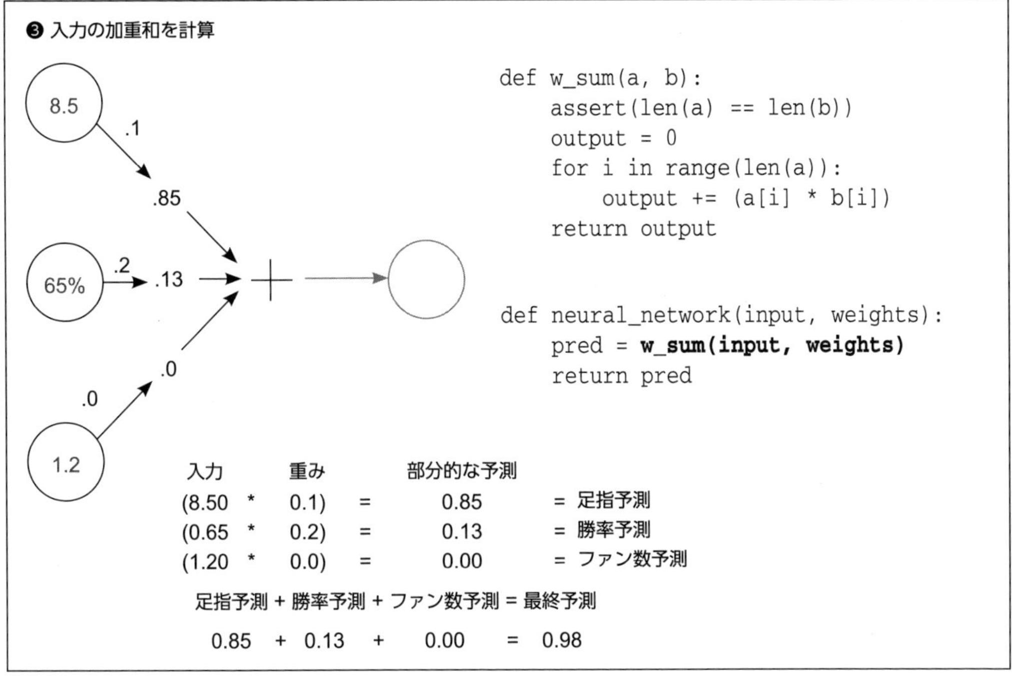


```
def w_sum(a, b):
    assert(len(a) == len(b))
    output = 0
    for i in range(len(a)):
        output += (a[i] * b[i])
    return output


def neural_network(input, weights):
    pred = w_sum(input, weights)
    return pred
```

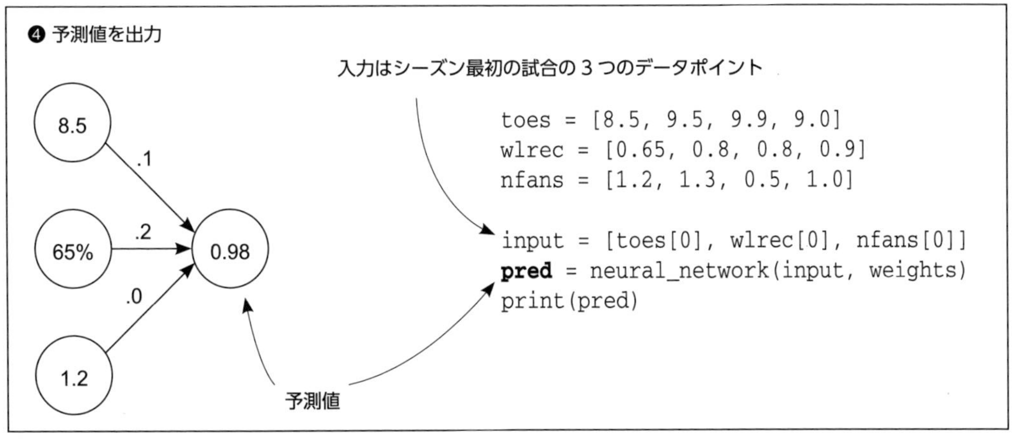


```
toes = [8.5, 9.5, 9.9, 9.0]
wlrec = [0.65, 0.8, 0.8, 0.9]
nfans = [1.2, 1.3, 0.5, 1.0]

input = [toes[0], wlrec[0], nfans[0]]
pred = neural_network(input, weights)
print(pred)
```

3.6　複数の入力：このニューラルネットワークは何をするか

3つの入力に3つの重みを掛け、総和を求める（加重和）

前節の最後の部分で、この単純なニューラルネットワークに制限があることがわかりました。このネットワークには、1つのデータポイントとそれに対応する1つのボリューム調節つまみしありません。この例では、データポイントは野球チームの各選手の足指の平均数でした。予測を正確に行うには、**同時に複数の入力を組み合わせることができる**ニューラルネットワークを構築する必要がありました。そのようなニューラルネットワークの構築はもちろん可能です。

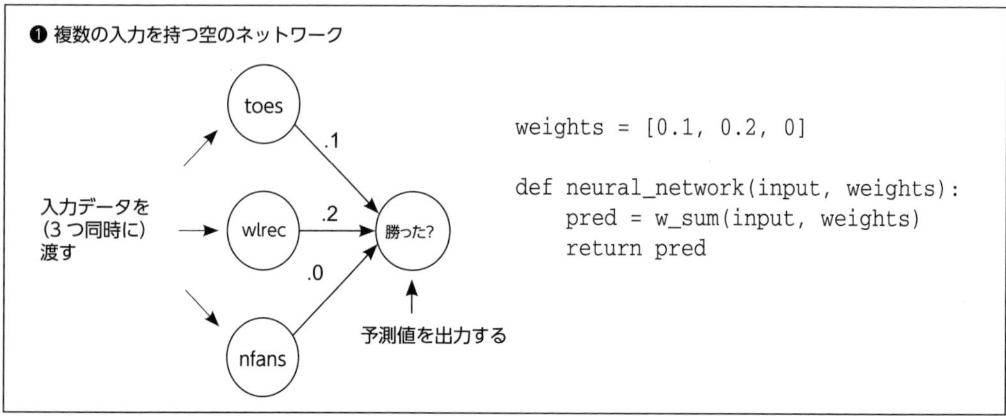

このニューラルネットワークは予測ごとに複数の入力を受け取ることができます。このため、さまざまな形式の情報を組み合わせ、十分な情報を得た上で予測を行うことができます。ただし、重みを使用する基本的なメカニズムは同じであり、入力ごとに対応するボリューム調節つまみを使用します。言い換えるなら、各入力にそれぞれの重みを掛けます。

ここでの新たな課題は、入力が複数になったので、それぞれの予測を合計しなければならないことです。そこで、各入力にそれぞれの重みを掛けた後、部分的な予測をすべて合計します。この値は**入力の加重和**、または単に**加重和**（weighted sum）と呼ばれます。後ほど説明するように、加重和は**内積**（dot product）とも呼ばれます。

ここがポイント
ニューラルネットワークのインターフェイスはシンプルです。input 変数を情報、weights 変数を知識として受け取り、予測値を出力します。

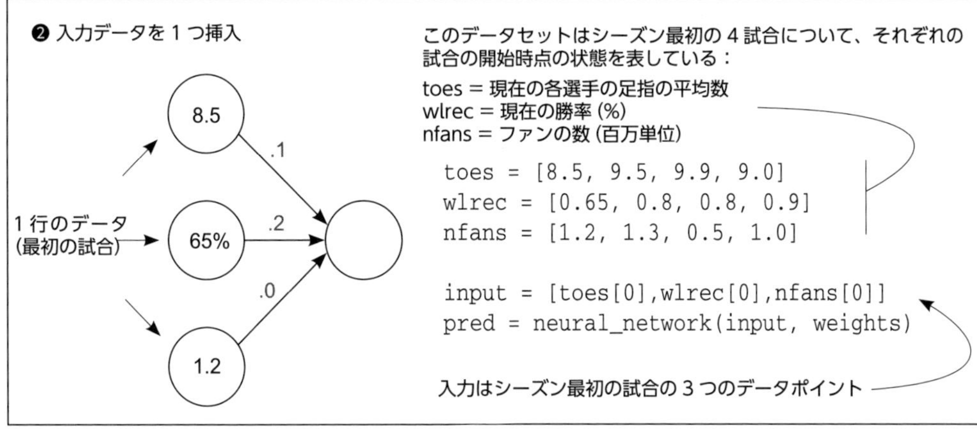

この、一度に複数の入力を処理するという新たなニーズには、新たなツールを使用するのが得策です。このツールは**ベクトル**（vector）と呼ばれます。本書を読みながら Jupyter Notebook を操作している読者は、ベクトルをすでに使用しています。ベクトルとは、「数字のリスト」のことにほかなりません。先のコードで他にもベクトルを見つけられるでしょうか（あと 3 つあります）。

ベクトルはいくつかの数字のグループを操作したいときに非常に役立ちます。この例では、2 つのベクトル間の加重和（内積）を求めています。同じ長さの 2 つのベクトル（`input`、`weights`）を受け取り、各数字をその位置に基づいて掛け合わせ（`input` の 1 つ目の位置にある数字に `weights` の 1 つ目の位置にある数字を掛けるなど）、その総和を求めます。

同じ長さの 2 つのベクトル間で、各ベクトルの対応する位置（位置 0 と位置 0、位置 1 と位置 1 など）にある 2 つの数字で算術演算を行うことを「要素ごとの演算」と呼びます。「要素ごとの加算」は 2 つのベクトルを足し合わせ、「要素ごとの乗算」は 2 つのベクトルを掛け合わせます。

ベクトルの計算

ベクトルの操作はディープラーニングの基本中の基本です。次の演算を行う関数を記述できるか確認してください。

- `def elementwise_multiplication(vec_a, vec_b)`
- `def elementwise_addition(vec_a, vec_b)`
- `def vector_sum(vec_a)`
- `def vector_average(vec_a)`

続いて、どれか 2 つの関数を使って内積を求めることができるか確認してみましょう。

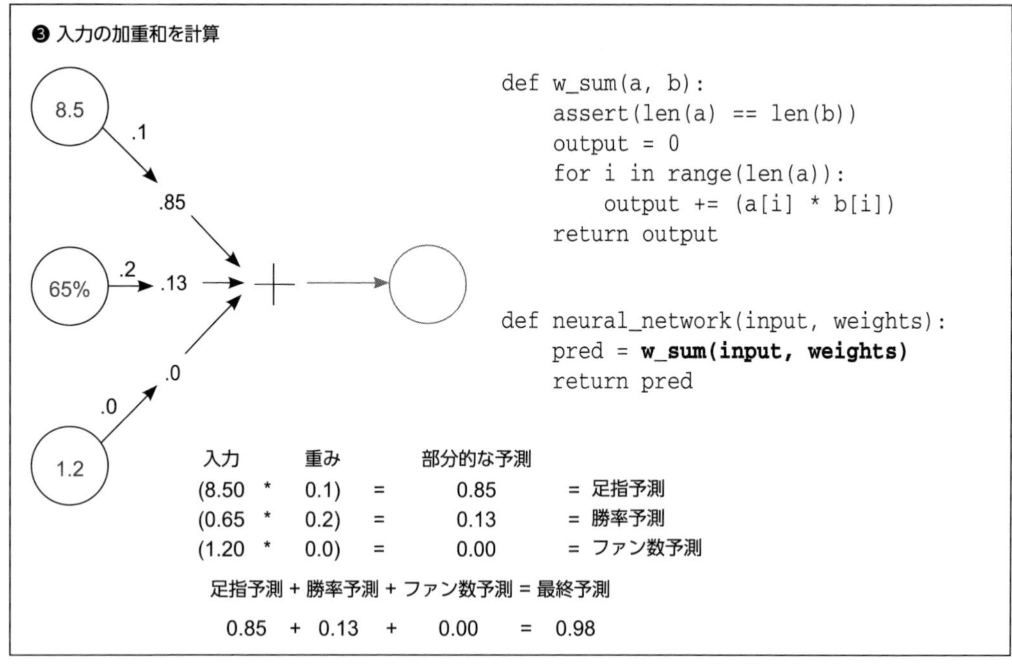

ニューラルネットワークの予測の仕組みを正しく理解する上で最も重要な要素の1つは、当然ながら、内積（加重和）がどのような仕組みになっているのか、なぜそうなっているのかを理解することです。大まかに言うと、内積は2つのベクトル間の**類似度**（similarity）の概念を表します。次の例について考えてみましょう。

```
a = [ 0, 1, 0, 1]                    w_sum(a,b) = 0
b = [ 1, 0, 1, 0]                    w_sum(b,c) = 1
c = [ 0, 1, 1, 0]                    w_sum(b,d) = 1.0
d = [.5, 0,.5, 0]                    w_sum(c,c) = 2
e = [ 0, 1,-1, 0]                    w_sum(d,d) = 0.5
                                     w_sum(c,e) = 0
```

最も大きい加重和（`w_sum(c,c)`）は、同じベクトル間のものです。対照的に、aとbの間には一致する重みがないため、内積は0です。最も興味深いのはcとeの加重和かもしれません。というのも、eに負の重みが含まれているからです。負の重みは正の類似度を相殺します。しかし、`w_sum(e,e)`は（負の重みにもかかわらず）2になります。否定の否定は肯定になるからです。内積演算のさまざまな性質に慣れておきましょう。

内積の性質については論理積（AND）と同等と見なせることがあります。次のaとbについて考えてみましょう。

```
a = [ 0, 1, 0, 1]
b = [ 1, 0, 1, 0]
```

a[0] と b[0] の両方に 0 以外の値があるかどうか（a[0]　AND　b[0]）と尋ねた場合、答えは「いいえ」になります。a[1] と b[1] の両方に 0 以外の値があるかどうかと尋ねた場合も「いいえ」になります。4 つの値のすべてで同じ答えとなり、最終的なスコアは 0 になります。どの値も論理積にパスしません。

```
b = [ 1, 0, 1, 0]
c = [ 0, 1, 1, 0]
```

これに対し、b と c の場合は、同じ（0 以外の）値を含んでいる列が 1 つあります。b[2] と c[2] は重みを含んでいるため、論理積にパスします。この列（のみ）により、スコアが 1 になります。

```
c = [ 0, 1, 1, 0]
d = [.5, 0,.5, 0]
```

ニューラルネットワークでは、部分的な論理積のようなものもモデル化できます。この場合は、c と d の同じ列に（0 以外の）値が含まれていますが、d の重みは 0.5 しかないため、最終的なスコアは 0.5 にしかなりません。ニューラルネットワークでは、確率をモデル化するときに、この特性を利用します。

```
d = [.5, 0,.5, 0]
e = [-1, 1, 0, 0]
```

正の重みを負の重みとペアにするとスコアが下がることから、負の重みは論理否定（NOT）演算子を連想させます。また、w_sum(e,e) のように両方のベクトルの重みが負の場合、ニューラルネットワークは「二重否定」で重みを足し合わせます。さらに、重みを含んでいる行が 1 つでもあればスコアに影響するため、AND の後の OR であると言えるかもしれません。つまり、w_sum(a,b) に対して (a[0]　AND　b[0])　OR　(a[1]　AND　b[1]) などを実行すると、w_sum(a,b) は正のスコアを返します。さらに、1 つの値が負である場合、その列には NOT が適用されます。

おもしろいことに、これは重みを解釈するための言語のような役割を果たします。次の例では、w_sum(input,　weights) を実行していて、これらの if 文に対する then が「その場合は高いスコアが得られる」と意味するものとします。

```
weights = [ 1, 0, 1] => if input[0] OR input[2]
weights = [ 0, 0, 1] => if input[2]
weights = [ 1, 0, -1] => if input[0] OR NOT input[2]
weights = [ -1, 0, -1] => if NOT input[0] OR NOT input[2]
weights = [ 0.5, 0, 1] => if BIG input[0] OR input[2]
```

最後の行のweights[0] = 0.5は、この小さな重みを補うために、対応するinput[0]を大きくしなければならないことを意味します。そして前述のように、これはかなり大まかな近似言語ですが、内部で何が行われているのかをイメージするのに非常に役立つことがわかります。今後、徐々に複雑な方法でネットワークを組み立てていくときに、この言語が大きく役立つでしょう。

このことは、ニューラルネットワークが予測を行うときにどのような意味を持つのでしょうか。大まかに言うと、ネットワークは**入力と重みがどれくらい似ているか**に基づいて入力に高いスコアを付けます。次の例では、nfansの重みは0であるため、nfansは予測時に完全に無視されます。最も感度の高い判断材料(説明変数)は、重みが0.2のwlrecです。しかし、スコアの高さに大きく影響するのはtoesです。これは重みが最も大きいからではなく、重みと入力の組み合わせが群を抜いて大きいからです。

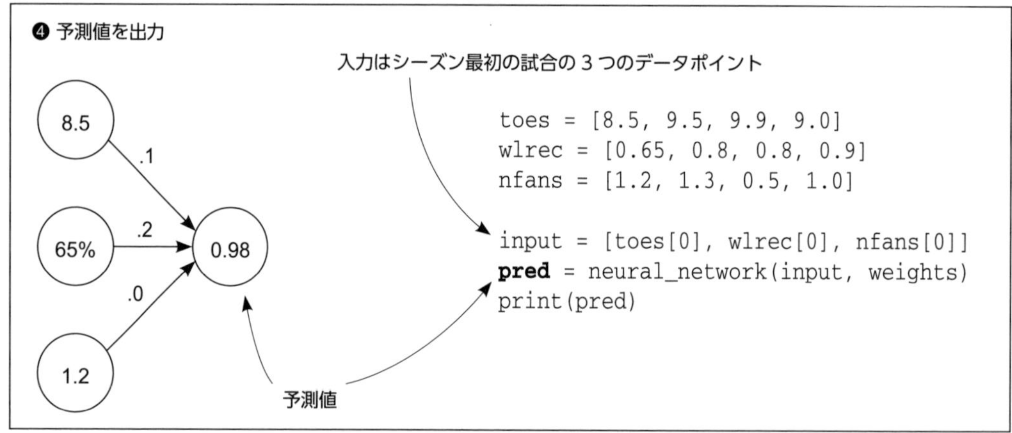

参考までに、注意点をいくつか挙げておきます。まず、重みを入れ替えることはできません。つまり、それぞれの重みは特定の位置になければなりません。また、最終的なスコアの全体的な影響は重みの値と入力の値の両方によって決まります。さらに、負の重みにより入力に対する最終的な予測が小さくなることがあります(逆もまた同様です)。

3.7 複数の入力：完全なコード

次に示すのは、このニューラルネットワークを作成して実行するために、ここまでのコードをまとめたものです。すべてPythonの基本的な要素（リストと数値）を使って記述してありますが、後ほど説明するように、もっとよい方法があります。

ここまでのコード

```
def w_sum(a, b):
    assert(len(a) == len(b))
    output = 0
    for i in range(len(a)):
        output += (a[i] * b[i])
    return output

weights = [0.1, 0.2, 0]

def neural_network(input, weights):
    pred = w_sum(input, weights)
    return pred

toes = [8.5, 9.5, 9.9, 9.0]
wlrec = [0.65, 0.8, 0.8, 0.9]
nfans = [1.2, 1.3, 0.5, 1.0]

# 入力はシーズン最初の試合の各エントリに対応している
input = [toes[0], wlrec[0], nfans[0]]
pred = neural_network(input, weights)
print(pred)
```

NumPy（Numerical Python）というPythonライブラリには、ベクトルの作成と一般的な関数（内積など）の実行を非常に効率よく行うコードが含まれています。NumPyを使って同じことを行うコードは次のようになります。

NumPyのコード

```
import numpy as np

weights = np.array([0.1, 0.2, 0])

def neural_network(input, weights):
    pred = input.dot(weights)
```

```
    return pred

toes = np.array([8.5, 9.5, 9.9, 9.0])
wlrec = np.array([0.65, 0.8, 0.8, 0.9])
nfans = np.array([1.2, 1.3, 0.5, 1.0])

# 入力はシーズン最初の試合の 3 つのデータポイント
input = np.array([toes[0], wlrec[0], nfans[0]])
pred = neural_network(input, weights)
print(pred)
```

どちらの実装でも、出力は 0.98 になるはずです。NumPy コードでは、w_sum 関数を作成する必要がないことに注目してください。NumPy では、代わりに dot（内積）関数を呼び出します。NumPy には、読者が使用することになる多くの関数と同じものが含まれています。

3.8 複数の出力を持つ予測

ニューラルネットワークはたった 1 つの入力から複数の予測値を生成できる

複数の出力は複数の入力よりも単純な拡張かもしれません。この場合の予測は、重みが 1 つだけのニューラルネットワークが 3 つばらばらに存在する場合と同じように行われます。

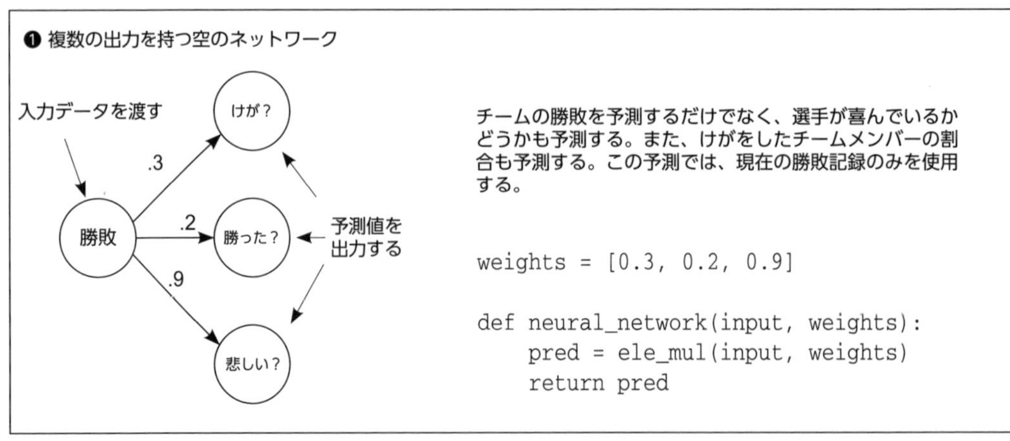

この設定のコメントにおいて最も重要なのは、3 つの予測値が完全に独立していることです。複数の入力と単一の出力を持ち、それらが予測と確実に結び付いているニューラルネットワークとは違って、このネットワークはまさに、それぞれ同じ入力データを受け取る 3 つの独立したコンポーネントとして動作します。このため、このネットワークの実装は簡単です。

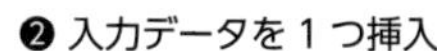

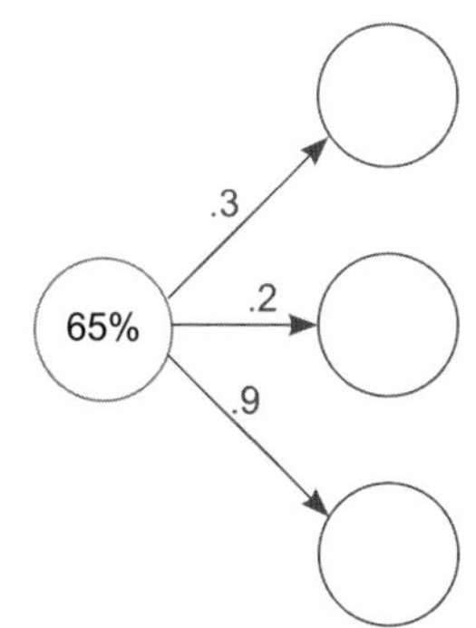


```
wlrec = [0.65, 0.8, 0.8, 0.9]
input = wlrec[0]
pred = neural_network(input, weights)
```

❸ 要素ごとの積を求める

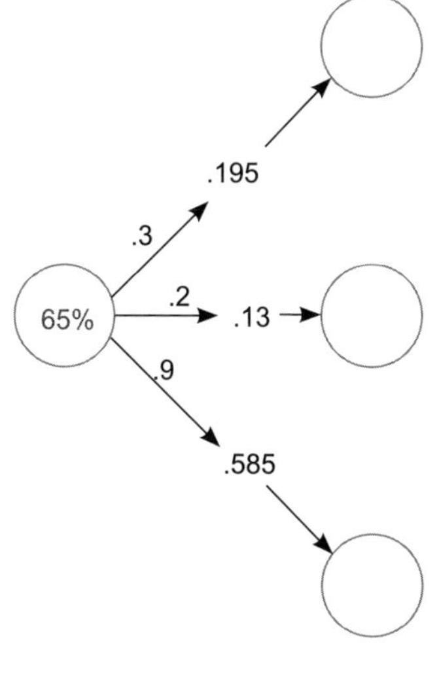


```
def ele_mul(number, vector):
    output = [0,0,0]
    assert(len(output) == len(vector))
    for i in range(len(vector)):
        output[i] = number * vector[i]
    return output


def neural_network(input, weights):
    pred = ele_mul(input, weights)
    return pred
```

入力		重み		最終的な予測値	
(0.65	*	0.3)	=	0.195	= けが予測
(0.65	*	0.2)	=	0.13	= 勝敗予測
(0.65	*	0.9)	=	0.585	= 悲しみ予測

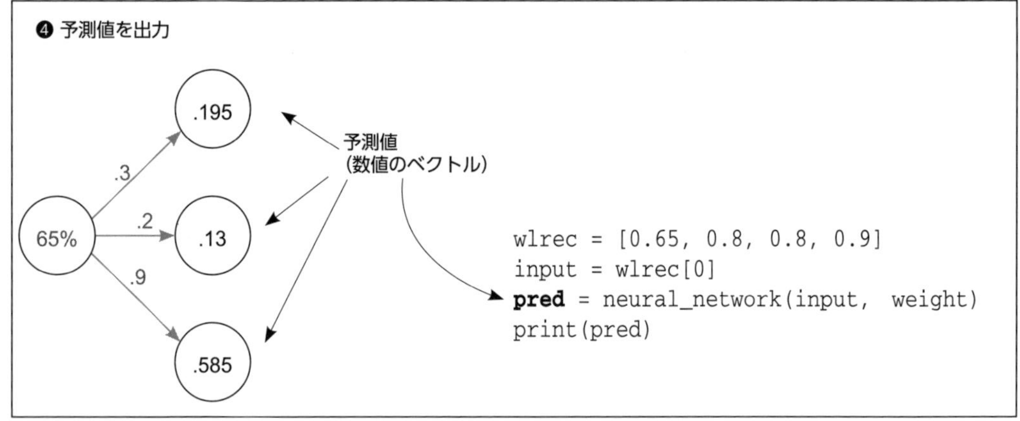

3.9　複数の入力と出力を持つ予測

ニューラルネットワークは複数の入力から複数の予測値を生成できる

最後に、複数の入力または出力を持つネットワークの構築方法を組み合わせて、複数の入力と複数の出力を持つネットワークを構築することもできます。これまでと同様に、重みによって各入力ノードが各出力ノードに結合され、予測値が通常どおりに生成されます。

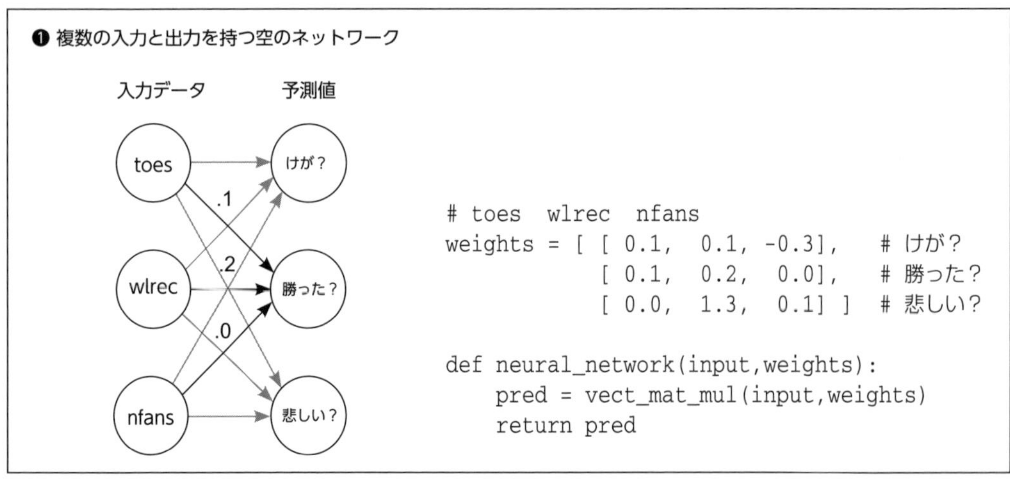

❷ 入力データを 1 つ挿入

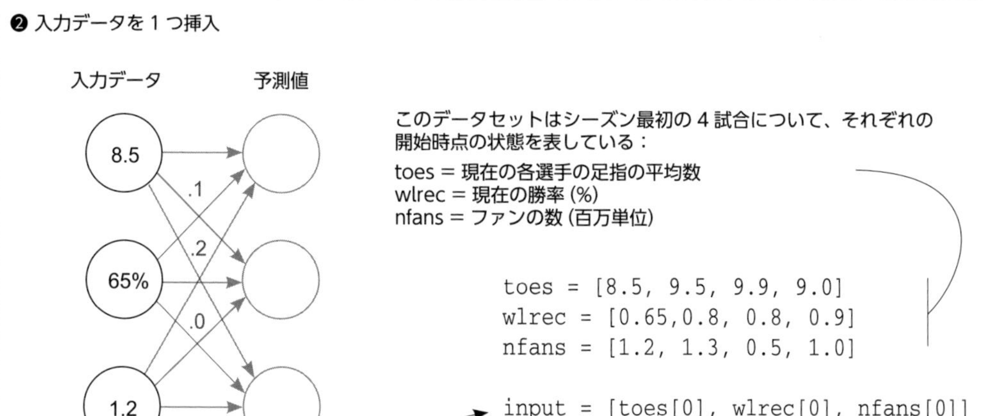


```
toes = [8.5, 9.5, 9.9, 9.0]
wlrec = [0.65,0.8, 0.8, 0.9]
nfans = [1.2, 1.3, 0.5, 1.0]

input = [toes[0], wlrec[0], nfans[0]]
pred = neural_network(input, weights)
```

入力はシーズン最初の試合の 3 つのデータポイント

❸ 出力ごとに入力の加重和を計算

```
def w_sum(a, b):
    assert(len(a) == len(b))
    output = 0
    for i in range(len(a)):
        output += (a[i] * b[i])
    return output

def vect_mat_mul(vect, matrix):
    assert(len(vect) == len(matrix))
    output = [0,0,0]
    for i in range(len(vect)):
        output[i] = w_sum(vect,matrix[i])
    return output


def neural_network(input, weights):
    pred = vect_mat_mul(input, weights)
    return pred
```

toes		wlrec		nfans				
(8.5 * 0.1)	+	(0.65 * 0.1)	+	(1.2 * –0.3)	=	0.555	=	けが予測
(8.5 * 0.1)	+	(0.65 * 0.2)	+	(1.2 * 0.0)	=	0.98	=	勝敗予測
(8.5 * 0.0)	+	(0.65 * 1.3)	+	(1.2 * 0.1)	=	0.965	=	悲しみ予測

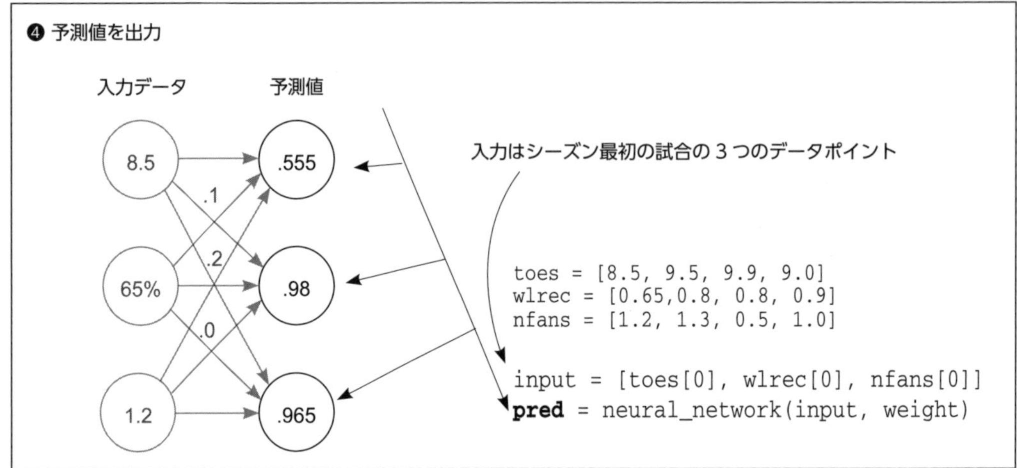

3.10　複数の入力と出力：どのような仕組みになっているか

３つの予測値を生成するために入力の加重和を３つ計算する

このアーキテクチャには、「各入力ノードから３つの重みが得られる」という見方と、「３つの重みが各出力ノードに渡される」という見方があります。この例に当てはまるのは後者のほうです。このニューラルネットワークを３つの独立した内積として考えてみましょう。つまり、入力に対する３つの独立した加重和です。出力ノードはそれぞれに対する入力の加重和を受け取り、予測値を生成します。

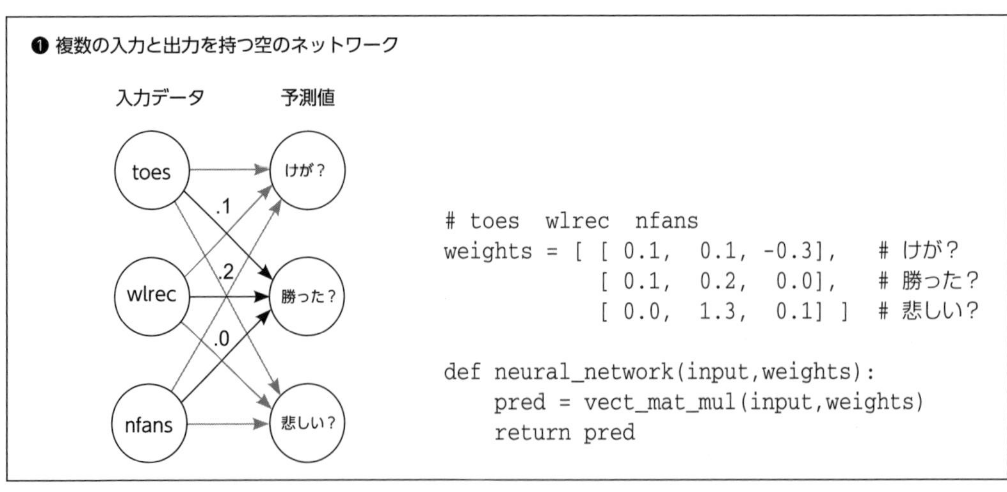

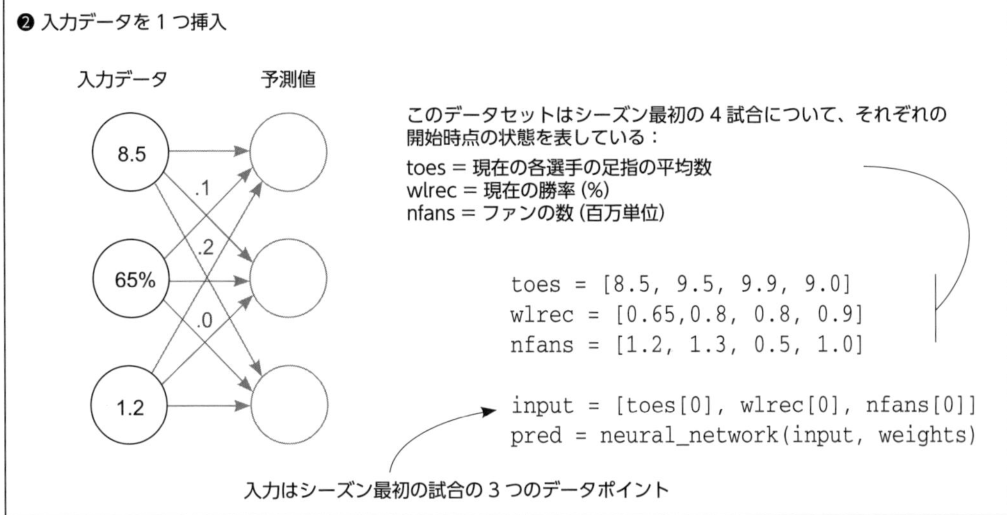

❸ 出力ごとに入力の加重和を計算

8.5　.1　.85　けが？
65%　.2　.13　勝った？
1.2　.0　.0　悲しい？

```
def w_sum(a, b):
    assert(len(a) == len(b))
    output = 0
    for i in range(len(a)):
        output += (a[i] * b[i])
    return output

def vect_mat_mul(vect, matrix):
    assert(len(vect) == len(matrix))
    output = [0,0,0]
    for i in range(len(vect)):
        output[i] = w_sum(vect,matrix[i])
    return output


def neural_network(input, weights):
    pred = vect_mat_mul(input, weights)
    return pred
```

toes		wlrec		nfans				
(8.5 * 0.1)	+	(0.65 * 0.1)	+	(1.2 * –0.3)	=	0.555	=	けが予測
(8.5 * 0.1)	+	(0.65 * 0.2)	+	(1.2 * 0.0)	=	0.98	=	勝敗予測
(8.5 * 0.0)	+	(0.65 * 1.3)	+	(1.2 * 0.1)	=	0.965	=	悲しみ予測

先に述べたように、このネットワークを一連の加重和として考えていることがわかります。そこで、vect_mat_mul という新しい関数を定義しています。この関数は、重みの各行（各行はベクトル）を順番に処理し、w_sum 関数を使って予測値を生成します。3つの加重和を立て続けに求めた後、それらの予測値を output という名前のベクトルに格納します。このネットワークでは重みの数が増えていますが、ここまで見てきたものよりも特に高度なネットワークというわけではありません。

この「ベクトルのリスト」と「一連の加重和」のロジックを使って新しい概念を2つ紹介したいと思います。ステップ❶の weights 変数を見てください。この変数はベクトルのリストです。ベクトルのリストは**行列**と呼ばれます。そう、あの行列です。行列を使用する一般的な関数の1つに、**ベクトルと行列の乗算**と呼ばれるものがあります。一連の加重和はまさにベクトルと行列の乗算であり、ベクトルを受け取り、行列内の行ごとに内積を求めます※2。次節で説明するように、NumPy にはそのための特別な関数があります。

3.11 予測値に基づく予測

ニューラルネットワークは積み重ねることができる

次の図に示されているように、あるネットワークの出力を別のネットワークに入力として渡すこともできます。このようにすると、連続する2つのベクトルと行列の乗算になります。なぜこのような方法で予測を行うのかがピンとこないかもしれません。画像分類などでは、データセットに含まれているパターンが複雑すぎて、1つの重み行列ではうまく処理できないことがあります。このようなパターンの性質については、後ほど見ていきます。現時点では、これが可能であることさえ知っていれば十分です。

※2 線形代数のより正式な定義では、重みを行ベクトルではなく列ベクトルとして格納／処理する。この点については、後ほど訂正する。

❶ 複数の入力と出力を持つ空のネットワーク

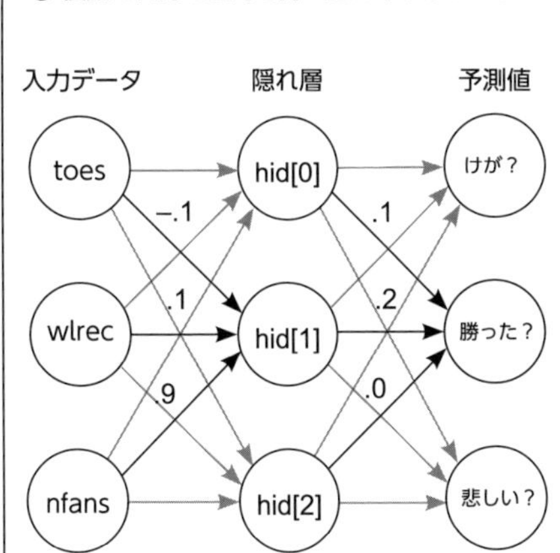


```
# toes  wlrec  nfans
ih_wgt = [ [ 0.1,  0.2, -0.1],   # hid[0]
           [-0.1,  0.1,  0.9],   # hid[1]
           [ 0.1,  0.4,  0.1] ]  # hid[2]

# hid[0]  hid[1]  hid[2]
hp_wgt = [ [ 0.3,  1.1, -0.3],   # けが？
           [ 0.1,  0.2,  0.0],   # 勝った？
           [ 0.0,  1.3,  0.1] ]  # 悲しい？

weights = [ih_wgt, hp_wgt]

def neural_network(input, weights):
    hid = vect_mat_mul(input, weights[0])
    pred = vect_mat_mul(hid, weights[1])
    return pred
```

❷ 隠れ層を予測

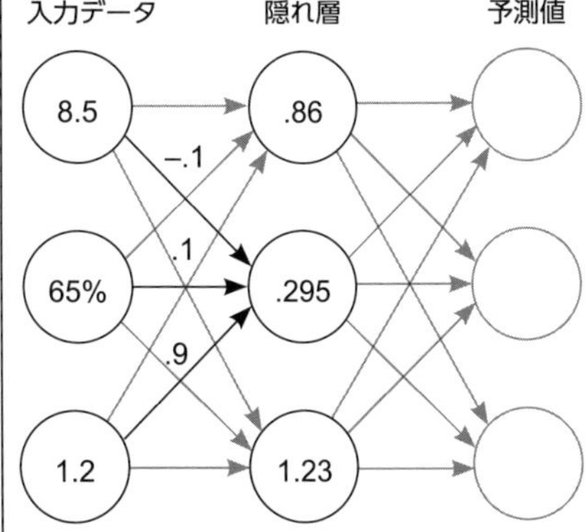

入力はシーズン最初の試合の 3 つのデータポイント

```
toes = [8.5, 9.5, 9.9, 9.0]
wlrec = [0.65, 0.8, 0.8, 0.9]
nfans = [1.2, 1.3, 0.5, 1.0]

input = [toes[0], wlrec[0], nfans[0]]
pred = neural_network(input, weights)

def neural_network(input, weights):
    hid = vect_mat_mul(input, weights[0])
    pred = vect_mat_mul(hid, weights[1])
    return pred
```

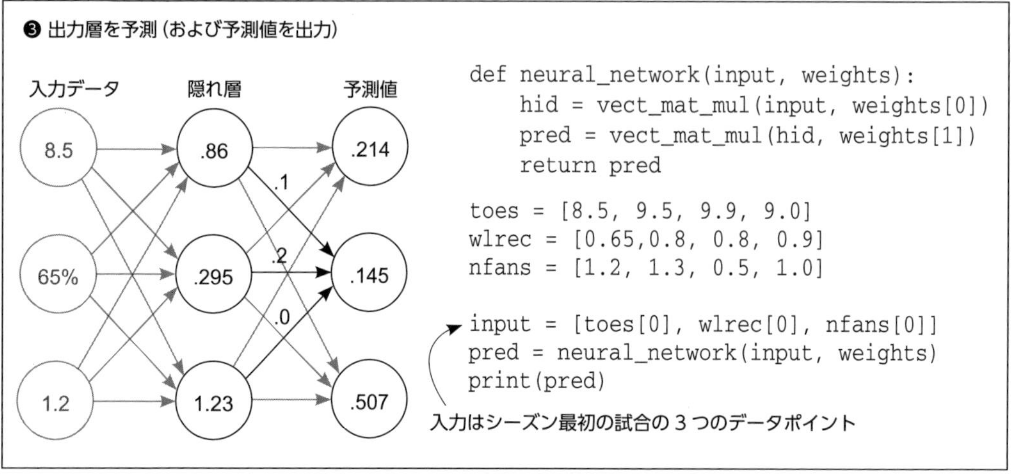

Python ライブラリ NumPy を使って同じ処理を行うコードを見てみましょう。NumPy のようなライブラリを使用すると、コードが高速になり、読み書きが楽になります。

NumPy バージョン

```
import numpy as np

# toes  wlrec  nfans
ih_wgt = np.array([ [ 0.1,  0.2, -0.1],      # hid[0]
                    [-0.1,  0.1,  0.9],      # hid[1]
                    [ 0.1,  0.4,  0.1]]).T   # hid[2]

# hid[0]  hid[1]  hid[2]
hp_wgt = np.array([ [ 0.3,  1.1, -0.3],      # けが?
                    [ 0.1,  0.2,  0.0],      # 勝った?
                    [ 0.0,  1.3,  0.1] ]).T  # 悲しい?

weights = [ih_wgt, hp_wgt]

def neural_network(input, weights):
    hid = input.dot(weights[0])
    pred = hid.dot(weights[1])
    return pred

toes = np.array([8.5, 9.5, 9.9, 9.0])
wlrec = np.array([0.65, 0.8, 0.8, 0.9])
nfans = np.array([1.2, 1.3, 0.5, 1.0])
```

```
input = np.array([toes[0], wlrec[0], nfans[0]])

pred = neural_network(input, weights)
print(pred)
```

3.12 速習：NumPy

NumPyの魔法を解き明かす

本章では、数学の新しい概念としてベクトルと行列の2つを取り上げてきました。また、内積、要素ごとの乗算と加算、ベクトルと行列の乗算など、ベクトルと行列のさまざまな演算も確認しました。そして、これらの演算ごとに、Pythonの単純なlistオブジェクトを操作できるPython関数を記述してきました。

もうしばらくの間は、これらの関数の中で何が行われるのかを完全に理解するために、これらの関数を記述して使用することにします。ただし、NumPyとその重要な演算に言及したので、NumPyの基本的な使い方について簡単に説明したいと思います。そうすれば、NumPyだけの章に進む準備が整うはずです。再び、ベクトルと行列という基礎から始めることにします。

```
import numpy as np

a = np.array([0,1,2,3])           ← ベクトル
b = np.array([4,5,6,7])           ← 別のベクトル
c = np.array([[0,1,2,3],          ← 行列
              [4,5,6,7]])
d = np.zeros((2,4))               ← 0で埋めた2×4行列
e = np.random.rand(2,5)           ← 0～1の数値からなるランダムな2×5行列

print(a)        # 出力：[0 1 2 3]
print(b)        # 出力：[4 5 6 7]
print(c)        # 出力：[[0 1 2 3][4 5 6 7]]
print(d)        # 出力：[[0. 0. 0. 0.][0. 0. 0. 0.]]
print(e)        # 出力：[[0.22717119 0.39712632 0.0627734 ... 0.28617742]]
```

NumPyでベクトルと行列を作成する方法はさまざまです。ニューラルネットワークで最もよく使用されるのは、このコードに示した方法です。ベクトルと行列の作成プロセスはまったく同じであることに注意してください。1行だけの行列を作成すると、ベクトルを作成することになります。そして数学と同じように、(<行>,<列>)を列挙することで行列を作成します —— これは単に、行を先に指定し、列を後に指定するという順序を覚えておけるようにす

るためです。これらのベクトルと行列で実行できる演算をいくつか見てみましょう。

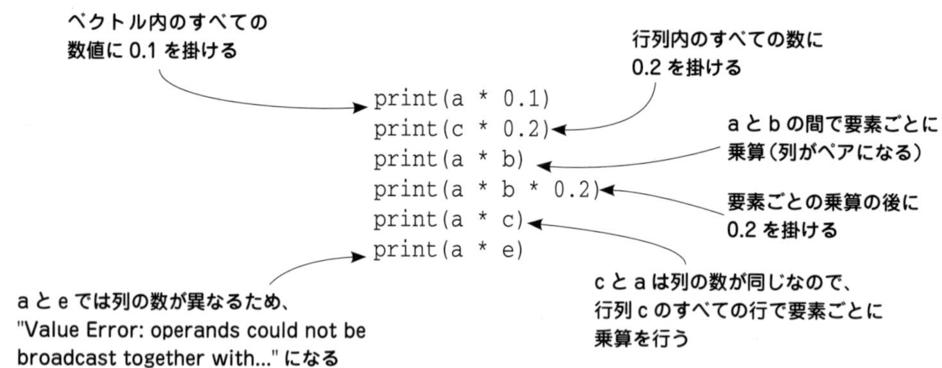

これらのコードをすべて実行してみてください。最初はややこしそうですが、やがて天国の気分が味わえるはずです。2 つの変数を * 関数で掛け合わせると、操作している変数の種類を NumPy が自動的に検出し、指定された演算を理解しようとします。これは非常に便利ですが、NumPy コードが少し読みにくいものになることがあります。それぞれの変数の型には絶えず注意を払ってください。

要素ごとの演算（+、-、*、/）に関する一般的な原則は、2 つの変数の列の個数が**同じ**であるか、どちらかの変数の列が 1 つでなければならないことです。たとえば、`print(a * 0.1)` はベクトルに 1 つの数値（スカラー）を掛けます。NumPy は、「ベクトルとスカラーの掛け算を行うのだな」と考え、ベクトル内の各値にスカラー（`0.1`）を掛けます。`print(c * 0.2)` もまったく同じように見えますが、NumPy は c が行列であることを知っています。そこで、スカラーと行列の乗算を行い、c の各要素に `0.2` を掛けます。スカラーには列が 1 つしかないため、何でも掛ける（あるいは割る、足す、引く）ことができます。

次は、`print(a * b)` です。NumPy はまず、a と b がどちらもベクトルであることを突き止めます。どちらのベクトルも列が 1 つだけではないため、NumPy はそれらの列の個数が同じかどうかをチェックします。列の個数は同じなので、ベクトル内での位置に基づいて要素どうしを掛け合わせます。加算、減算、除算にも同じことが当てはまります。

最も理解しにくいのは、おそらく `print(a * c)` でしょう。a は 4 つの列を持つベクトルであり、c は 2 × 4 行列です。どちらも列が 1 つだけではないため、まず、列の個数が同じかどうかをチェックします。列の個数は同じなので、ベクトル a に c の各行を掛けます。つまり、各行で要素ごとのベクトル乗算を行うのと同じです。

この場合も、「どの変数がスカラー、ベクトル、行列であるかがわからないと、これらの演算がすべて同じに見える」というのが最もややこしい点です。「NumPy を読む」ときには、演算を読み解き、各演算の**形状**（行と列の個数）に絶えず注意を払うという 2 つのことを行います。少し練習する必要がありますが、そのうち自然にできるようになるでしょう。各行列の入力と出力の形状に注意を払いながら、NumPy での行列乗算の例をいくつか見てみましょう。

```
a = np.zeros((1,4))
b = np.zeros((4,3))

c = a.dot(b)          ←── 長さが 4 のベクトル
print(c.shape)        ←── 1 × 3 行列：出力は (1, 3)
```

dot 関数を使用するときの大原則は、「内積を求める」2 つの変数の (行 , 列) 表現を指定する際、隣り合う数値が常に同じでなければならないことです。この例では、(1,4) と (4,3) の内積を求めています。この演算は問題なく実行され、(1,3) が出力されます。変数の形状については、次のように考えることができます。ベクトルと行列のどちらの内積を求めるかに関係なく、それらの**形状**（行と列の個数）は一致していなければなりません。(a,b).dot(b,c) = (a,c) のように、左の行列の列が右の行列の行に等しくなければなりません。

```
a = np.zeros((2,4))   ←── 2 × 4 行列
b = np.zeros((4,3))   ←── 4 × 3 行列
c = a.dot(b)
print(c.shape)        ←── 出力は (2, 3)

e = np.zeros((2,1))   ←── 2 × 1 行列
f = np.zeros((1,3))   ←── 1 × 3 行列
g = e.dot(f)
print(g.shape)        ←── 出力は (2, 3)

                        T は行列の行と列を入れ替える
h = np.zeros((5,4)).T          ←── 4 × 5 行列
i = np.zeros((5,6))   ←── 5 × 6 行列
j = h.dot(i)
print(j.shape)        ←── 出力は (4, 6)

h = np.zeros((5,4))   ←── 5 × 4 行列
i = np.zeros((5,6))   ←── 5 × 6 行列
j = h.dot(i)
print(j.shape)        ←── エラー
```

3.13　まとめ

ニューラルネットワークは入力の加重和を繰り返し求める

本章では、複雑さを少しずつ上げながらさまざまなニューラルネットワークを見てきました。そのつど限られた数の単純なルールを使って、より大規模で高度なニューラルネットワークを作成したことがわかったと思います。ネットワークの知能は、あなたが与える重みの値にかかっています。

本章で行ったのは、**順伝播**または**フォワードプロパゲーション**（forward propagation）と呼ばれるものの一種です。順伝播では、ニューラルネットワークが入力データに基づいて予測を行います。このように呼ばれるのは、ネットワークを通じて活性化を**前方へ伝播させる**からです。これらの例における**活性化**（activation）とは、重み以外の、予測ごとに異なるすべての数値のことです。

次章では、ニューラルネットワークが正確な予測を行うように重みを設定するにはどうすればよいかについて説明します。予測が複数の単純な手法の繰り返しや積み重ねに基づいて行われるのと同じように、**重みの学習**でも、アーキテクチャ全体にわたって一連の単純な手法を幾度も組み合わせます。では、第4章でお会いしましょう。

ニューラル学習
勾配降下法　4

本章の内容

- ニューラルネットワークの予測は正確か
- 誤差を測定するのはなぜか
- ホット＆コールド学習
- 誤差から方向と量を求める
- 勾配降下法
- 学習とは誤差を小さくすること
- 微分係数とそれらを使って学習する方法
- ダイバージェンスとアルファ

> 仮説の妥当性を検証するなら、
> その予測を経験と比較しなければ意味がない。
>
> —ミルトン・フリードマン
> Essays in Positive Economics
> （シカゴ大学出版局、1953 年）

4.1 予測、比較、学習

前章では、「予測、比較、学習」のパラダイムを取り上げ、最初のステップである**予測**を詳しく見てきました。その際には、ニューラルネットワークの主要な要素(ノードと重み)、データセットをニューラルネットワークに適合させる(一度に受け取るデータポイントの数を一致させる)方法、そしてニューラルネットワークを使って予測を行う方法など、多くのことを学びました。

これらの内容を読みながら、「重みの値をどのように設定すればネットワークの予測が正確になるのだろう」と考えたかもしれません。本章では、この質問に答えることにし、その過程でパラダイムの残りのステップである**比較**と**学習**に取り組みます。

4.2 比較

比較は予測がどれくらい「外れたか」の目安となる

予測を行ったら、次はその予測がどれくらいうまくいったのかを評価します。これは単純な発想のように思えますが、誤差をうまく測定する方法を思い付くことが、ディープラーニングの最も重要かつ最も複雑なテーマの1つであることがわかるでしょう。

あなたが無意識に行ってきた誤差の測定には、さまざまな特性があります。あなたはおそらく非常に小さな誤差を無視し、より大きな誤差を詳しく調べるでしょう。本章では、同じことをネットワークに数学的に学習させる方法を学びます。また、誤差が常に正であることもわかるでしょう —— 的をめがけて矢を射るシーンを思い浮かべてください。的を1インチ高く外しても1インチ低く外しても、誤差は1インチのままです。ニューラルネットワークの**比較**ステップでは、誤差を測定するときにこうした特性を考慮する必要があります。

最初に断っておくと、本章で評価するのは**平均二乗誤差**(Mean Squared Error:MSE)だけです。ただし、MSEはニューラルネットワークの性能を評価する多くの方法の1つにすぎません。

比較ステップでは、予測がどれくらい外れたのかを把握できますが、それだけでは学習を可能にするには不十分です。比較ステップの出力は、「ホットまたはコールド」タイプの信号です。ある予測値が与えられたときに、誤差の大きさを計算すれば、誤差が「大きい」か「小さい」かがわかります。しかし、誤差が生じた理由や外れた方向、あるいは誤差を修正するにはどうすればよいかはわかりません。「大きな誤差」、「小さな誤差」、「完璧な予測」といった大まかなことがわかるだけです。誤差の修正は、次のステップである**学習**でカバーされます。

4.3 学習

誤差を小さくするためにそれぞれの重みをどのように変更すればよいか

学習とは、「誤差の原因を特定すること」です。つまり、学習とはそれぞれの重みが誤差の発生にどのように寄与したのかを特定する技法であり、いわばディープラーニングの責任のなすり合いです。本章では、ディープラーニングのこの手の技法として最もよく知られている**勾配降下法**(gradient descent)を重点的に見ていきます。

最終的には、重みごとに数字を計算することになります。その数字は、誤差を小さくするためにその重みをどれくらい大きく(または小さく)すべきかを表します。あとは、その数字に従って重みを動かせば完了です。

4.4 比較:ネットワークの予測は正確か

誤差を測定することで、予測が正確かどうかを突き止める

Jupyter Notebook で次のコードを実行すると、0.3025 が出力されるはずです。

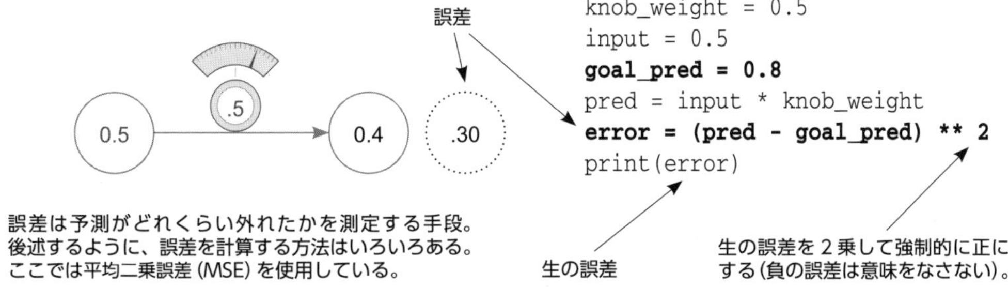


```
knob_weight = 0.5
input = 0.5
goal_pred = 0.8
pred = input * knob_weight
error = (pred - goal_pred) ** 2
print(error)
```

goal_pred 変数とは何か?

input と同様に、goal_pred は実際にどこかで記録された数字です。ただし、特定の気温で「トレーナーを着ていた人の割合」や、ある打率の「バッターがホームランを打ったかどうか」のように、通常は観測するのが難しい数字です。

なぜ誤差を 2 乗するのか?

的をめがけて矢を射るシーンを思い浮かべてください。的の 2 インチ上に矢が刺さったとしたら、的からどれくらい外れたのでしょうか。的の 2 インチ下に刺さった場合はどうでしょうか。どちらの場合も 2 インチ外れただけです。「的から外れた大きさ」を 2 乗する主な理由は、出力を強制的に「正」にすることです。実際の誤差とは異なり、(pred - goal_pred) は負になることもあります。

2乗したら大きな誤差(>1)がより大きく、小さな誤差(<1)がより小さくなるのでは?
確かに、誤差を測定するには少し変わった方法ですが、大きな誤差を「大きく」、小さな誤差を「小さく」しても問題はありません。この誤差はネットワークの学習に利用されることになりますが、どちらかと言えば、大きな誤差に注意を払い、小さな誤差にはあまり注意を払いたくないはずです。子育ても同じようなものです。鉛筆の芯を折るといった些細な過ちにはいちいち目くじらを立てませんが、車をぶつけたりしたら怒り狂うはずです。2乗するのがなぜ大切か理解できたでしょうか。

4.5 誤差を測定するのはなぜか

誤差を測定すると問題が単純になる

ニューラルネットワークを訓練する目的は、正しい予測を行うことにあります。そして、(前章で述べたように)実利を追求するなら、計算するのが簡単な入力(今日の株価)をニューラルネットワークに渡して、計算するのが難しい出力(明日の株価)を予測させたいところです。これなら、有益なニューラルネットワークになります。

`knob_weight`を変更して`goal_pred`を正しく予測できるようにすることは、`knob_weight`を変更して`error == 0`にすることよりも少し難しく聞こえます。「誤差を0にする」と考えてみると、少しとっつきやすくなります。結局のところ、どちらも言っているのは同じことですが、「誤差を0にすること」を試みるほうが簡単に思えるからです。

誤差の優先順位は誤差の測定方法によって異なる

この時点では、少し無理のある解釈かもしれませんが、前述の内容について改めて考えてみましょう。誤差を**2乗する**と、1よりも小さい数は**より小さく**なり、1よりも大きい数は**より大きく**なります。つまり、本書で**純誤差**(pure error)と呼ぶもの(`pred - goal_pred`)を、大きな誤差が非常に大きくなり、小さな誤差が無意味なほど小さくなるように変更するのです。

このような方法で誤差を測定すると、大きな誤差を小さな誤差よりも**優先**することができます。少し大きな純誤差(10など)がある場合は、誤差が非常に大きい($10^2 = 100$)と自分に言い聞かせます。逆に、純誤差が小さい(0.01など)場合は、誤差が非常に小さい($0.01^2 == 0.0001$)と考えます。つまり、ここでの優先順位は、**誤差と見なされるもの**に手を加えて、大きな誤差をより大きくし、小さな誤差の大部分を無視することを意味します。

これに対し、誤差を2乗するのではなく**絶対値**を使用するとしたら、このような優先順位は適用されません。誤差は純誤差を正にしたものにすぎなくなります。それで問題はありませんが、別のものです。この点については、後ほど改めて取り上げます。

なぜ正の誤差だけが必要なのか

読者もやがて数百万もの input -> goal_pred ペアを扱うことになりますが、そうなっても予測を正確なものにしたいと考えるはずです。そこで、**平均誤差**を 0 にしようとするでしょう。

そうすると、誤差が正にも負にもなり得る場合に問題が生じます。ニューラルネットワークに 2 つのデータポイント（2 つの input -> goal_pred ペア）を正しく予測させようとしているとしましょう。1 つ目の誤差が 1,000 で、2 つ目の誤差が -1,000 であるとすれば、**平均誤差**は 0 になるはずです。それぞれの予測で 1,000 もの誤差が生じているのに、完璧に予測したと勘違いするでしょう。それでは非常にまずいので、各予測値の誤差を常に**正**にすることで、誤差を平均化したときにうっかり相殺されないようにするのです。

4.6 最も基本的なニューラルネットワーク

ホット＆コールド法による学習

結局のところ、学習とは、重みの値を調整して誤差を小さくすることです。この作業を続けて誤差が 0 になったら、学習はそこで完了です。つまみをどちらに回せばよいかはどうすればわかるのでしょうか。右に回したときと左に回したときを両方とも試して、誤差が小さくなるかどうかを確認します。そして、誤差が小さくなったほうで重みの値を更新します。この方法は単純ですが、うまくいきます。この作業を繰り返すうちに、やがて誤差が 0 になり、ニューラルネットワークが申し分のない正解率で予測を行うようになります。

ホット＆コールド学習
ホット＆コールド学習とは、重みを小刻みに調整しながら誤差が最も小さくなる方向を調べ、誤差が 0 になるまでその方向に重みを動かすことを意味します。

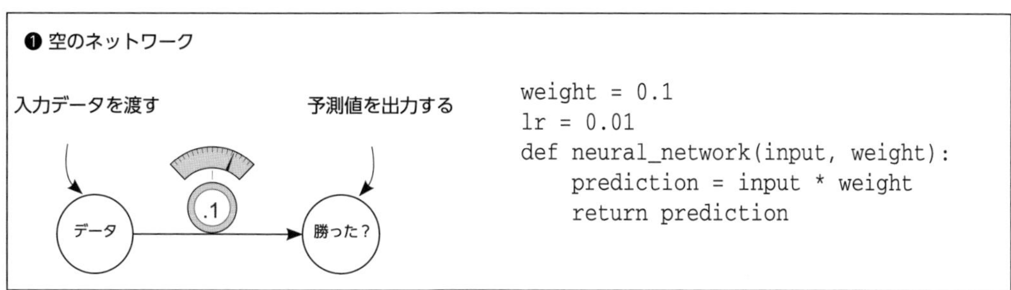

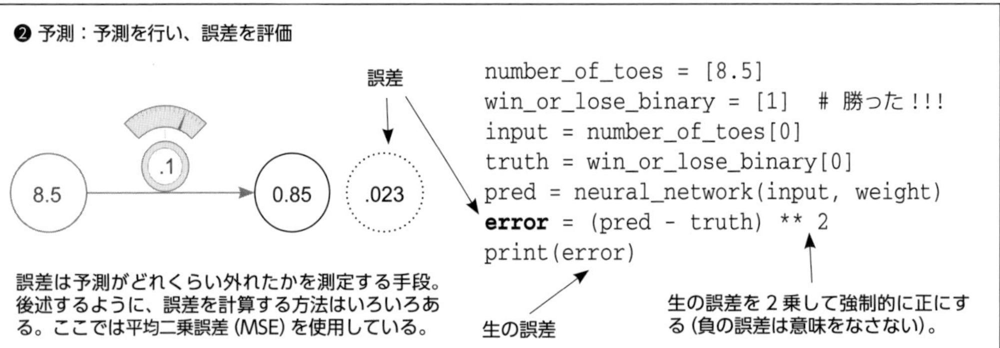

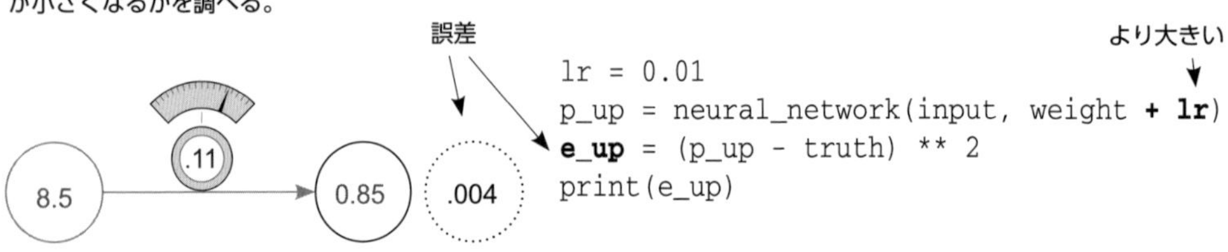

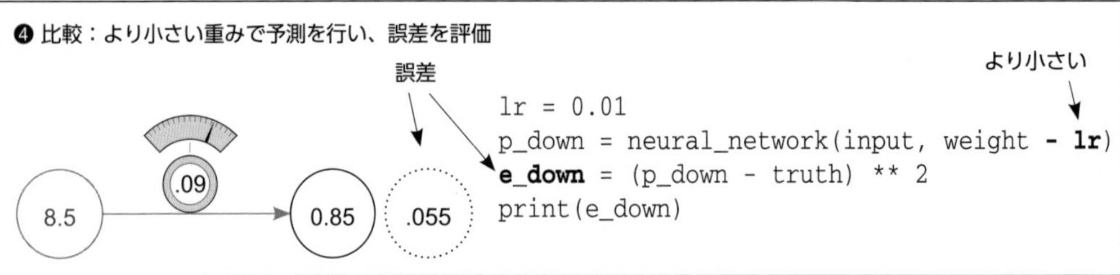

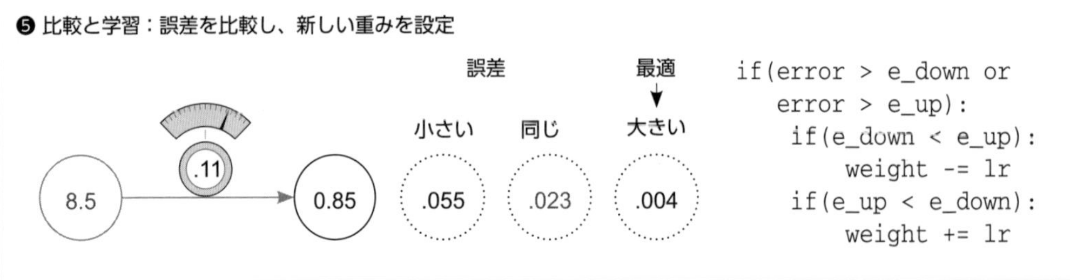

この 5 つのステップは、ホット＆コールド学習の 1 回のイテレーションを表しています。このイテレーションだけでも、正しい答えにぐっと近づいています（新しい誤差はわずか 0.004 です）。ですが通常は、正しい重みを見つけ出すために、このプロセスを何度も繰り返す必要

があるでしょう。ネットワークを何週間あるいは何か月にもわたって訓練し、ようやく十分によい重みが見つかることもあります。

このことは、ニューラルネットワークでの学習が実際には**探索問題**であることを示しています。ネットワークの誤差が0になる（そして完璧に予測するようになる）まで、重みの最善の設定を探し求めるからです。どのような探索でも、探し求めているものが見つからないこともあれば、もし見つかったとしても時間がかかることもあります。次節では、ホット&コールド学習を少し難しい予測で試してみましょう。

4.7　ホット&コールド学習

おそらく最も単純な形式の学習

Jupyter Notebookで次のコードを実行してみてください（ニューラルネットワークの新たな変更部分は**太字**で示してあります）。このコードは0.8という目的値を正しく予測しようとします。

```
weight = 0.5
input = 0.5
goal_prediction = 0.8
step_amount = 0.001              # イテレーションごとの重みの変更量

for iteration in range(1101):    # 学習を繰り返しながら誤差を小さくしていく
    prediction = input * weight
    error = (prediction - goal_prediction) ** 2

    print("Error:" + str(error) + " Prediction:" + str(prediction))

    up_prediction = input * (weight + step_amount)         # 大きくする
    up_error = (goal_prediction - up_prediction) ** 2

    down_prediction = input * (weight - step_amount)       # 小さくする
    down_error = (goal_prediction - down_prediction) ** 2

    if(down_error < up_error):
        weight = weight - step_amount     # 小さくしたほうがよい場合は小さくする

    if(down_error > up_error):
        weight = weight + step_amount     # 大きくしたほうがよい場合は大きくする
```

このコードを実行すると、次の出力が生成されます。

```
Error:0.30250000000000005 Prediction:0.25
Error:0.3019502500000001 Prediction:0.2505
...
Error:2.5000000003280753e-07 Prediction:0.7994999999999672
Error:1.0799505792475652e-27 Prediction:0.7999999999999672
```

最後のステップで、0.8に限りなく近い値が予測されていることがわかります。

4.8 ホット&コールド学習の特徴

単純である

ホット&コールド学習は単純です。予測を行った後に、さらに2回にわたって予測を行います。1回目は重みを少しだけ大きくし、2回目は重みを少しだけ小さくします。そして、誤差が小さくなったほうに応じて重みを調整します。これを十分な回数にわたって繰り返すと、最終的に誤差が0になります。

なぜ1,101回繰り返したのか
このニューラルネットワークの予測値は、ちょうど1,101回のイテレーションの後に0.8になります。それ以上繰り返すと、0.8の前後を小刻みに行ったり来たりするようになり、あまり見栄えのよくないエラーログが表示されます。実際に試してみてください。

問題1：効率的ではない

重みの値を1回更新するために予測を**複数回**行う必要があるため、非常に効率が悪いように思えます。

問題2：目的値を予測できないことがある

step_amountを設定すると、完璧な重みとの差がちょうどn*step_amountである場合を除いて、ネットワークは最終的にstep_amountに満たない量だけ行き過ぎてしまう（オーバーシュートする）でしょう。そして、goal_predictionの前後を行ったり来たりし始めます。step_amountを0.2に設定したらどうなるか試してみてください。step_amountを10に設定した場合は、まったくうまくいかなくなります。実際の出力は次のようになります。0.8にはまったく近づきません。

```
Error:0.30250000000000005 Prediction:0.25
Error:19.802500000000002 Prediction:5.25
Error:0.30250000000000005 Prediction:0.25
Error:19.802500000000002 Prediction:5.25
Error:0.30250000000000005 Prediction:0.25
...
... これを永遠に繰り返す ...
```

本当に問題なのは、重みを**どちらに**動かせばよいかがわかっていても、正しい**量**がわからないことです。そこで、一定の量をランダムに選択します。それがstep_amountです。さらに、この量は誤差とは何の関係もありません。誤差が大きくても小さくても、step_amountは同じです。ホット＆コールド学習から期待するほどの効果が得られないのはそのためです。重みを更新するたびに予測を3回行うので、効率がよくありません。また、step_amountは任意の量であるため、重みの正しい値を学習する妨げになることがあります。

予測を繰り返し行わなくても、各重みの方向と量を特定する方法があるとしたらどうでしょうか。

4.9 誤差から方向と量を割り出す

誤差を測定することで方向と量を割り出す

Jupyter Notebookで次のコードを実行してみてください。

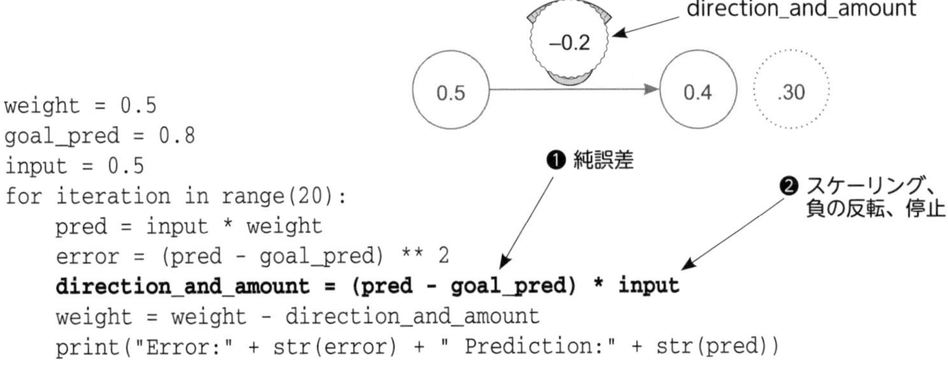


```
weight = 0.5
goal_pred = 0.8
input = 0.5
for iteration in range(20):
    pred = input * weight
    error = (pred - goal_pred) ** 2
    direction_and_amount = (pred - goal_pred) * input
    weight = weight - direction_and_amount
    print("Error:" + str(error) + " Prediction:" + str(pred))
```

ここで示しているのは、**勾配降下法**（gradient descent）と呼ばれる、より高度な学習法です。この学習法では、誤差を小さくするために重みをどの**方向**に**どれだけ**変更すればよいかを計算することができます（太字の行）。

direction_and_amount とは何か
direction_and_amount は、重みをどのように変更すればよいかを表します。1つ目の部分❶は、筆者が**純誤差**と呼ぶもので、(pred - goal_pred) に相当します。2つ目の部分❷は、スケーリング、負の反転、停止を行う input による乗算であり、重みを更新するために純誤差を変更します。

純誤差とは何か
純誤差は (pred - goal_pred) であり、予測が外れた方向とその量を表します。純誤差が「正」の場合は予測値が大きすぎることを意味し、「負」の場合は小さすぎることを意味します。純誤差が「大きな」数である場合は、予測が「大きく」外れたことになります。

スケーリング、負の反転、停止とは何か
これら3つの属性には、純誤差を変換して重みを変更するための絶対量にするという複合効果があります。つまり、純誤差では重みをうまく変更しきれない次の3つの主なエッジケースに対処します。

停止とは何か
停止とは、入力 (input) を掛けることで純誤差にもたらされる最も単純な効果のことです。CDプレイヤーをステレオに接続する場面を思い浮かべてください。ボリュームを最大にしても、CDプレイヤーの電源が入っていなければボリュームはまったく変化しません。ニューラルネットワークにおいてこのことに対処するのが停止です。入力が0の場合は、direction_and_amount も強制的に0にします。入力が0のときは学習するものがないので、ボリュームを変更しないからです。重みのどの値でも誤差は同じであり、重みを動かしても予測値 (pred) は常に0であるため、何も変わりません。

負の反転とは何か
これはおそらく最も難解で重要な効果です。通常 (入力が正のとき) は、重みの値を大きくすると予測値が大きくなります。しかし、入力が負のときは、重みの向きが変わります。入力が負のときに重みの値を大きくすると、予測値が小さくなります。逆なのです。このことにどのように対処すればよいでしょうか。入力が負の場合は、純誤差に入力を掛けると、direction_and_amount の符号が反転します。これが「負の反転」であり、入力が負であっても重みを正しい方向に向かわせます。

スケーリングとは何か
スケーリングとは、純誤差に入力を掛けることでもたらされる3つ目の効果です。論理的には、入力が大きい場合は重みも大きく更新されるはずです。そうすると制御不能に陥ることがあるので、どちらかと言えば副作用です。後ほど、**アルファ**を使ってそうした状況に対処します。

先のコードを実行すると、次のような出力が生成されます。

```
Error:0.30250000000000005 Prediction:0.25
Error:0.17015625000000004 Prediction:0.3875
Error:0.095712890625 Prediction:0.490625
...
Error:1.7092608064027242e-05 Prediction:0.7958656792499823
Error:9.614592036015323e-06 Prediction:0.7968992594374867
Error:5.408208020258491e-06 Prediction:0.7976744445781151
```

最後のステップでは、予測値が 0.8 に近づいている

この例では、少し単純化した環境で勾配降下法の効果を確認しました。次は、もっと自然な環境で勾配降下法の効果を確認してみましょう。用語の違いがいくつかありますが、入力と出力が複数あるものなど、他の種類のネットワークにも適用できる方法でコーディングを行います。

4.10 勾配降下法の 1 回のイテレーション

訓練サンプルの 1 つのペア（入力値→真の値）で重みを更新する

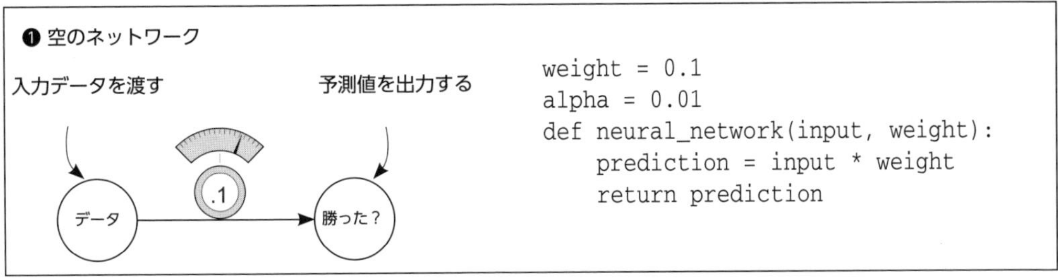


```
weight = 0.1
alpha = 0.01
def neural_network(input, weight):
    prediction = input * weight
    return prediction
```

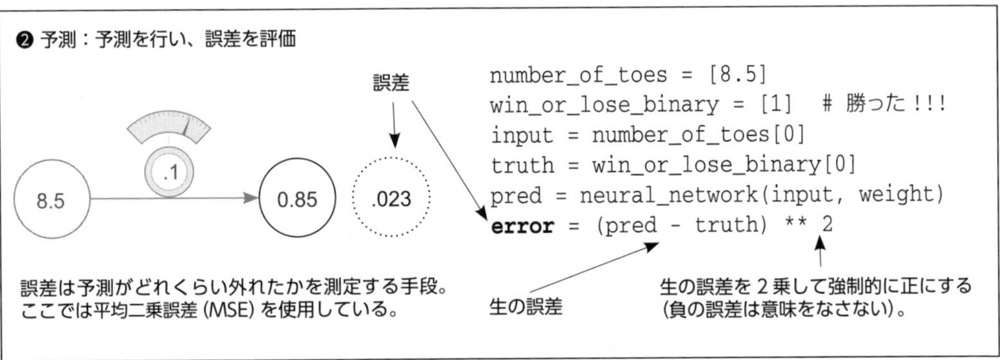


```
number_of_toes = [8.5]
win_or_lose_binary = [1]  # 勝った!!!
input = number_of_toes[0]
truth = win_or_lose_binary[0]
pred = neural_network(input, weight)
error = (pred - truth) ** 2
```

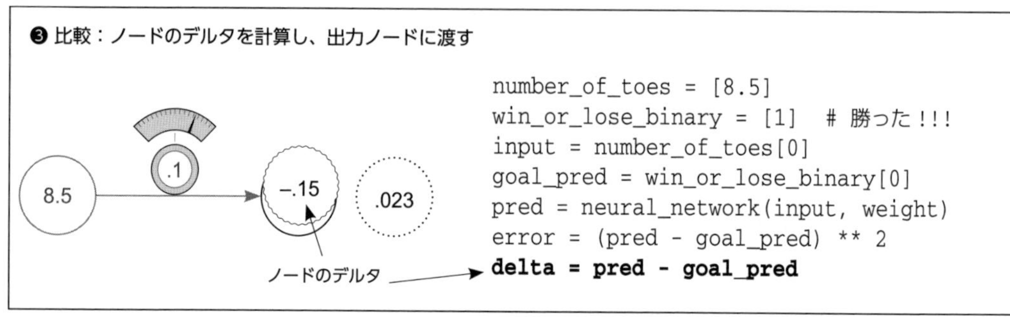

delta(デルタ)は、このノードの予測値がどれくらい外れたかを表す指標です。真の予測値(目的値)は1.0であり、ネットワークの予測値は0.85であるため、ネットワークの予測は目的値に0.15だけ届きません。したがってdeltaは-0.15です。

勾配降下法とこの実装との主な違いはdeltaにあります。この新しい変数は、ノードの予測値が大きすぎるか小さすぎるときの実際の量を表します。direction_and_amountを直接計算するのではなく、出力ノードの差をどれくらいにしたいのかを先に計算します。direction_and_amountを計算してweightを変更するのはその後です(ステップ❹では、weight_deltaという名前に変更されています)。

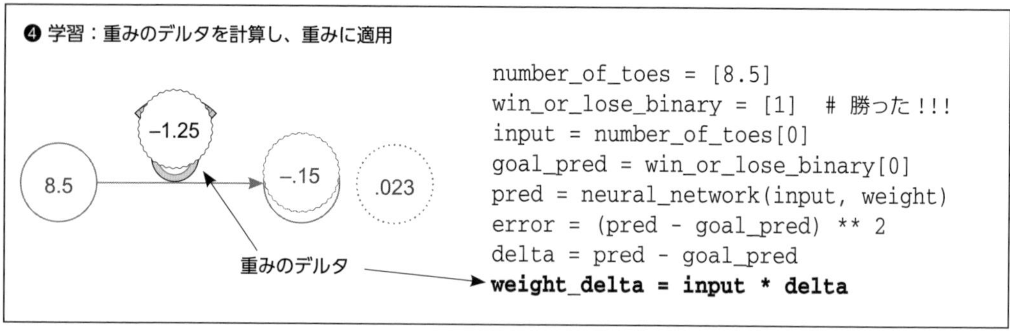

weight_deltaは、重みのせいでネットワークの予測がどれくらい外れたかを表します。この値を求めるには、重みの出力ノードのdeltaに重みのinputを掛けます。つまり、各weight_deltaを作成するには、その出力ノードのdeltaを重みのinputでスケーリングします。これはdirection_and_amountの前述の3つの特性(スケーリング、負の反転、停止)に相当します。

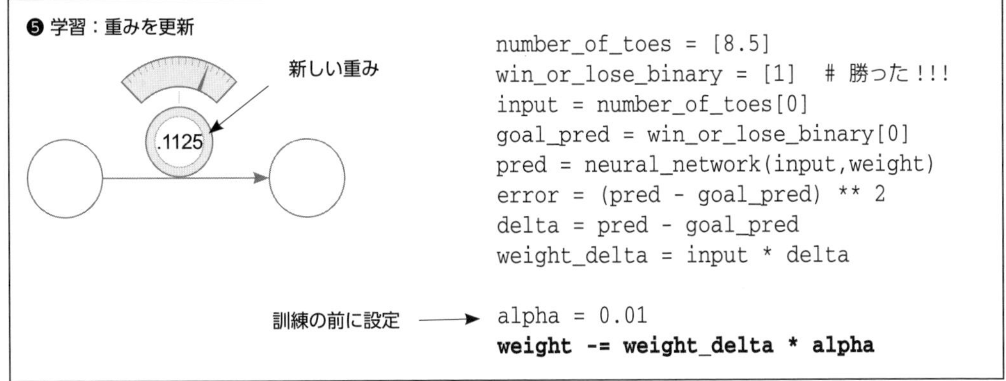


```
number_of_toes = [8.5]
win_or_lose_binary = [1]  # 勝った!!!
input = number_of_toes[0]
goal_pred = win_or_lose_binary[0]
pred = neural_network(input,weight)
error = (pred - goal_pred) ** 2
delta = pred - goal_pred
weight_delta = input * delta

alpha = 0.01
weight -= weight_delta * alpha
```

weight_delta に小さな数 alpha（アルファ）を掛け、その値で weight を更新します。このようにすると、ネットワークの学習の速度を制御できます。学習のペースが速すぎると、重みを積極的に更新しすぎてオーバーシュートすることがあります。重みの更新による変更（わずかな増加）が、ホット＆コールド学習のときと同じである点に注意してください。

4.11　学習とは誤差を小さくすること

重みを変更すれば誤差を小さくできる

ここまでのコードを組み合わせると、次のようになります。

```
weight, goal_pred, input = (0.0, 0.8, 0.5)

for iteration in range(4):
    pred = input * weight
    error = (pred - goal_pred) ** 2          これらの行には秘密がある
    delta = pred - goal_pred
    weight_delta = delta * input
    weight = weight - weight_delta
    print("Error:" + str(error) + " Prediction:" + str(pred))
```

確実な学習法
この手法は、各重みを正しい方向に正しい量だけ調整することで、誤差が 0 になるようにします。

このコードでは、誤差を小さくするために、重みを調整する正しい方向と量を突き止めようとしているだけです。秘密は予測値（pred）と誤差（error）の計算にあります。error の計算で pred を使用している点に注目してください。pred 変数を、それを生成するコードと置き換えてみましょう。

```
error = ((input * weight) - goal_pred) ** 2
```

このようにしても error の値はまったく変わりません。2 行のコードを結合して error を直接計算しているだけです。入力値（input）が 0.5、目的値（goal_pred）が 0.8 に設定されていることを思い出してください（これらの値はネットワークの訓練を開始する前に設定されています）。これらの変数名をその値と置き換えると、秘密が明らかになります。

```
error = ((0.5 * weight) - 0.8) ** 2
```

秘密

どのような入力値（input）と目的値（goal_pred）についても、誤差（error）と重み（weight）の関係が正確に定義されます。この関係は、予測値と誤差の式を組み合わせることによって特定されます。この例では、次のようになります。

```
error = ((0.5 * weight) - 0.8) ** 2
```

重みの値を 0.5 増やしたとしましょう。誤差と重みの間の関係が正確に定義されていれば、誤差がどれくらい動くかも計算できるはずです。誤差を特定の方向に動かしたい場合はどうなるでしょうか。そのようなことは可能なのでしょうか。

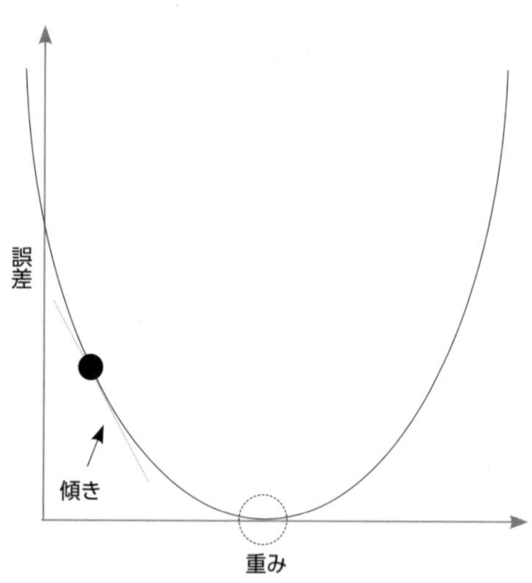

　このグラフは、先の式で表される関係に従って、各重みの誤差の値をすべて表しています。きれいなお椀型になっている点に注目してください。黒い円は現在の重みと誤差の位置を表しています。点線の円は目的の（誤差が0になる）位置です。

> **ここがポイント**
> 傾きは曲線のどのポイントでも**底**（誤差が最も小さい場所）に向かいます。この傾きを利用して、ニューラルネットワークの誤差を小さくすることができます。

4.12　学習ステップ

最終的に曲線の底に到達するか確認する

```
weight, goal_pred, input = (0.0, 0.8, 1.1)

for iteration in range(4):
    print("-----\nWeight:" + str(weight))
    pred = input * weight
    error = (pred - goal_pred) ** 2
    delta = pred - goal_pred
    weight_delta = delta * input
    weight = weight - weight_delta
    print("Error:" + str(error) + " Prediction:" + str(pred))
    print("Delta:" + str(delta) + " Weight Delta:" + str(weight_delta))
```

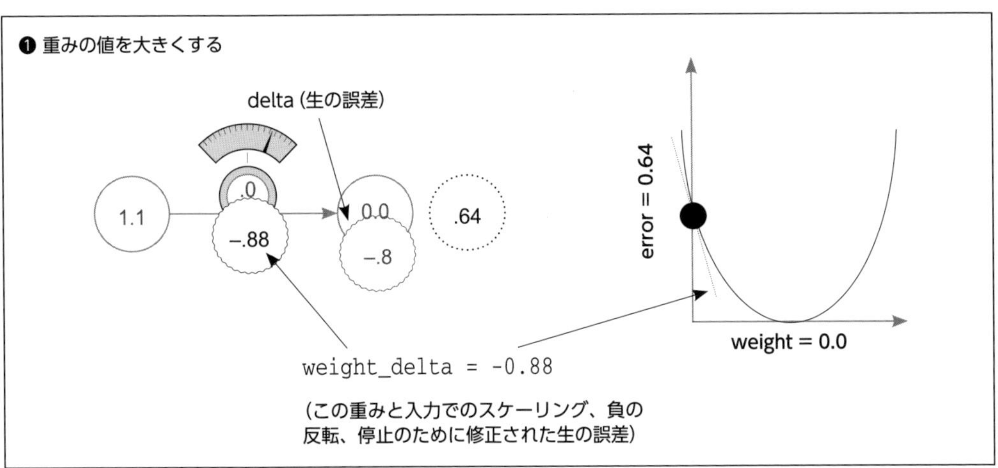

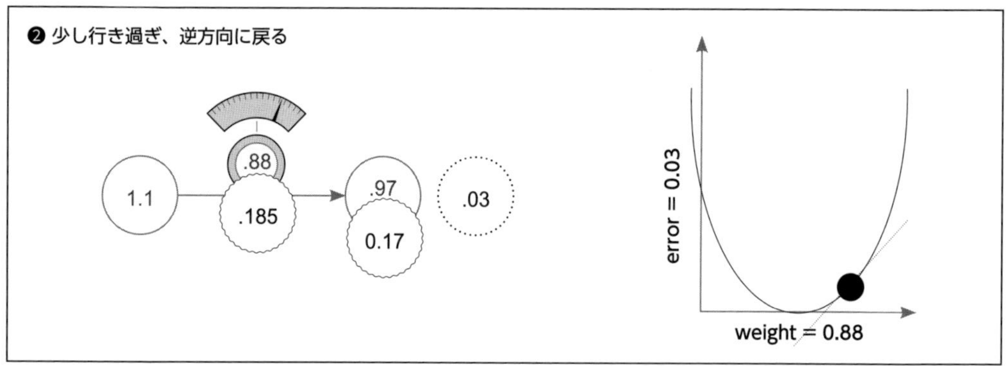
❷ 少し行き過ぎ、逆方向に戻る
.88
1.1
.185
.97
0.17
.03
error = 0.03
weight = 0.88

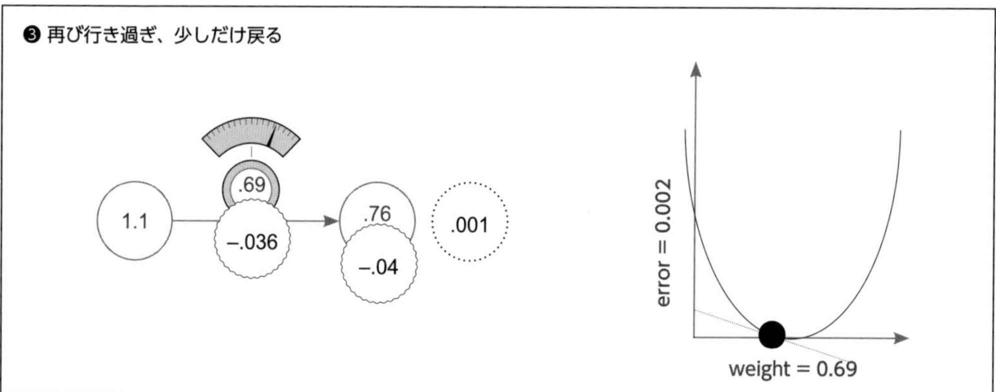
❸ 再び行き過ぎ、少しだけ戻る
.69
1.1
–.036
.76
–.04
.001
error = 0.002
weight = 0.69

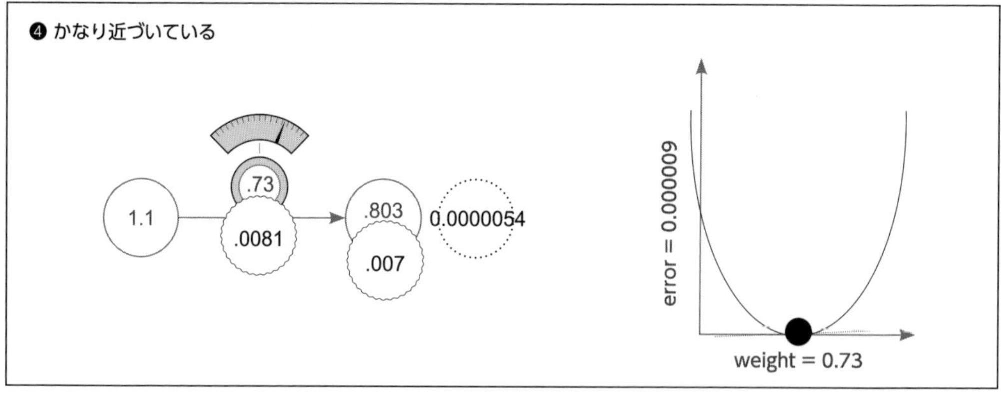
❹ かなり近づいている
.73
1.1
.0081
.803
.007
0.0000054
error = 0.000009
weight = 0.73

❺ コードの出力

```
-----
Weight:0.0
Error:0.6400000000000001 Prediction:0.0
Delta:-0.8 Weight Delta:-0.8800000000000001
-----
Weight:0.8800000000000001
Error:0.028224000000000005 Prediction:0.9680000000000002
Delta:0.16800000000000015 Weight Delta:0.1848000000000002
-----
Weight:0.6951999999999999
Error:0.0012446784000000064 Prediction:0.76472
Delta:-0.03528000000000009 Weight Delta:-0.0388080000000001
-----
Weight:0.734008
Error:5.4890317439999896e-05 Prediction:0.8074088
Delta:0.007408799999999993 Weight Delta:0.008149679999999992
```

4.13 どのような仕組みになっているか

weight_delta とはいったい何か、関数とは何か

関数とは何でしょうか。関数をどのように理解しているでしょうか。次の関数について考えてみましょう。

```
def my_function(x):
    return x * 2
```

関数は、何らかの数値を入力として受け取り、別の数値を出力として返します。つまり、入力と出力の間で何らかの関係が定義されます（入力と出力は複数の場合があります）。関数を学習する能力は非常に強力です。なぜそれほど強力なのかについてもおそらく見当がついているでしょう。関数を利用すれば、何らかの数値（画像のピクセルなど）を受け取り、それらを他の数値（その画像にネコが含まれている確率など）に変換することが可能になります。

どの関数にも**可動部**と呼ばれるものがあります。可動部は関数が生成する出力を別のものにするために調整したり変更したりできる部分です。先の my_function について考えてみましょう。「この関数の入力と出力の関係を制御しているもの」は何でしょうか。その答えは 2 です。次の関数についても同じ質問をしてみてください。

```
error = ((input * weight) - goal_pred) ** 2
```

入力（input）と出力（error）の関係を制御しているものは何でしょうか。それらはた

くさんあります。この関数は先の関数よりも複雑なのです。goal_pred、input、**2、weight、そしてすべてのかっこと代数演算（加算、減算など）が誤差の計算に関与します。これらを1つでも調整すれば、誤差は変化するでしょう。この点は重要です。

思考訓練として、誤差を小さくするためにgoal_predのほうを変更することについて考えてみてください。主客転倒ですが、もちろん可能です。人生で言うなら、あきらめる（自分の力量に合わせて目標を下げる）わけです。予測が外れたことを認めないわけですが、それはさすがにまずいでしょう。

誤差が0になるまで入力を変更するとしたらどうでしょうか。それは世界をあるがままに見ず、自分が見たいように見ているようなものです。予測したいものを予測するまで入力データを変更するというわけです（**インセプショニズム**※1 はだいたいそのような仕組みになっています）。

次に、2を変更することについて考えてみましょう。つまり、加算、減算、または乗算を変更します。これはそもそも誤差の計算方法を変更するだけです。予測がどれくらい外れたのかを（前述の正しい特性を用いて）正しい尺度で表せないとしたら、誤差を計算したところで意味がありません。よって、これも却下です。

残っているのは何でしょうか。重みの変数（weight）だけです。この変数を調整しても、あなたが世界をどう捉えるかも、あなたの目標も変わりませんし、誤差の指標もそのままです。重みの変更は、関数が**データのパターンに従う**ことを意味します。関数の他の部分が変わらないようにすることで、データに含まれているパターンを関数に正しくモデル化させるのです。許されるのは、ネットワークが**予測**を行う方法を変更することだけです。

要するに、誤差（error）の値が0になるまで誤差関数の特定の部分を変更します。この誤差関数は、変数の組み合わせを使って計算されます。これらの変数は、変更できるもの（重み）と変更できないもの（入力データ、出力データ、誤差ロジック）で構成されます。

```
weight = 0.5
goal_pred = 0.8
input = 0.5

for iteration in range(20):
    pred = input * weight
    error = (pred - goal_pred) ** 2
    direction_and_amount = (pred - goal_pred) * input
    weight = weight - direction_and_amount
    print("Error:" + str(error) + " Prediction:" + str(pred))
```

※1 ［訳注］ニューラルネットワークで画像認識をパターン化するGoogleのアルゴリズム。GoogleのDeepDreamに使用されている。

ここがポイント
予測値 (pred) の計算では、入力値 (input) 以外は**何でも**変更できます。

本書のこれ以降の部分では（そして多くのディープラーニング研究者は一生をかけて）、予測を正確なものにするために、予測値（pred）の計算においてありとあらゆることを試してみます。学習とは、予測関数を自動的に変更して正確な予測値を生成できるようにすること —— つまり、新しい誤差（error）が 0 になるようにすることにほかなりません。

何を変更できるのかがこれでわかりましたが、変更はどのように行うのでしょうか。よい質問です。それが機械学習ですよね。次節のテーマはまさにそれです。

4.14　1 つの考えにこだわる

学習とは重みを調整して誤差を 0 に近づけること

本章では、「学習とは重みを調整して誤差を 0 にすることである」という考えを繰り返し強調してきました。これは秘伝のタレのようなものです。正直に言うと、学習を行う方法を知ることは、重みと誤差の**関係**を理解することにほかなりません。この関係を理解すれば、重みを調整して誤差を小さくする方法が明らかになります。

「関係を理解する」とはどういう意味でしょうか。2 つの変数の関係を理解することは、**一方の変数を変更するともう一方の変数がどのように変化するか**を理解することです。ここで実際に追い求めているのは、これら 2 つの変数間の**感度**です。感度は方向と量の別名です。つまり、重みに対する誤差の感度がどれくらいか —— 重みを変更したときに誤差が変化する方向と量 —— を知ることが目標となります。本章では、この関係を理解するのに役立つ手法を 2 つ見てきました。

重みの値を小刻みに変更しながら誤差への影響を調べる（ホット＆コールド学習）という手法では、これら 2 つの変数の関係を実験的に観測しました。これは標示のない電気スイッチが 15 個もある部屋に足を踏み入れるようなものです。スイッチのオンオフを繰り返しながら、その部屋のさまざまな照明との関係を突き止めていきます。重みと誤差の関係を調べたときも同じことを行い、重みの値を小刻みに変更しながら誤差がどのように変化したのかを観測しました。重み（weight）と誤差（error）の関係がわかれば、2 つの単純な if 文を使って重みを正しい方向へ動かすことができます。

```
if(down_error < up_error):
    weight = weight - step_amount

if(down_error > up_error):
    weight = weight + step_amount
```

pred と error のロジックを組み合わせた先の式に戻りましょう。すでに述べたように、それらのロジックは重み（weight）と誤差（error）の正しい関係をひそかに定義します。

```
error = ((input * weight) - goal_pred) ** 2
```

このコード行が秘伝のタレです。これは公式であり、重み（weight）と誤差（error）の関係を表すものです。この関係は正式なものであり、計算可能で、普遍的で、これからも変わりません。

さて、誤差を特定の方向に動かすために重みをどのように変更すればよいかを知る上で、この式をどのように使用するのでしょうか。待ちに待った瞬間がやってきました。この式は、これら 2 つの変数の関係を正確に表しており、ここであなたは一方の変数を変更してもう一方の変数を特定の方向に動かす方法を突き止めることになります。

実際には、どのような公式にも同じことを行う方法があります。それを使って誤差を小さくすることになります。

4.15 棒が突き出た箱

目の前にダンボール箱があり、2 つの小さな穴から 2 本の丸い棒が突き出ているとしましょう。青い棒は箱から 5 センチほど出ていて、赤い棒は 10 センチほど出ています。これらの棒はつながっていますが、どのようにつながっているのかはわかりません。それを解き明かすには、実験が必要です。

そこで、青い棒を 2.5 センチほど押し込んでみたところ、赤い棒も 5 センチほど箱の中に入っていきます。次に、青い棒を 2.5 センチほど引っ張り出すと、赤い棒も 5 センチほど箱から出てきます。このことから何がわかったでしょうか。青い棒と赤い棒の間には、ある**関係**があるようです。青い棒をどれだけ動かしても（blue_length）、赤い棒はその 2 倍動きます（red_length）。次の式が成り立つと言えるでしょう。

```
red_length = blue_length * 2
```

結論から言うと、「このパーツを引っ張るともう 1 つのパーツがどれくらい動くか」に関する正式な定義が存在します。この定義は**導関数**または**微分係数**（derivative）と呼ばれるもので、実際には、「棒 Y を引っ張ると棒 X がどれくらい動くか」を意味するものにすぎません。

青い棒と赤い棒の場合、「青い棒を引っ張ると赤い棒がどれくらい動くか」に対する微分係数は 2 です。ちょうど 2 です。なぜ 2 なのでしょうか。これは次の式によって定義される**乗法**関係を表しています。

```
red_length = blue_length * 2     # 2は微分係数
```

「2 つの変数の間」に常に微分係数が存在することに注意してください。常に知りたいのは、一方の変数を変更したときにもう 1 つの変数がどのように変化するかです。微分係数が**正**の場合、一方の変数を変更するともう一方の変数が**同じ**方向に変化します。微分係数が**負**の場合、一方の変数を変更するともう一方の変数が**逆**の方向に変化します。

例をいくつか挙げてみましょう。blue_length に対する red_length の微分係数は 2 なので、どちらの変数の値も同じ方向に変化します。もう少し具体的に言うと、赤い棒は青い棒と同じ方向に青い棒の 2 倍の量だけ移動します。微分係数が -1 だったとすれば、赤い棒は逆の方向に同じ量だけ移動するでしょう。したがって、関数が与えられた場合、微分係数は一方の変数を変更した場合にもう一方の変数が変化する方向と量を表します。これこそ私たちが求めていたものです。

4.16　微分係数：テイク 2

まだ納得がいかなければ、別の視点から見てみよう

微分係数には 2 通りの説明があります。1 つは、関数内のある変数を変更したときに別の変数がどのように変化するのかを理解する、というものです。もう 1 つは、微分係数は直線または曲線上の点の傾きである、というものです。結論から言うと、関数をプロットした場合、その線の傾きは「一方の変数を変更したときにもう一方の変数がどれくらい変化するか」と同じことを表します。すっかりおなじみとなった関数をプロットしてみましょう。

```
error = ((input * weight) - goal_pred) ** 2
```

goal_pred と input の値は固定なので、この関数は次のように書き換えることができます。

```
error = ((0.5 * weight) - 0.8) ** 2
```

変化する変数は 2 つだけなので（残りはすべて固定）、あらゆる重み（weight）を試して、それぞれの誤差（error）を計算できます。それらをプロットしてみましょう。

この関数を図示すると、このように大きな U 字形の曲線になります。中央に誤差が 0 にな

るポイントがあることがわかります。また、そのポイントの右側では線の傾きが正で、左側では負であることもわかります。さらに興味深いのは、「目標の重み」から遠ざかるにつれ、傾きが急になることです。

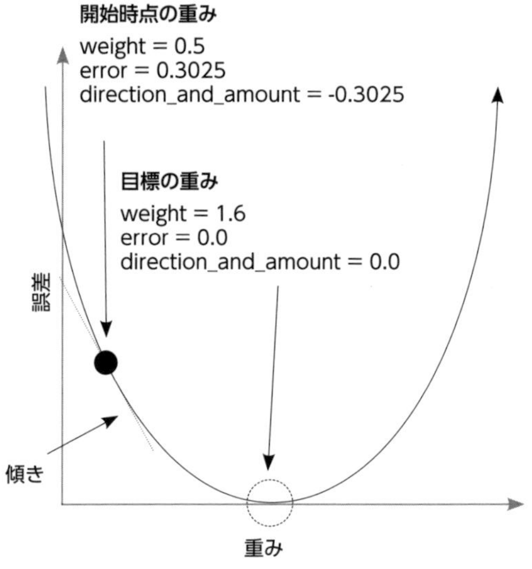

これらは有益な特性です。傾きの符号は方向を表し、傾きの度合いは量を表します。これらを手がかりに、目標の重みを見つけ出すことができます。

今でさえ、筆者はこの曲線を見てそれが何を表すのかがすぐにわからなくなってしまいます。ホット＆コールド学習と似たようなものです。重みが取り得る値をすべて試し、その結果をプロットすると、この曲線になります。

そして、微分係数の特にすばらしい点は、（本節の最初にある）誤差の計算式の先にこの曲線が見えることです。重みの任意の値に対して線の傾き（微分係数）を求めることができるのはそのためです。そして、この傾き（微分係数）を用いて、誤差が小さくなる方向を突き止めることができます。それだけでなく、傾きの度合いから、傾きが0の最適なポイントからどれくらい離れているのかがだいたいわかります（後ほど説明するように、正確にわかるわけではありません）。

4.17　知っていないと困ること

微分係数により、式から変数を2つ選び出すと、それらの相互作用がわかる

次の大きな式を見てください。

```
y = (((beta * gamma) ** 2) + (epsilon + 22 - x)) ** (1/2)
```

微分係数について知っておかなければならないことは次のとおりです。どのような関数でも（この大きな式でさえ）、変数を2つ選び出し、それらの関係を突き止めることができます。どのような関数でも、変数を2つ選び出し、（先ほどと同じように）2次元平面上に表現できます。どのような関数でも、変数を2つ選び出し、一方の変数を変更するともう一方の変数がどれくらい変化するのかを計算できます。このようにして、どの関数についても、1つの変数を変更することで別の変数をある方向に向かわせる方法が明らかになります。くどくど説明しました

が、この点を直観的に理解していることが重要となります。

本書では、ニューラルネットワークを構築します。ニューラルネットワークは、言ってしまえば、誤差関数の計算に使用される一連の重みにすぎません。そして、どの誤差関数でも（どれだけ複雑でも）、任意の重みとネットワークの最終的な誤差との関係を割り出すことができます。この情報をもとに、ニューラルネットワークの誤差を 0 にするためにそれぞれの重みを変更することができます。これから行うのはまさにそういうことです。

4.18　知っていなくてもそれほど困らないこと

微積分

任意の関数から変数を 2 つ選び出し、それらの関係を求める手法をすべて習得するとしたら、大学で 3 学期（1 年半）ほどかかります。正直に言えば、それだけの時間をかけてディープラーニングの手法を学んだとしても、実際に使用するのはごく一部でしょう。そして微積分とは、考え得るすべての関数に対して考え得るすべての微分係数のルールを覚え、実践することにほかなりません。

本書では、筆者が普段行っているように（というのも、筆者は怠け者 —— もとい、効率的なので）、参照表で微分係数を調べます。読者が知っておくべきことは、微分係数が何を表すかだけです。微分係数は関数内の 2 つの変数間の関係であるため、一方を変更するともう一方がどれくらい変化するのかがわかります。要するに、2 つの変数間の感度です。

「2 つの変数間の感度」という表現に多くの情報が含まれていることはわかっています。これには、**正の感度**（変数が同じ方向に動く）、**負の感度**（逆方向に動く）、ゼロ感度（一方に何をしてももう一方は動かない）が含まれる可能性があります。たとえば、$y = 0 \times x$ の場合、x を動かしても y は常に 0 です。

微分係数についてはここまでにし、勾配降下法に戻りましょう。

4.19　微分係数を使ってどのように学習するか

weight_delta が微分係数

「誤差」と「誤差と重みの微分係数」はどのように異なるのでしょうか。誤差は、予測がどれくらい外れたかの目安となる尺度です。微分係数は、各重みと外れた量との関係を定義します。言い換えると、重みの変更が誤差にどれくらい寄与するのかを表します。では、このことを踏まえて、誤差を特定の方向へ動かすにはどうすればよいでしょうか。

関数内の 2 つの変数の関係について説明してきましたが、その関係をどのように利用するのでしょうか。結論から言うと、この関係は非常に視覚的で直観的です。誤差（error）の曲線をもう一度見てみましょう。重み（weight）の値は黒い円（0.5）から始まります。点線の円は目標の重みであり、このポイントを目指すことになります。黒い円に接している点線は傾きであり（微分係数とも呼ばれます）、曲線上のそのポイントで重みを変更すると誤差がどれくらい変化するのかを表します。傾きが負で、下を向いていることに注目してください。

直線または曲線の傾きは常に直線または曲線の最も低いポイントと逆向きになります。したがって、傾きが負の場合は、重みの値を大きくして誤差が最も小さくなるポイントを探します。実際に試してみてください。

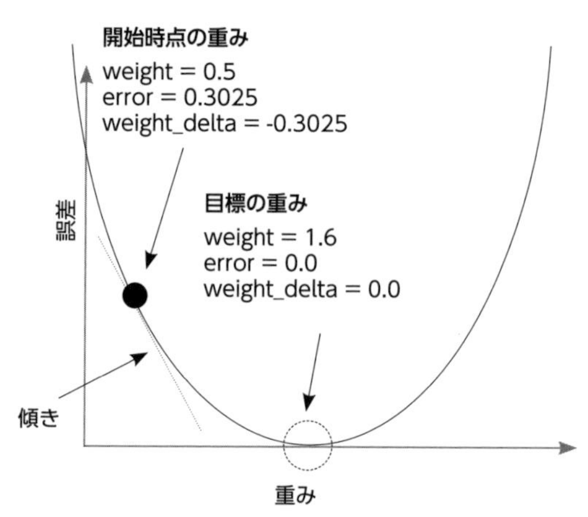

では、微分係数を使って誤差の最小値（誤差グラフの最も低いポイント）を求めるにはどうすればよいでしょうか。傾きを逆向き（微分係数の逆方向）にするのです。重みの値ごとに誤差で微分し（weight 変数と error 変数を比較し）、重みをその傾きの逆方向へ動かすことができます。そうすると、最小値に向かって移動します。

ここでの目的は、誤差を小さくするために重みを変更する方向と量を突き止めることです。微分係数は関数内の2つの変数の関係を表します。微分係数を使って任意の重みと誤差の関係を特定します。そして、重みを微分係数の逆方向へ移動することで、誤差の最小値を見つけ出します。ニューラルネットワークはこのようにして学習します。

このようにして学習する（誤差の最小値を特定する）方法が**勾配降下法**です。重みの値を傾きとは逆方向に動かすことで誤差を0に近づけることを考えると、まさに名詮自性といったところです。「逆」とは、傾きが負のときは重みの値を大きくし、傾きが正のときは重みの値を小さくするという意味です。重力と同じです。

4.20　ここまでのまとめ

```
for iteration in range(4):
    pred = input * weight
    error = (pred - goal_pred) ** 2
    delta = pred - goal_pred
    # 微分係数 (重みを変更すると誤差がどれくらいすばやく変化するか)
    weight_delta = delta * input
```

```
    weight = weight - weight_delta
    print("Error:" + str(error) + " Prediction:" + str(pred))
```

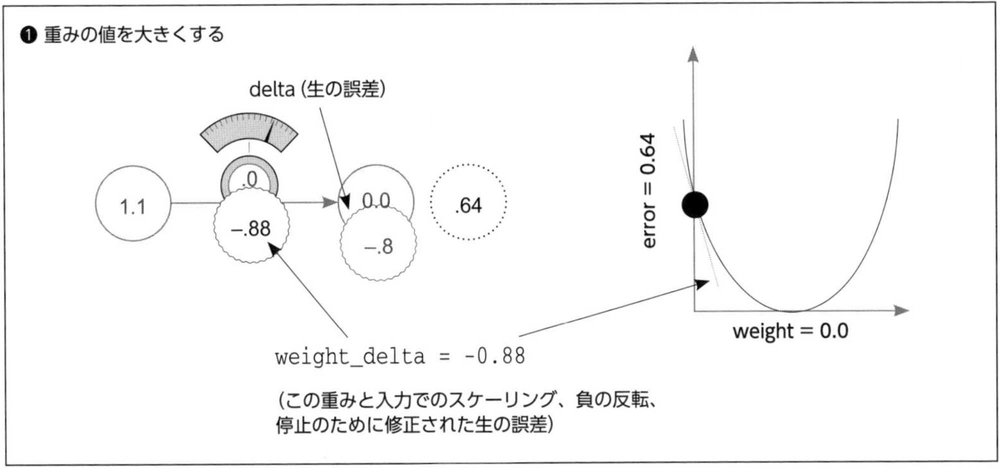

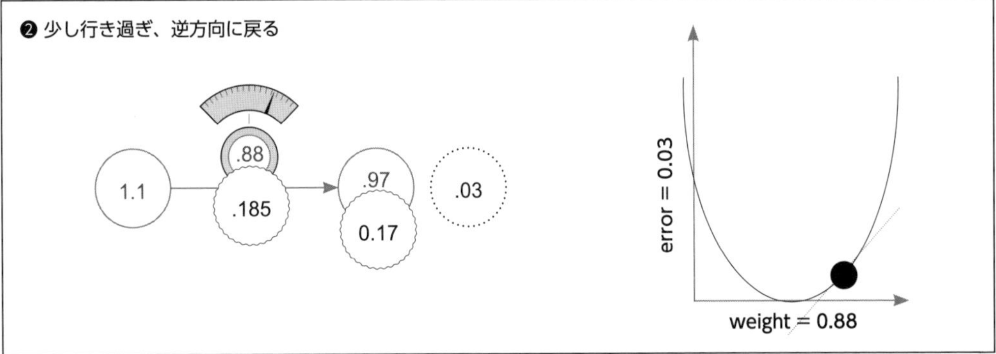

4.21　勾配降下法の分解

まずはコードから

```
weight = 0.5
goal_pred = 0.8
input = 0.5

for iteration in range(20):
    pred = input * weight
    error = (pred - goal_pred) ** 2
    delta = pred - goal_pred
```

```
    weight_delta = input * delta
    weight = weight - weight_delta
    print("Error:" + str(error) + " Prediction:" + str(pred))
```

このコードを実行すると、次の出力が生成されます。

```
Error:0.30250000000000005 Prediction:0.25
Error:0.17015625000000004 Prediction:0.3875
Error:0.095712890625 Prediction:0.49062500000000003
...
Error:1.7092608064027242e-05 Prediction:0.7958656792499823
Error:9.614592036015323e-06 Prediction:0.7968992594374867
Error:5.408208020258491e-06 Prediction:0.7976744445781151
```

うまくいったので分解してみましょう。まず、weight、goal_pred、input でいろいろな値を試してみます。これらの値はどのように設定してもよく、ニューラルネットワークは重みをもとに、与えられた入力から出力を予測する方法を特定します。ニューラルネットワークが予測できない組み合わせが見つかるでしょうか。何かを理解するには、それを分解してみるのがよいようです。

input の値を2に設定しても、このアルゴリズムが0.8を予測するようにしてみましょう。どのような結果になるでしょうか。

```
Error:0.03999999999999998 Prediction:1.0
Error:0.3599999999999998 Prediction:0.20000000000000018
Error:3.2399999999999984 Prediction:2.5999999999999996
...
Error:6670872679866662.1 Prediction:-25828031.799999986
Error:6003785411879960.0 Prediction:77484098.59999996
Error:5.403406870691965e+16 Prediction:-232452292.5999999
```

驚いたことに、思っていた結果にはなりません。予測値は発散しています。負から正、正から負に入れ替わるたびに、正しい答えから遠ざかっています。言い換えると、重みを更新するたびに過度に補正されています。次節では、この現象に対処する方法を詳しく見ていきます。

4.22　過度の補正を可視化する

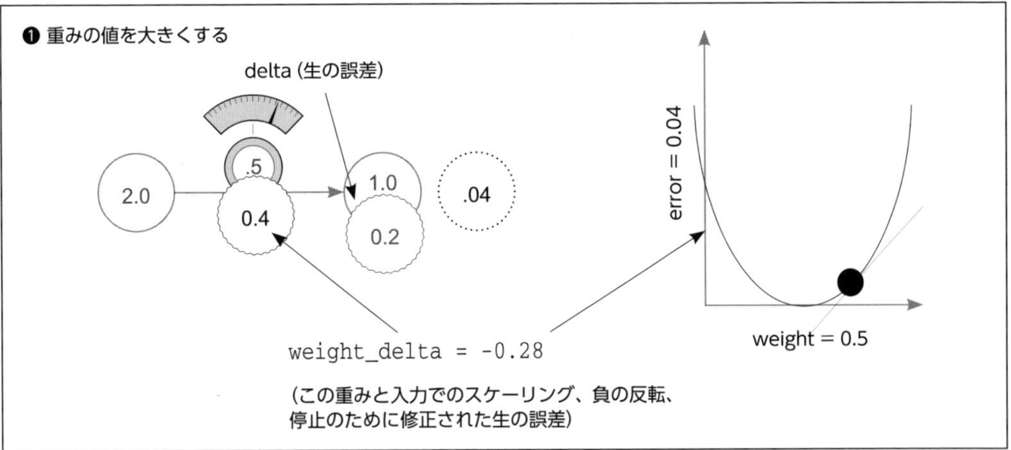

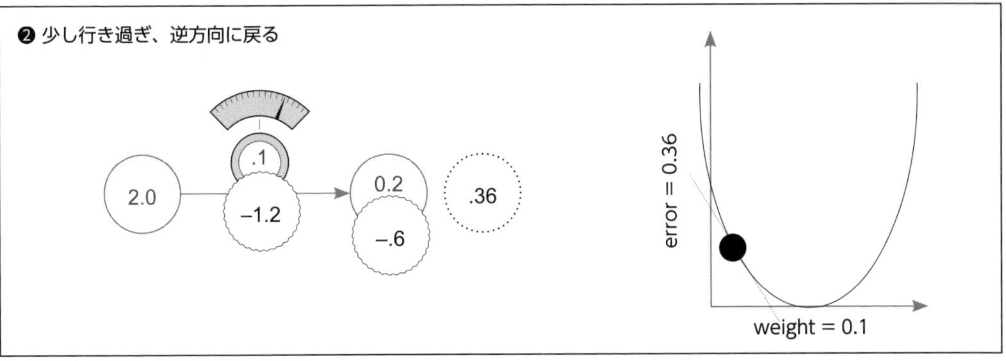

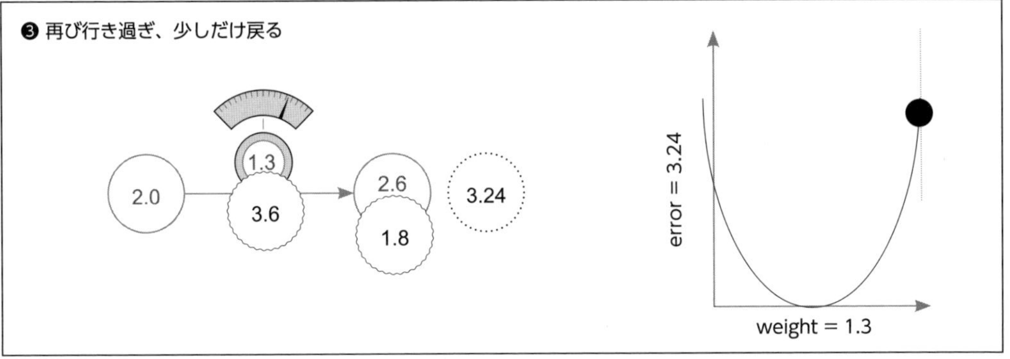

4.23 ダイバージェンス

ニューラルネットワークでは値が発散することがある

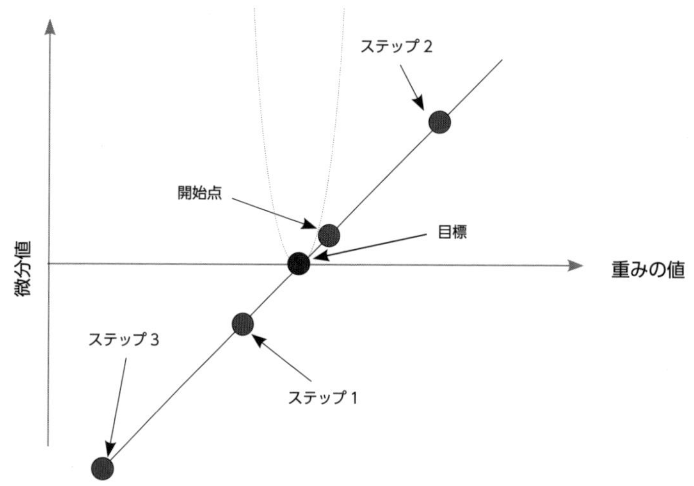

いったい何が起きているのでしょうか。誤差の発散は入力値を大きくしたことに起因しています。重みを更新する方法について考えてみましょう。

```
weight = weight - (input * (pred - goal_pred))
```

入力値が十分に大きい場合は、誤差が小さくても、重みが大きく更新されることがあります。重みの更新値が大きく、誤差が小さい場合、何が起きるでしょうか。ニューラルネットワークが過度に補正されます。新しい誤差がさらに大きい場合、ニューラルネットワークの補正はさらに極端なものとなり、先ほど見たような**ダイバージェンス**現象が発生します。

入力値が大きい場合、(`pred = input * weight` により) 予測値が重みの変化に非常に敏感になり、ネットワークの過度な補正の原因になることがあります。つまり、重みの値が 0.5 から始まるとしても、そのポイントでの微分係数の傾きが急なのです。U 字形の誤差曲線がどれくらい急カーブを描いているか確認してみてください。

このことは非常に直観的です。予測をどのように行うのかを思い出してください。そう、入力に重みを掛けます。したがって、入力値が非常に大きい場合は、重みの値を少し変更するだけで予測値が大きく変化します。誤差は重みに非常に敏感になります。つまり、微分係数がかなり大きいわけですが、どのようにしてこれを小さくするのでしょうか。

4.24 アルファ

重みの過剰な更新を防ぐ最も簡単な方法

ここで解決しようとしている問題は何でしょうか。入力値が大きすぎる場合に、重みが過度に更新される可能性があることです。どのような兆候があるのでしょうか。過度に補正されると、新しい微分係数が開始時よりもさらに大きくなります（符号は逆になりますが）。

このことについて少し考えてみましょう。前節のグラフをもう一度見て、兆候を理解してください。ステップ2では、目標からさらに離れており、微分係数がさらに大きくなっていることを示しています。これにより、ステップ3ではステップ2よりもさらに目標から離れてしまいます。ニューラルネットワークはこの調子でどんどん発散していきます。

兆候は、このオーバーシュート（行き過ぎ）です。解決策は、重みの更新値に分数を掛けて小さくすることです。ほとんどの場合は、重みの更新値に0から1の間の1つの実数値を掛けます。この実数値を**アルファ**（alpha）と呼びます※2。なお、このこと自体は、入力値が大きいという核心的な問題には効果がありません。また、それほど大きくない入力値に対する重みの更新値も小さくなります。

最先端のニューラルネットワークでも、適切なアルファはたいてい推測によって決定されます。誤差の推移を観測し、誤差が発散（上昇）し始めた場合はアルファが大きすぎるため、小さくします。学習のペースが遅すぎる場合はアルファが小さすぎるため、大きくします。単純な勾配降下法以外にも発散に対抗しようとする手法がありますが、非常によく使用されているのはやはり勾配降下法です。

4.25 アルファのコーディング

アルファパラメータはどこで使用されるか

アルファを使って重みの更新値を小さくし、オーバーシュートを回避する、ということがわかりました。これはコードにどのような影響を与えるのでしょうか。これまでは、次の式を使って重みを更新してきました。

```
weight = weight - derivative
```

※2　［訳注］アルファは重みの更新ごとに重みをどれくらい調整するのかを決定する値であり、学習率とも呼ばれる。

次に示すように、アルファを考慮に入れる場合は、ほんの小さな変更を加えるだけです。アルファが小さい(0.01 などの)場合、重みの更新はかなり小さくなるため、オーバーシュートが回避されます。

```
weight = weight - (alpha * derivative)
```

簡単ですね。本章で最初に示した小さな実装にアルファを組み込み、`input = 2` で実行してみましょう(前回はうまくいきませんでした)。

```
weight = 0.5
goal_pred = 0.8
input = 2
alpha = 0.1    # アルファを極端に小さくしたり大きくしたりするとどうなるか
               # アルファを負にするとどうなるか

for iteration in range(20):
    pred = input * weight
    error = (pred - goal_pred) ** 2
    derivative = input * (pred - goal_pred)
    weight = weight - (alpha * derivative)
    print("Error:" + str(error) + " Prediction:" + str(pred))
```

出力は次のようになります。

```
Error:0.03999999999999998 Prediction:1.0
Error:0.0144 Prediction:0.92
Error:0.005183999999999993 Prediction:0.872
...
Error:1.1460471998340758e-09 Prediction:0.8000338533188895
Error:4.125769919393652e-10 Prediction:0.8000203119913337
Error:1.485277170987127e-10 Prediction:0.8000121871948003
```

いかがでしょう。この小さなニューラルネットワークが再び予測をうまく行うようになりました。筆者はどういういきさつでアルファを 0.1 に設定したのでしょうか。正直に言うと、試してみたらうまくいったのです。ここ数年でディープラーニングはすばらしい進歩を遂げていますが、ほとんどの人はどうしているかというと、何桁ものアルファ(10、1、0.1、0.01、0.001、0.0001)を試して、最もうまくいくものを調べているだけです。科学というよりは実践の域にとどまっています。より高度な手法が後ほど登場しますが、現時点では、うまくいくように思えるものが見つかるまで、いろいろなアルファを試してみてください。

4.26 暗記する

この内容を実際に覚える

少しハードに聞こえるかもしれませんが、次の実習から筆者が見出した価値については、いくら強調しても足りないくらいです。前節のコードをいっさい見ないで、記憶を頼りにJupyter Notebook（または `.py` ファイル）で同じコードを組み立てられるか試してみてください。そこまでする必要はないように思えるかもしれませんが、個人的には、これを実践してみるまでニューラルネットワークをいまいちつかみきれていませんでした。

本章の内容を覚えることはなぜ効果的なのでしょうか。初心者にとって、本章から必要な情報をすべて学んだことを知るには、自分の頭で同じものを再現してみる以外に方法がないからです。ニューラルネットワークには多くの可動部があるため、すぐにどれかを見落としてしまいます。

本章の内容を覚えることが重要なのは、この後の章を読み進めていくときに、本章で説明した概念をざっと参照しながら、新しい内容に多くの時間を割けるようにしたいと考えているからです。「重みの更新にアルファパラメータを追加する」と言ったときに、本章のどの概念を指しているのかがすぐにわかるようにしておくことが非常に重要となります。

もう少し正確に言うと、ちょっとしたニューラルネットワークコードを覚えておくことは、個人的にも、この問題に関して過去に筆者のアドバイスに従った多くの人々にも、大きな利益をもたらしています。

5 一度に複数の重みを学習する 勾配降下法を汎化させる

本章の内容

- 複数の入力を持つ勾配降下法による学習
- 1つの重みを凍結する
- 複数の出力を持つ勾配降下法による学習
- 複数の入力と出力を持つ勾配降下法による学習
- 重みの値を可視化する
- 内積を可視化する

> ルールに従っても歩き方は学べない。
> 実際に歩いて、転ぶことで学ぶのだ。
>
> —リチャード・ブランソン[※1]

※1　https://www.virgin.com/richard-branson/you-learn-doing-and-falling-over

5.1 複数の入力を持つ勾配降下法による学習

勾配降下法は複数の入力にも適応できる

前章では、勾配降下法を使って重みを更新する方法について説明しました。本章では、同じ手法を用いて、複数の重みを持つネットワークをどのように更新すればよいかについてざっと見ていきます。次の図は、複数の入力を持つネットワークの学習がどのように行われるのかを示しています。

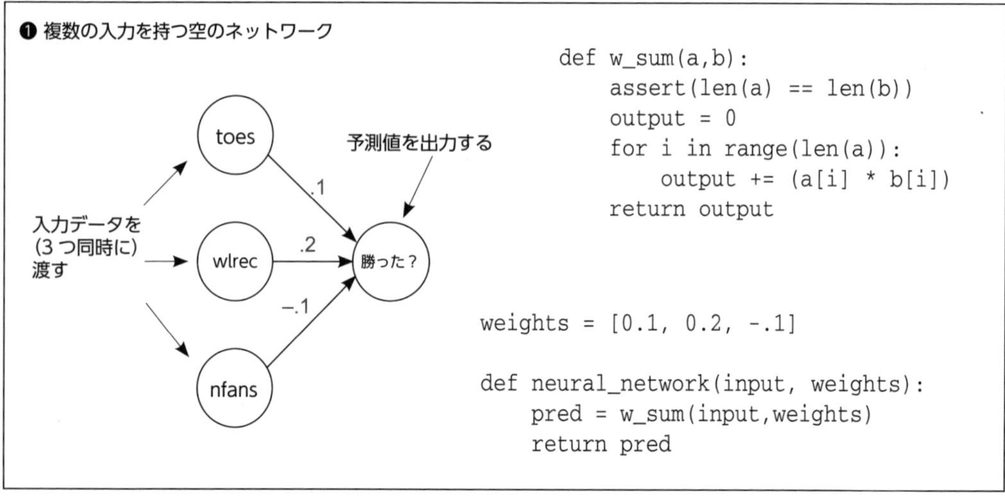


```
def w_sum(a,b):
    assert(len(a) == len(b))
    output = 0
    for i in range(len(a)):
        output += (a[i] * b[i])
    return output

weights = [0.1, 0.2, -.1]

def neural_network(input, weights):
    pred = w_sum(input,weights)
    return pred
```

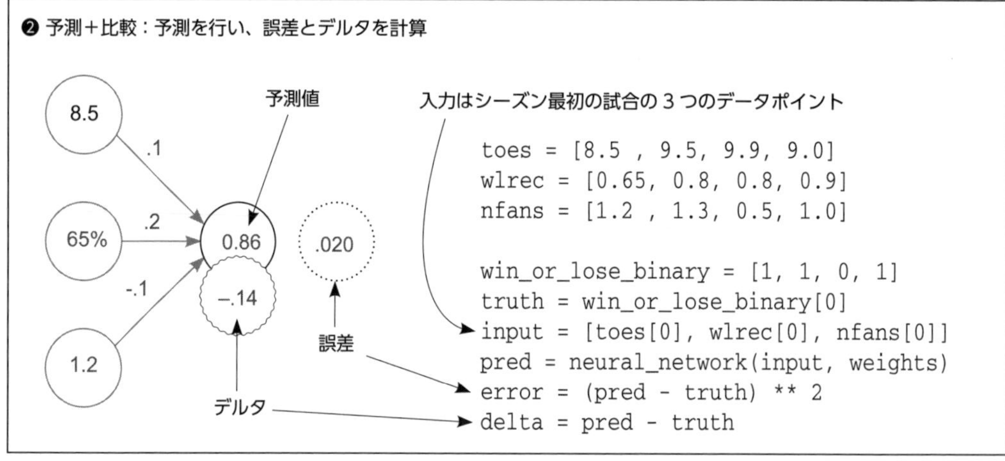


```
toes = [8.5 , 9.5, 9.9, 9.0]
wlrec = [0.65, 0.8, 0.8, 0.9]
nfans = [1.2 , 1.3, 0.5, 1.0]

win_or_lose_binary = [1, 1, 0, 1]
truth = win_or_lose_binary[0]
input = [toes[0], wlrec[0], nfans[0]]
pred = neural_network(input, weights)
error = (pred - truth) ** 2
delta = pred - truth
```

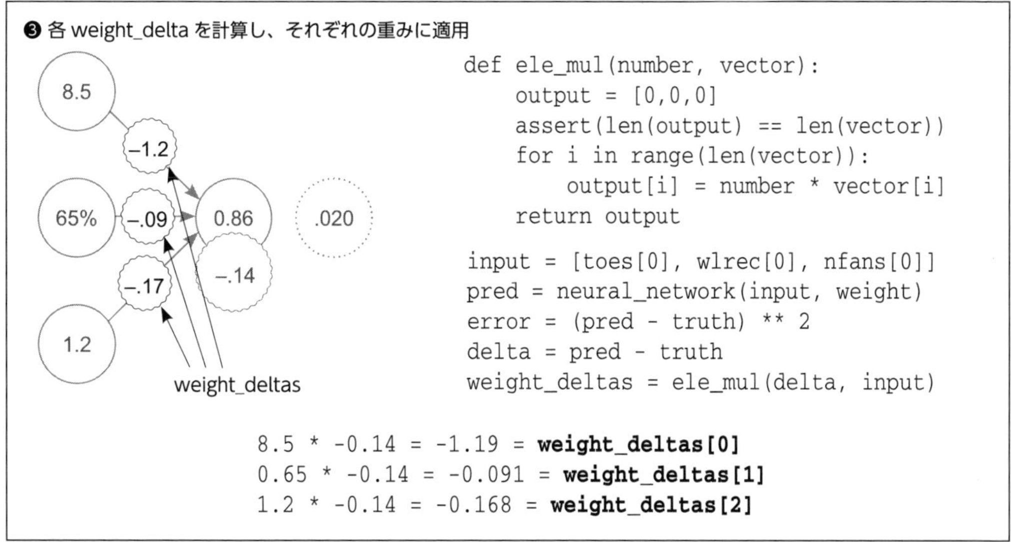


```
def ele_mul(number, vector):
    output = [0,0,0]
    assert(len(output) == len(vector))
    for i in range(len(vector)):
        output[i] = number * vector[i]
    return output

input = [toes[0], wlrec[0], nfans[0]]
pred = neural_network(input, weight)
error = (pred - truth) ** 2
delta = pred - truth
weight_deltas = ele_mul(delta, input)
```

```
8.5 * -0.14 = -1.19 = weight_deltas[0]
0.65 * -0.14 = -0.091 = weight_deltas[1]
1.2 * -0.14 = -0.168 = weight_deltas[2]
```

この図には、特に目新しいものはありません。デルタ（delta）に入力（input）を掛けることで、それぞれの weight_delta を求めています。この場合、3 つの重みは同じ出力ノードを共有するため、そのノードの delta も共有します。ただし、input の値がそれぞれ異なるため、重みの delta は異なります。さらに、それぞれの重みの値に同じ delta 値を掛けているため、第 3 章で説明した ele_mul 関数を再利用できます。

❹ 学習：重みを更新

toes
0.1119
wlrec
.201
勝った？
–.098
nfans

```
input = [toes[0], wlrec[0], nfans[0]]
pred = neural_network(input, weight)
error = (pred - truth) ** 2
delta = pred - truth
weight_deltas = ele_mul(delta, input)

alpha = 0.01

for i in range(len(weights)):
    weights[i] -= alpha * weight_deltas[i]

print("Weights:" + str(weights))
print("Weight Deltas:" + str(weight_deltas))
```

```
 0.1 - (-1.19 * 0.01) = 0.1119 = weights[0]
 0.2 - (-.091 * 0.01) = 0.2009 = weights[1]
-0.1 - (-.168 * 0.01) = -0.098 = weights[2]
```

5.2 複数の入力を持つ勾配降下法の説明

実行が簡単で、興味をそそる

重みが１つだけのニューラルネットワークと並べてみると、複数の入力を持つ勾配降下法は、実際にはかなりわかりやすいものに思えます。しかし、関連する特性は興味をそそるもので、議論に値します。まず、それらを見比べてみましょう。

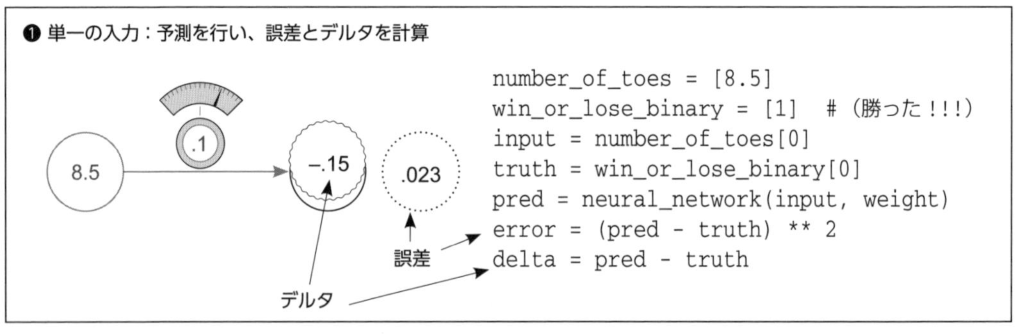

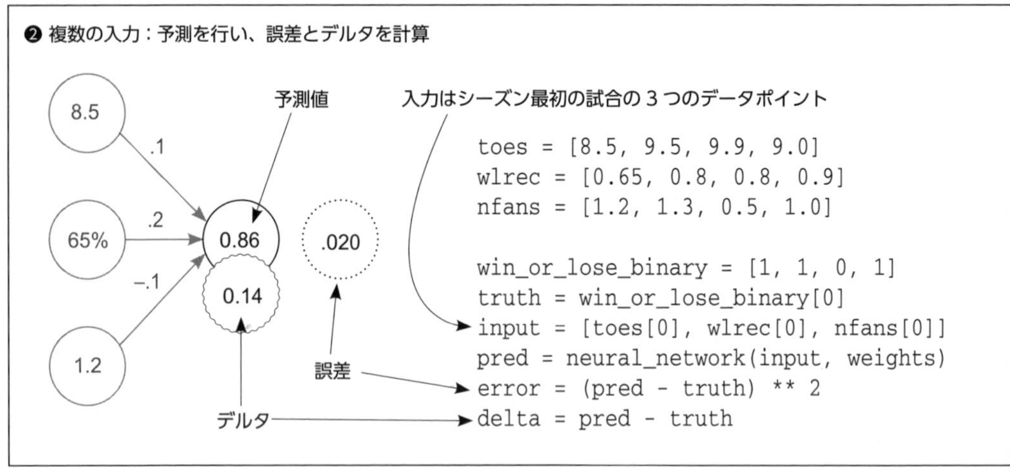

出力ノードで delta を生成するところまでは、単一入力の勾配降下法と複数入力の勾配降下法はまったく同じです（第３章で説明した予測値の差は除きます）。予測を行い、誤差とデルタを計算する方法はまったく同じです。問題は、重み（weight）が１つだけの場合、入力（input）が１つだけだったことです（つまり、生成する weight_delta は１つだけです）。この場合は、それが３つにあります。３つの weight_delta をどのようにして生成するのでしょうか。

1 つの delta をどのようにして 3 つの weight_delta 値に変えるか

delta と weight_delta の定義と目的を思い出してください。delta はノードの値をどれくらい変更するのかを表します。この場合は、ノードの値からノードの目的値を直接引くことで、その値を求めます（pred - truth）。正の delta はノードの値が大きすぎることを示し、負の delta はノードの値が小さすぎることを示します。

> **delta**
> 現在の訓練サンプルに基づいて完璧な予測を行うために、ノードの値をどれくらい大きくまたは小さくするのかを表す指標。

これに対し、weight_delta はノードの delta を小さくするために重みを動かす方向と量を表す**推定値**であり、微分係数によって推定されます。delta を weight_delta に変えるにはどうすればよいでしょうか。delta に重みの input を掛けるのです。

> **weight_delta**
> ノードの delta を小さくするために重みを動かすときの方向と量の微分係数に基づく推定値。スケーリング、負の反転、停止によって表されます。

重みが 1 つだけの場合について考えてみましょう。

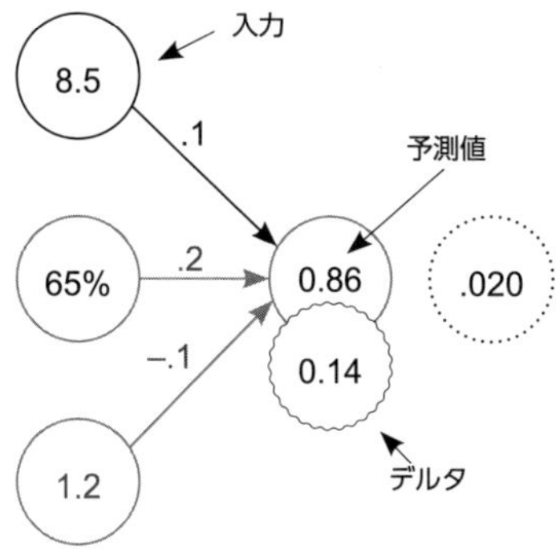

delta：3つのinputよ、次回はもう少し大きい予測値を生成するように。

単一の重み：inputが0だった場合、重みはどうでもよいはずだから、何も変更しない（**停止**）。inputが負だった場合は、重みを大きくするのではなく小さくしたい（**負の反転**）。しかし、この場合のinputは正で、かなり大きいので、ここでの予測は最終的な出力に大きな影響を与えるはずだ。そこで、相殺するために重みを大きくすることにしよう。（**スケーリング**）。

重みが1だけの場合、その値は大きくなります。

これら3つの特性／文は実際に何を伝えているのでしょうか。それら（停止、負の反転、スケーリング）はどれも、deltaにおける重みの役割にinputがどのような影響を与えるのかを示しています。したがって、それぞれのweight_deltaはいわばdeltaの入力による修正バージョンです。

ここで最初の質問に戻ります。1つの（ノードの）deltaを3つのweight_delta値に変換するにはどうすればよいでしょうか。それぞれの重みは別々の入力と共通のdeltaを持つため、それぞれの重みのinputにdeltaを掛けることで、それぞれのweight_deltaを作成します。このプロセスを実際に見てみましょう。

次の2つの図は、先の単一入力アーキテクチャと新しい複数入力アーキテクチャでのweight_delta変数の生成を示しています。これらがどれくらい似ているかは、それぞれの図の下にある擬似コードを読めば、おそらく簡単に確かめることができます。複数入力アーキテクチャでは、delta（0.14）にそれぞれの入力を掛けることで、複数のweight_deltaが生成されることがわかります。

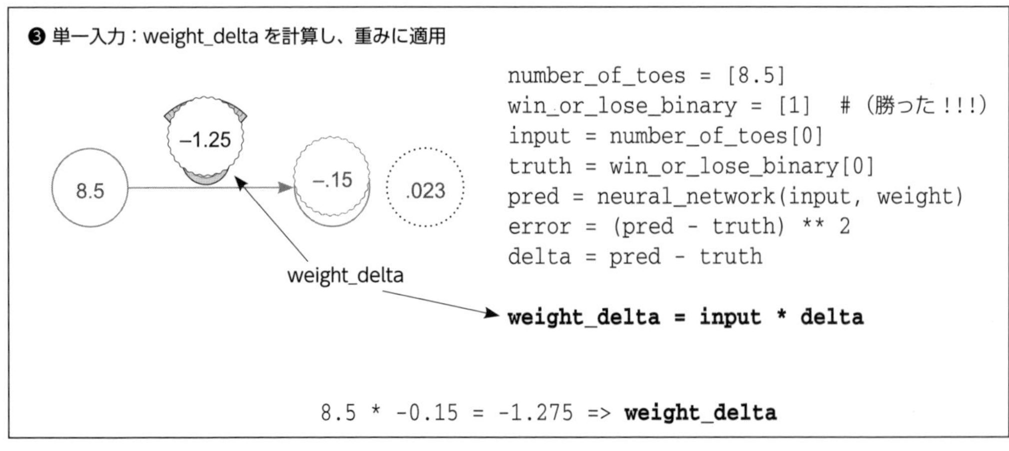

❹ 複数の入力：それぞれの weight_delta を計算し、それぞれの重みに適用

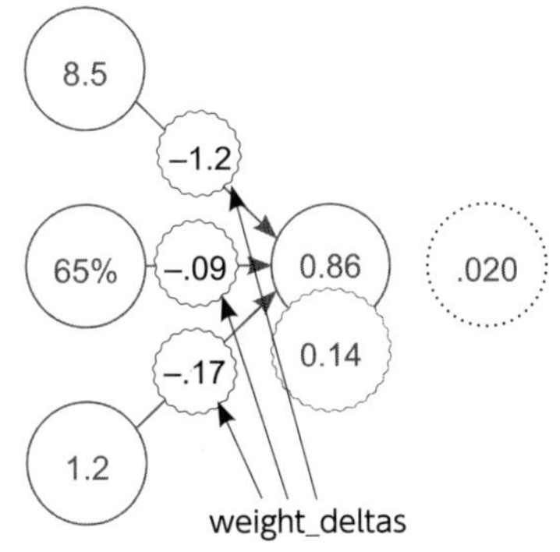


```
def ele_mul(number,vector):
    output = [0,0,0]
    assert(len(output) == len(vector))
    for i in range(len(vector)):
        output[i] = number * vector[i]
    return output

input = [toes[0],wlrec[0],nfans[0]]
pred = neural_network(input,weights)
error = (pred - truth) ** 2
delta = pred - truth
weight_deltas = ele_mul(delta, input)
```

```
8.5 * 0.14 = -1.2 => weight_deltas[0]
0.65 * 0.14 = -.09 => weight_deltas[1]
1.2 * 0.14 = -.17 => weight_deltas[2]
```

❺ 重みを更新

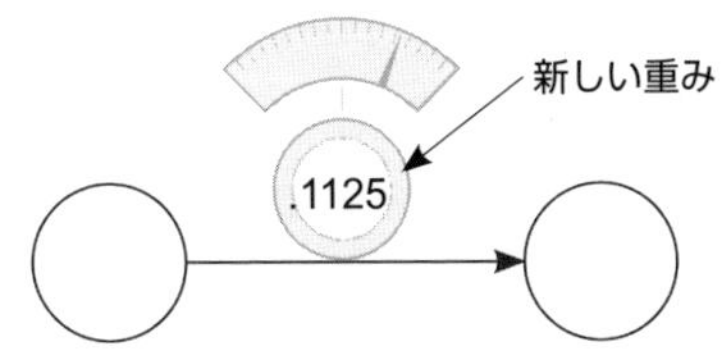

weight_delta に小さな数（alpha）を掛け、それを使って重みを更新する。このようにしてネットワークの学習のペースを制御できる。学習が速すぎる場合は、重みを強引に更新しすぎてオーバーシュートする可能性がある。重みの更新では、ホット＆コールド学習と同じ変更（小さな増分）を行っていることに注意。

```
number_of_toes = [8.5]
win_or_lose_binary = [1]  # (won!!!)
input = number_of_toes[0]
truth = win_or_lose_binary[0]
pred = neural_network(input, weight)
error = (pred - truth) ** 2
delta = pred - truth
weight_delta = input * delta

alpha = 0.01       ← 訓練の前に固定

weight -= weight_delta * alpha
```

❻ 重みを更新

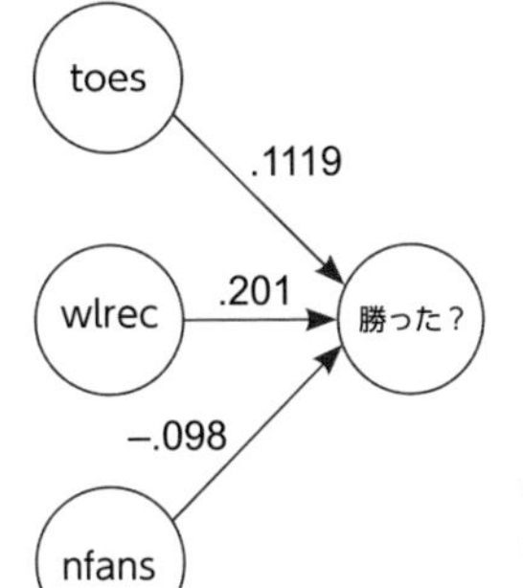


```
input = [toes[0], wlrec[0], nfans[0]]
pred = neural_network(input, weights)
error = (pred - truth) ** 2
delta = pred - truth
weight_deltas = ele_mul(delta, input)
alpha = 0.01
for i in range(len(weights)):
    weights[i] -= alpha * weight_deltas[i]
```

```
 0.1 - (1.19 * 0.01) = 0.1119 = weights[0]
 0.2 - (.091 * 0.01) = 0.2009 = weights[1]
-0.1 - (.168 * 0.01) = -0.098 = weights[2]
```

最後のステップも単一入力のネットワークとほぼ同じです。weight_delta の値を求めたら、それらの値に alpha を掛け、重みから引きます。以前とまったく同じプロセスですが、1つの重みではなく複数の重みに対して繰り返されています。

5.3 学習ステップを確認する

```
def neural_network(input, weights):
    out = 0
    for i in range(len(input)):
        out += (input[i] * weights[i])
    return out

def ele_mul(scalar, vector):
    out = [0,0,0]
    for i in range(len(out)):
        out[i] = vector[i] * scalar
    return out

toes = [8.5, 9.5, 9.9, 9.0]
wlrec = [0.65, 0.8, 0.8, 0.9]
nfans = [1.2, 1.3, 0.5, 1.0]

win_or_lose_binary = [1, 1, 0, 1]
truth = win_or_lose_binary[0]

alpha = 0.01
weights = [0.1, 0.2, -.1]
input = [toes[0], wlrec[0], nfans[0]]

for iter in range(3):
    pred = neural_network(input, weights)
    error = (pred - truth) ** 2
    delta = pred - truth
    weight_deltas = ele_mul(delta, input)
    print("Iteration:" + str(iter+1))
    print("Pred:" + str(pred))
    print("Error:" + str(error))
    print("Delta:" + str(delta))
    print("Weights:" + str(weights))
    print("Weight_Deltas:")
    print(str(weight_deltas))
    print()
    for i in range(len(weights)):
        weights[i] -= alpha * weight_deltas[i]
```

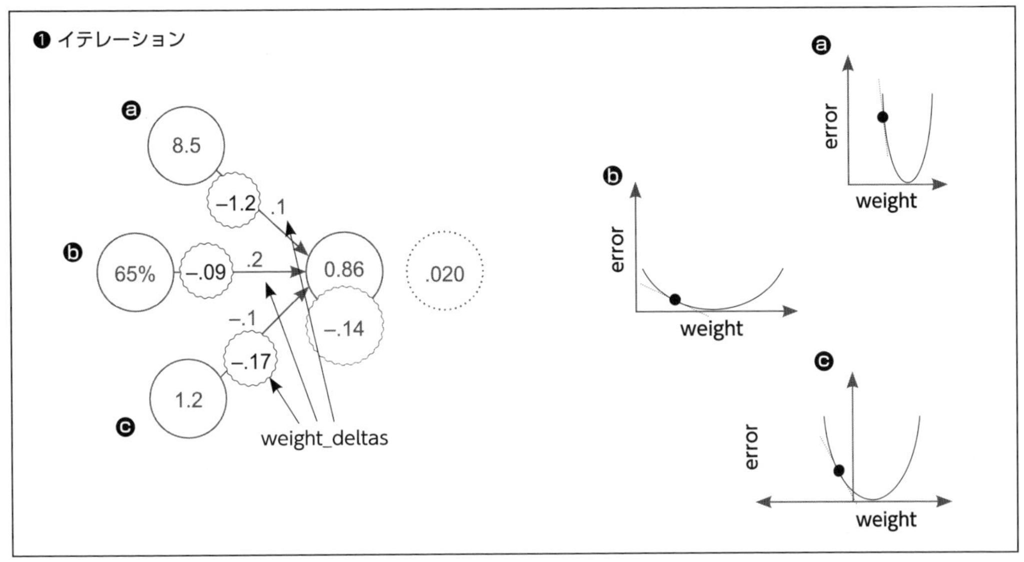

重みごとに１つ、合計３つの誤差と重みの曲線を作成できます。すでに見てきたように、これらの曲線の傾き（点線）には weight_delta の値が反映されます。ⓐは他よりも傾きが急であることに注目してください。ⓐの出力の delta と error は他の２つと同じなのに、なぜ weight_delta が他よりも急なのでしょうか。ⓐの input 値が他よりもはるかに大きく、このため微分係数が大きいからです。

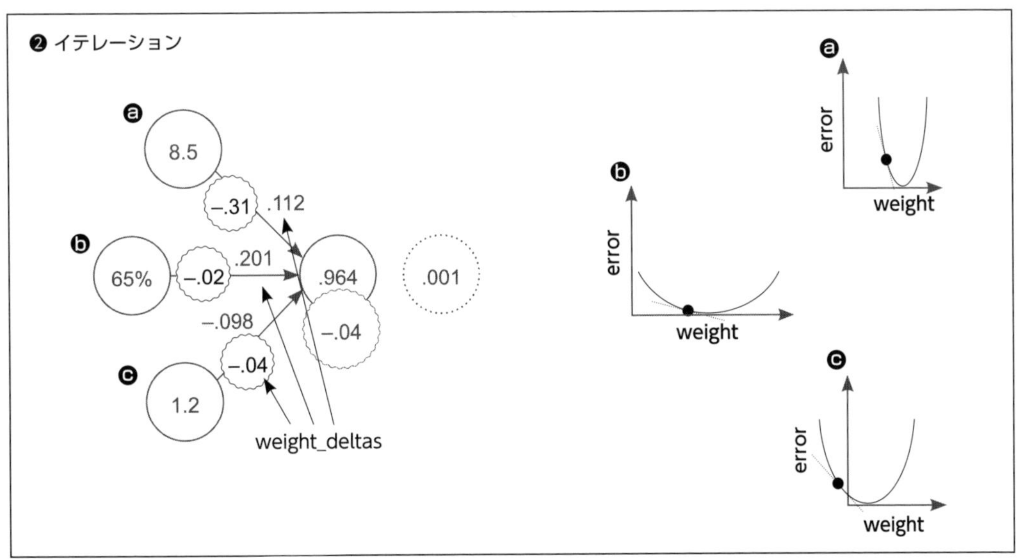

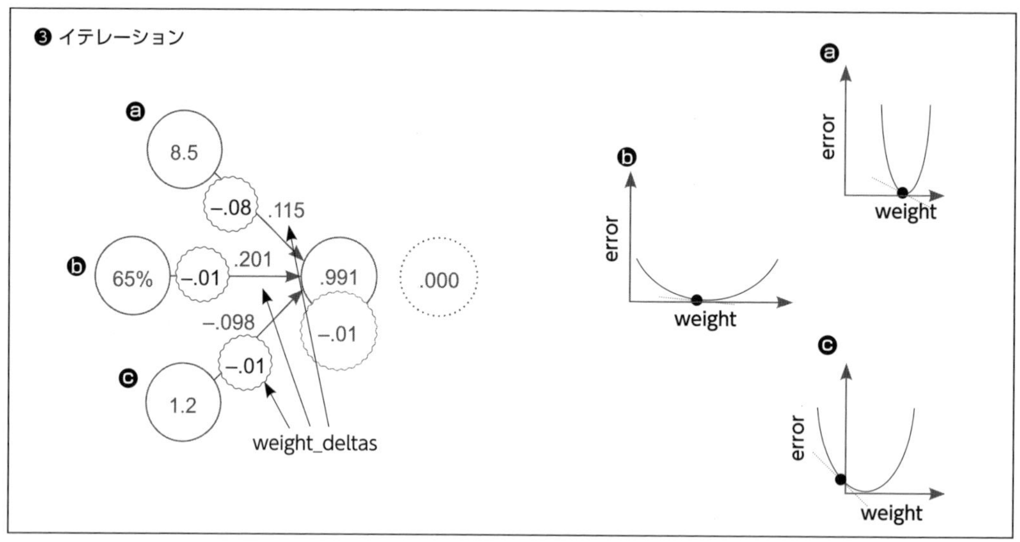

さらに指摘しておきたい点がいくつかあります。学習（重みの変更）のほとんどは、最も大きな入力を持つ重み ⓐ で実行されます。というのも、その入力が傾きを大きく変化させるからです。これがどのような状況でも有利に働くとは限りません。**正規化**（normalization）は、こうしたデータセットの特性に関係なく、すべての重みで学習を促進するのに役立ちます。このように傾きの差が大きかったので、alpha に思っていたよりも小さな値（0.1 ではなく 0.01）を設定することになりました。alpha を 0.1 にし、ⓐ が発散する様子を確認してみてください。

5.4 1つの重みを凍結する

次の実験は、理論的には少し高度ですが、重みの相互作用を理解するのにうってつけです。ここでもモデルを訓練しますが、重み ⓐ は調整されません。重み ⓑ（weights[1]）と ⓒ（weights[2]）のみを使って訓練サンプルを学習します。

```
def neural_network(input, weights):
    out = 0
    for i in range(len(input)):
        out += (input[i] * weights[i])
    return out

def ele_mul(scalar, vector):
    out = [0,0,0]
    for i in range(len(out)):
        out[i] = vector[i] * scalar
```

```
    return out

toes = [8.5, 9.5, 9.9, 9.0]
wlrec = [0.65, 0.8, 0.8, 0.9]
nfans = [1.2, 1.3, 0.5, 1.0]

win_or_lose_binary = [1, 1, 0, 1]
truth = win_or_lose_binary[0]

alpha = 0.3
weights = [0.1, 0.2, -.1]
input = [toes[0], wlrec[0], nfans[0]]

for iter in range(3):
    pred = neural_network(input, weights)
    error = (pred - truth) ** 2
    delta = pred - truth
    weight_deltas = ele_mul(delta, input)
    weight_deltas[0] = 0
    print("Iteration:" + str(iter+1))
    print("Pred:" + str(pred))
    print("Error:" + str(error))
    print("Delta:" + str(delta))
    print("Weights:" + str(weights))
    print("Weight_Deltas:")
    print(str(weight_deltas))
    print()
    for i in range(len(weights)):
        weights[i] -= alpha * weight_deltas[i]
```

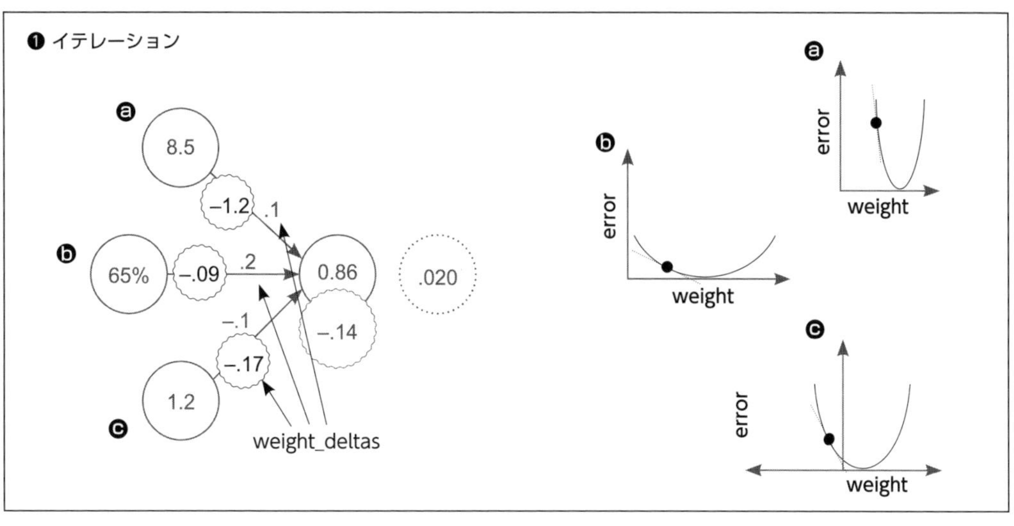

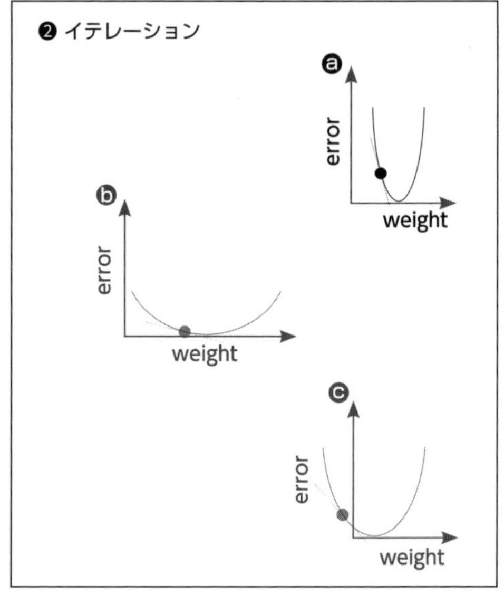

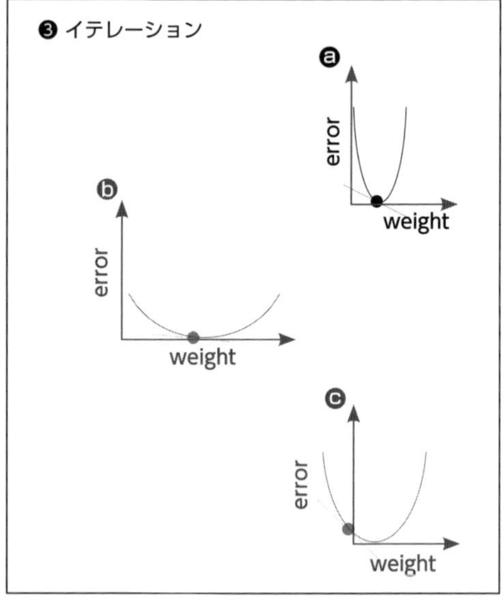

ⓐが依然としてU字の底に到達することに驚いたかもしれません。なぜこうなるのでしょうか。これらの曲線は全体の誤差に対する個々の重みを表すものです。誤差は共有されるため、1つの重みでU字の底が特定されれば、すべての重みでU字の底が特定されます。

この点は非常に重要です。まず、ⓑとⓒの重みで収束(`error = 0`に到達)した場合、続いてⓐを訓練しようとしますが、ⓐは動きません。なぜでしょうか。`error = 0`は`weight_delta = 0`であることを意味します。これはニューラルネットワークのともすれば有害な性質を表しています。ⓐが大きな予測力を持つ有力な入力だったとしても、ネットワークがそれなしで訓練データから正確な予測を行う方法を突き止めてしまった場合、その予測にⓐを組み込むことは決して学習されないからです。

また、ⓐがU字の底を特定する方法にも注目してください。黒い円ではなく曲線のほうが左へ移動しているように見えます。これはどういうことでしょうか。黒い円が横方向に移動できるのは、重みが更新された場合だけです。この実験ではⓐの重みが凍結されているため、黒い円の位置は動かないはずです。しかし、誤差(`error`)は明らかに0に移動しています。

これが、これらのグラフの本当の姿です。実際には、これらのグラフは4次元図形を2次元でスライスしたものです。3つの次元は重みの値で、4つ目の次元は誤差です。この図形は**誤差平面**(error plane)と呼ばれ、その曲率は何と訓練データによって決まります。なぜそうなるのでしょうか。

誤差は訓練データによって決まります。どのようなネットワークでどのような重みを使用するとしても、特定の重みが設定されたときの誤差の値は100%データによって決まります。U字の傾きの度合いが入力データからどのような影響を受けるかについては、すでに(何度か)見てきたとおりです。ニューラルネットワークを使って実際にやろうとしているのは、この大きな誤差平面上の最も低い点を見つけ出すことであり、最も低い点とは最も小さな誤差のことです。この考え方については後ほど改めて取り上げるので、ここまでにしておきましょう。

5.5 複数の出力を持つ勾配降下法による学習

ニューラルネットワークでは1つの入力だけで複数の予測値も生成できる

これは少し当たり前かもしれません。それぞれのデルタ（delta）を同じ方法で計算し、それらすべてに同じ1つの入力を掛けます。そうすると、各重みのweight_deltaになります。この時点で、さまざまなアーキテクチャで学習を行うために、常に単純なメカニズム（確率的勾配降下法）が使用されることが明らかになるはずです。

❶ 複数の出力を持つ空のネットワーク

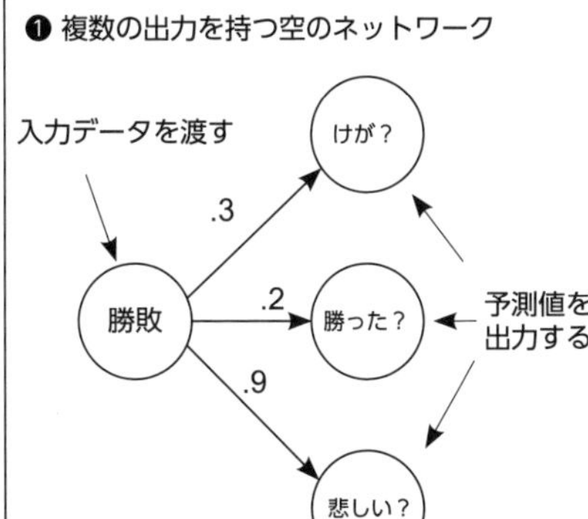

チームの勝敗を予測するだけでなく、選手が喜んでいるかどうかも予測する。また、けがをしたチームメンバーの割合も予測する。この予測では、現在の勝敗記録のみを使用する。

```
weights = [0.3, 0.2, 0.9]

def neural_network(input, weights):
    pred = ele_mul(input, weights)
    return pred
```

❷ 予測：予測を行い、誤差とデルタを計算

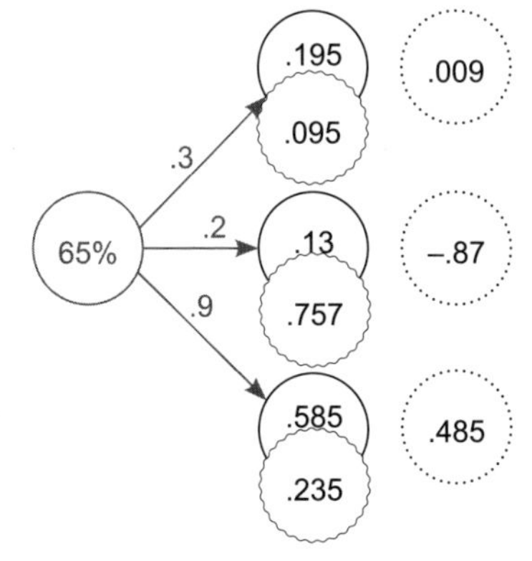


```
wlrec = [0.65, 1.0, 1.0, 0.9]
hurt = [0.1, 0.0, 0.0, 0.1]
win = [ 1, 1, 0, 1]
sad = [0.1, 0.0, 0.1, 0.2]
input = wlrec[0]
truth = [hurt[0], win[0], sad[0]]

pred = neural_network(input, weights)

error = [0, 0, 0]
delta = [0, 0, 0]

for i in range(len(truth)):
    error[i] = (pred[i] - truth[i]) ** 2
    delta[i] = pred[i] - truth[i]
```

❸ 比較：各 weight_delta を計算し、それぞれの重みに適用

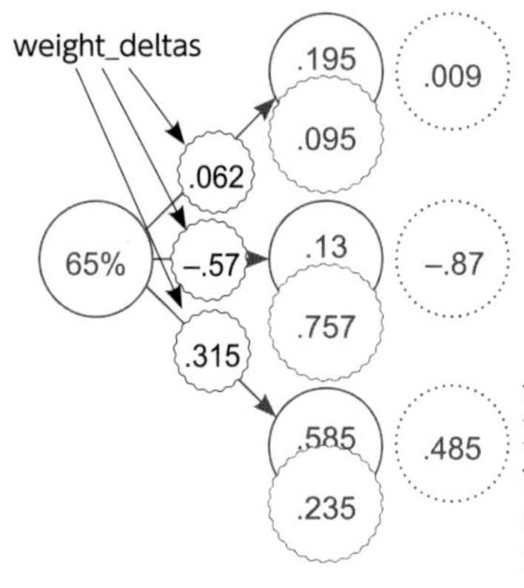

以前と同様に、入力ノードの値に重みごとの出力ノードの delta を掛けることで weight_delta を求める。この場合、weight_delta は同じ入力ノードを共有し、別々の出力ノード (delta) を持つ。また、ele_mul 関数を再利用できる。

```
def scalar_ele_mul(number, vector):
    output = [0,0,0]
    assert(len(output) == len(vector))
    for i in range(len(vector)):
        output[i] = number * vector[i]
    return output

wlrec = [0.65, 1.0, 1.0, 0.9]
hurt = [0.1, 0.0, 0.0, 0.1]
win = [ 1, 1, 0, 1]
sad = [0.1, 0.0, 0.1, 0.2]
input = wlrec[0]
truth = [hurt[0], win[0], sad[0]]

pred = neural_network(input, weights)

error = [0, 0, 0]
delta = [0, 0, 0]

for i in range(len(truth)):
    error[i] = (pred[i] - truth[i]) ** 2
    delta[i] = pred[i] - truth[i]

weight_deltas = scalar_ele_mul(input, delta)
```

❹ 学習：重みを更新

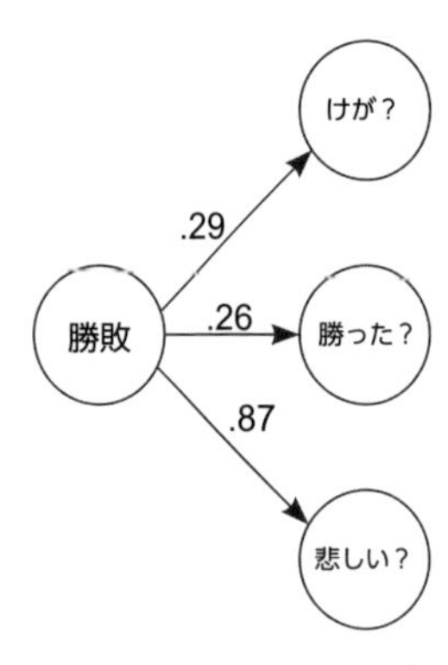


```
input = [toes[0], wlrec[0], nfans[0]]
truth = [hurt[0], win[0], sad[0]]
pred = neural_network(input, weights)

error = [0, 0, 0]
delta = [0, 0, 0]

for i in range(len(truth)):
    error[i] = (pred[i] - truth[i]) ** 2
    delta[i] = pred[i] - truth[i]

weight_deltas = scalar_ele_mul(input, delta)
alpha = 0.1

for i in range(len(weights)):
    weights[i] -= (weight_deltas[i] * alpha)

print("Weights:" + str(weights))
print("Weight Deltas:" + str(weight_deltas))
```

5.6 複数の入力と出力を持つ勾配降下法

勾配降下法はどれほど大きなネットワークに対しても汎化できる※1

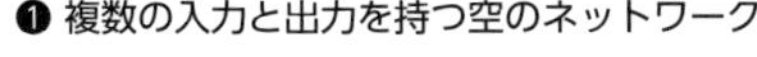

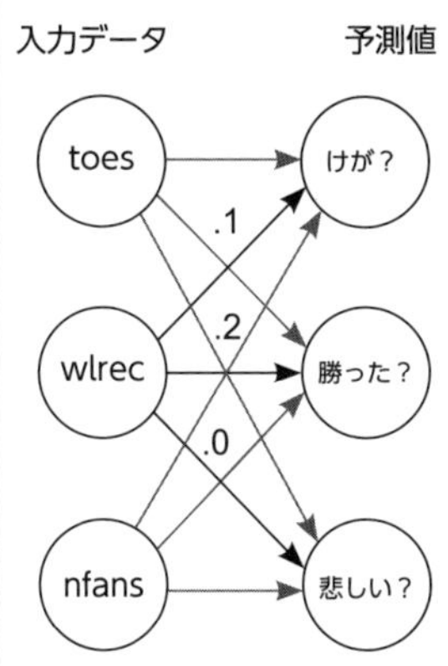


```
# toes  wlrec  nfans
weights = [ [ 0.1,  0.1, -0.3],   # けが?
            [ 0.1,  0.2,  0.0],   # 勝った?
            [ 0.0,  1.3,  0.1] ]  # 悲しい?

def vect_mat_mul(vect, matrix):
    assert(len(vect) == len(matrix))
    output = [0,0,0]
    for i in range(len(vect)):
        output[i] = w_sum(vect, matrix[i])
    return output

def neural_network(input, weights):
    pred = vect_mat_mul(input, weights)
    return pred
```

❷ 予測：予測を行い、誤差とデルタを計算

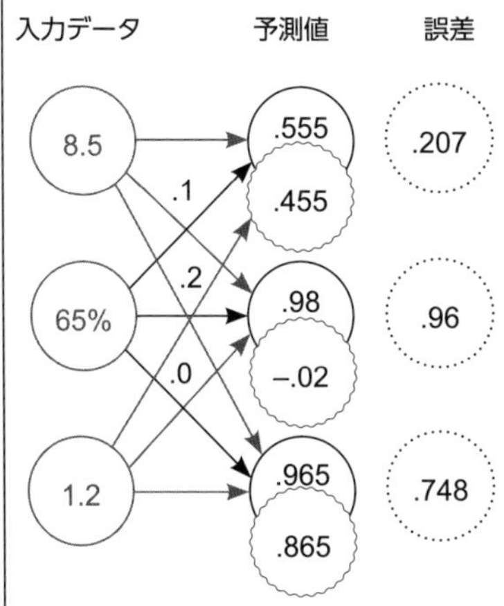


```
toes = [8.5, 9.5, 9.9, 9.0]
wlrec = [0.65,0.8, 0.8, 0.9]
nfans = [1.2, 1.3, 0.5, 1.0]

hurt = [0.1, 0.0, 0.0, 0.1]
win = [ 1, 1, 0, 1]
sad = [0.1, 0.0, 0.1, 0.2]

alpha = 0.01

input = [toes[0], wlrec[0], nfans[0]]
truth = [hurt[0], win[0], sad[0]]

pred = neural_network(input, weights)

error = [0, 0, 0]
delta = [0, 0, 0]

for i in range(len(truth)):
    error[i] = (pred[i] - truth[i]) ** 2
    delta[i] = pred[i] - truth[i]
```

※1 ［訳注］汎化（generalization）とは、未知のデータでも予測性能が向上するようにモデルを学習させることを表す。

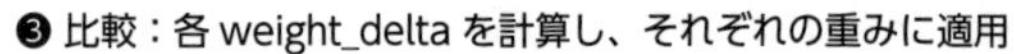

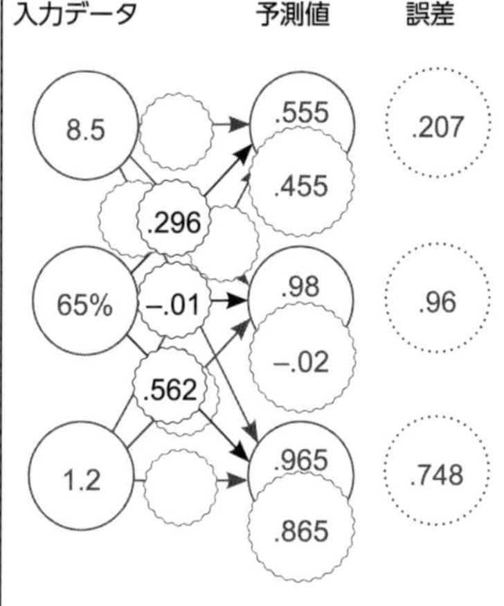

(ここでは 1 つの入力に対する weight_delta のみを示している)

```
def outer_prod(a, b):
    out = np.zeros(len(a), len(b))
    for i in range(len(a)):
        for j in range(len(b)):
          out[i][j] = a[i] * b[j]
    return out

input = [toes[0], wlrec[0], nfans[0]]
truth = [hurt[0], win[0], sad[0]]
pred = neural_network(input, weights)
error = [0, 0, 0]
delta = [0, 0, 0]

for i in range(len(truth)):
    error[i] = (pred[i] - truth[i]) ** 2
    delta[i] = pred[i] - truth[i]

weight_deltas = outer_prod(input,delta)
```

❹ 学習：重みを更新

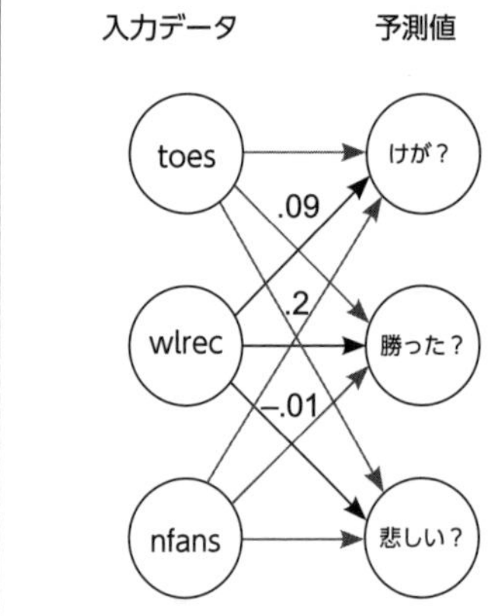


```
input = [toes[0], wlrec[0], nfans[0]]
truth = [hurt[0], win[0], sad[0]]

pred = neural_network(input, weights)

error = [0, 0, 0]
delta = [0, 0, 0]

for i in range(len(truth)):
    error[i] = (pred[i] - truth[i]) ** 2
    delta[i] = pred[i] - truth[i]

weight_deltas = outer_prod(input, delta)

for i in range(len(weights)):
    for j in range(len(weights[0])):
        weights[i][j] -= \
            alpha * weight_deltas[i][j]
```

5.7　これらの重みは何を学習するか

重みはそれぞれ誤差を小さくしようとするが、全体として何を学習するのか

　ここからいよいよ現実的なデータセットに取り組みます。幸運にも、それは歴史的な意義を持つデータセットです。このデータセットは MNIST（Modified National Institute of

Standards and Technology）と呼ばれるもので、高校生と国税調査局の職員による手書きの数字で構成されています。おもしろいのは、これらの数字が筆跡の白黒画像で、実際に書かれた数字（0 ～ 9）で構成されていることです。このデータセットはこの数十年にわたってニューラルネットワークでの手書き数字の読み取りの訓練に使用されてきました。そして、これから同じことを行います。

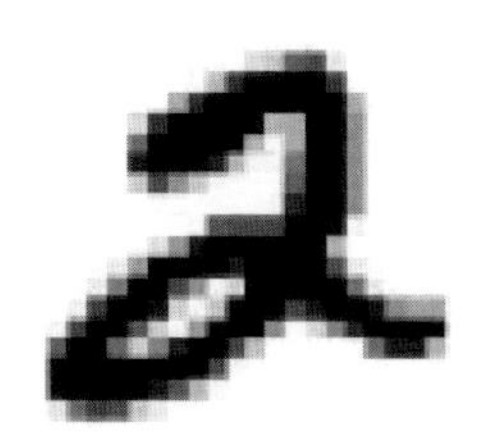

それぞれの画像はわずか 784 ピクセル（28 × 28）です。入力が 784 ピクセルで、出力として 10 個のラベルが考えられることから、このニューラルネットワークの形状が次のようなものであることが想像できます。各訓練サンプルには 784 個の値（ピクセルごとに 1 つ）が含まれているため、このニューラルネットワークの入力データは 784 個のはずです。とても単純ですね。そこで、各訓練サンプルに含まれているデータポイントの数を反映するように入力ノードの数を調整します。ここで予測したいのは、数字（0 ～ 9）ごとに 1 つ、合計 10 個の**確率**です。入力として手書きの数字が与えられたら、ニューラルネットワークが 10 個の確率を生成することで、どの数字が書かれている可能性が最も高いかを予測します。

10 個の確率を生成するには、ニューラルネットワークをどのように構成すればよいでしょうか。前節では、一度に複数の入力を受け取り、それらの入力に基づいて複数の予測値を生成できるニューラルネットワークの図を見てもらいました。このネットワークに手を加えれば、新しい MNIST タスクにとって正しい数の入力と出力を設定できるはずです。ここでは、入力が 784 個、出力が 10 個になるように調整します。

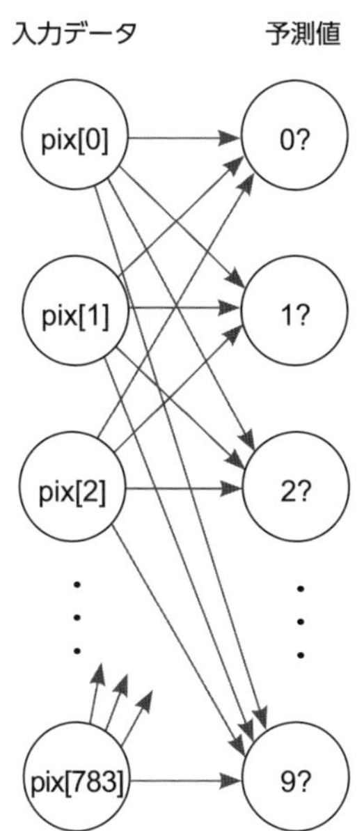

`MNISTPreprocessor.ipynb` には、MNIST データセットの前処理を行い、最初の 1,000 個の画像とラベルを 2 つの NumPy 行列（`images`、`labels`）に読み込むスクリプトが含まれています。ここで、「画像は 2 次元なのに、（28 × 28）ピクセルをどうやってニューラルネットワークに読み込むのか」と考えているかもしれません。ここでの答えは単純です。画像を 1 × 784 のベクトルに平坦化するのです。ピクセルから 1 行目を取り出して 2 行目と連結し、さらに 3 行目と連結するといった具合に、ピクセルが 1 つのリスト（784 ピクセル長）になるまで連結していきます。

この図は、MNIST 分類ニューラルネットワークを表しており、先に示した複数の入力と出力で訓練したネットワークに最もよく似ています。唯一の違いは入力と出力の数で、大幅に増えています。このネットワークの入力は 784 個（28 × 28 画像内のピクセルごとに1つ)、出力は10個(画像が表す数字として考えられるものごとに1つ)です。

次のネットワークが完璧な予測を行えるとすれば、画像のピクセル(以下の図に示されている2など)を受け取り、正しい出力位置(3つ目)で1.0を予測し、他の出力位置では0を予測するはずです。データセット内のすべての画像でこのように正しく予測できるとしたら、誤差は生じないはずです。

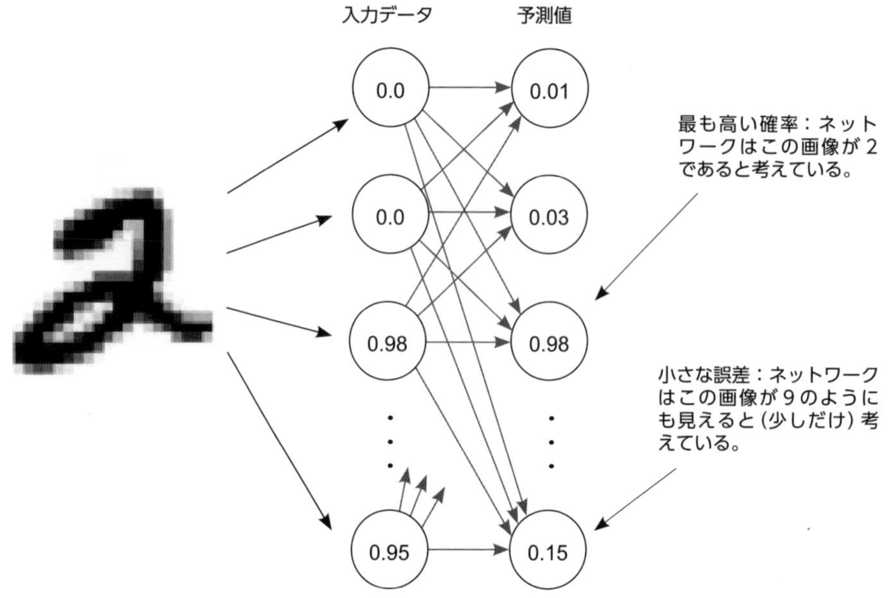

訓練の間、ネットワークは入力ノードと予測ノードの間で重みを調整し、訓練時に誤差を0に近づけます。ですが、これは何をしているのでしょうか。全体としてパターンを学習するために一連の重みを調整する、というのはいったいどういうことなのでしょうか。

5.8 重みの値を可視化する

ニューラルネットワークの研究では、(特に画像分類において)重みを画像と同じように可視化するという興味深く直観的な手法があります。次の図を見れば、その理由がわかるはずです。

各予測ノードにはすべてのピクセルからの重みがあります。たとえば、「2?」ノードの入力の重みは784個で、それぞれピクセルと数字の2との関係を表しています。

この関係はどういうものでしょうか。重みが大きい場合は、そのピクセルと数字の2との間に強い**相関**があるとネットワークが考えていることを意味します。重みが非常に小さい(負である）場合は、そのピクセルと数字の２との相関が非常に弱い（おそらく負の相関である）ことを意味します。

これらの重みを入力データセットの画像と同じ形状の画像に書き出せば、特定の出力ノードと最も強い相関関係にあるのはどのピクセルなのかがわかります。この例では、２つの画像に２と１がぼんやりと現れていますが、それぞれ２と１の重みを使って作成されたものです。明るい部分は大きな重みを、暗い部分は負の重みを表しています。中間色（実際は赤）は重み行列における０を表しています。このことから、このネットワークが２と１の形をだいたい知っていることがわかります。

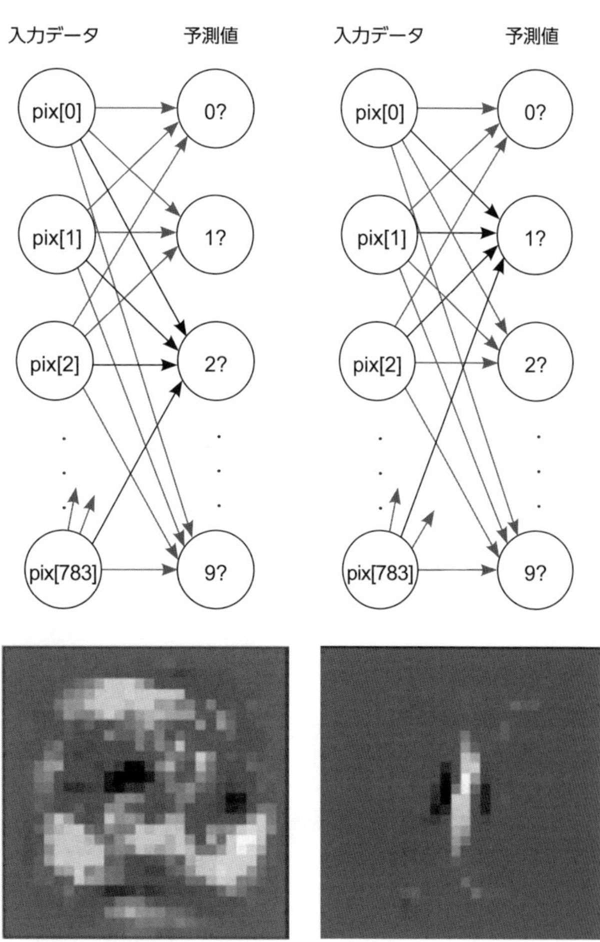

なぜこのようになるのでしょうか。そのことを理解するために、内積を簡単に復習しておきましょう。

5.9　内積（加重和）を可視化する

内積（加重和）の仕組みを思い出してください。２つのベクトルを（要素ごとに）掛け合わせ、出力を合計します。次の例について考えてみましょう。

```
a = [ 0, 1, 0, 1]
b = [ 1, 0, 1, 0]

    [ 0, 0, 0, 0] -> 0        ←―――――― スコア
```

まず、aとbの各要素を掛け、この場合は０からなるベクトルを作成します。このベクトル

の総和も0になります。なぜでしょうか。これら2つのベクトルには共通点がないからです。

```
c = [ 0, 1, 1, 0]        b = [ 1, 0, 1, 0]
d = [.5, 0,.5, 0]        c = [ 0, 1, 1, 0]
```

これに対し、cとdの内積では正の値を持つ列が一致するため、より大きなスコアが返されます。2つのまったく同じベクトル間の内積はより大きなスコアを生成する傾向にあります。要するに、**内積は2つのベクトル間の類似度の大まかな指標**です。

これを重みと入力に当てはめるとどのような意味になるのでしょうか。weight ベクトルが2の input ベクトルと類似している場合、これら2つのベクトルは類似しているため、高いスコアが出力されます。逆に、weight ベクトルが2の input ベクトルと類似していない場合は、低いスコアが出力されます。これを図解したのが次の図です。上のスコア(0.98)が下のスコア(0.01)よりも大きいのはなぜでしょうか。

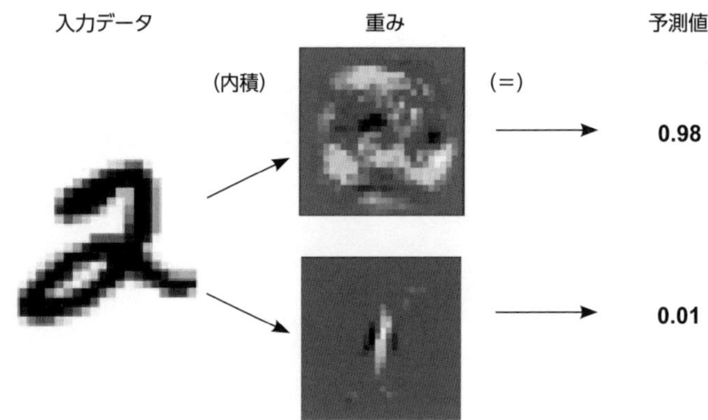

5.10 まとめ

勾配降下法は汎用的な学習アルゴリズム

おそらく本章の最も重要なテーマは、勾配降下法が非常に柔軟な学習アルゴリズムである、ということでしょう。誤差関数と delta の計算が可能な方法で重みを組み合わせると、勾配降下法により、重みを動かして誤差を小さくする方法が明らかになります。次章からは、勾配降下法が役立つさまざまな種類の重みの組み合わせと誤差関数について見ていきます。

初めてのディープニューラルネットワークの構築 誤差逆伝播法 6

本章の内容

- 信号機の問題
- 行列と行列関係
- 完全勾配降下法、バッチ勾配降下法、確率的勾配降下法
- ニューラルネットワークは相関を学習する
- 過学習
- 相関を作り出す
- 誤差逆伝播法：誤差の原因を突き止める
- 線形と非線形
- 条件付き相関の秘密
- 初めてのディープニューラルネットワーク
- 誤差逆伝播法のコード

「おお、ディープソートコンピュータよ」と彼は言った。
「おまえを設計したのはこのタスクを実行してもらうためだ。
さあ、教えてくれ…」そしておもむろにこう言った。「答えを」

—ダグラス・アダムズ、『銀河ヒッチハイク・ガイド』

6.1　信号機の問題

トイプロブレム：ニューラルネットワークはデータセット全体をどのように学習するか

外国の通りを歩いていると考えてください。曲がり角に差しかかってふと見上げると、見慣れない信号機があることに気づきます。道路を安全に渡れるタイミングはどうすればわかるでしょうか。

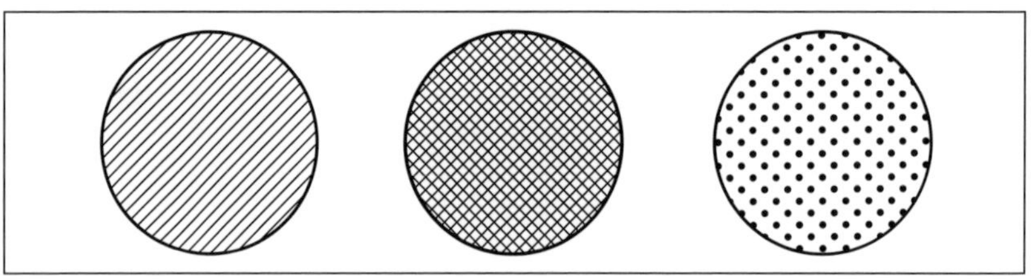

道路を安全に渡れるタイミングを知るには、この信号機を解釈する必要があります。ですが、どのように解釈すればよいのかわかりません。どの信号灯の組み合わせが「進め」の合図で、どの組み合わせが「止まれ」の合図なのでしょうか。この問題を解くために、その曲がり角に腰を下ろして、信号灯の組み合わせと周囲の人々の行動との相関関係を観察するとしましょう。そして、次のパターンを記録します。

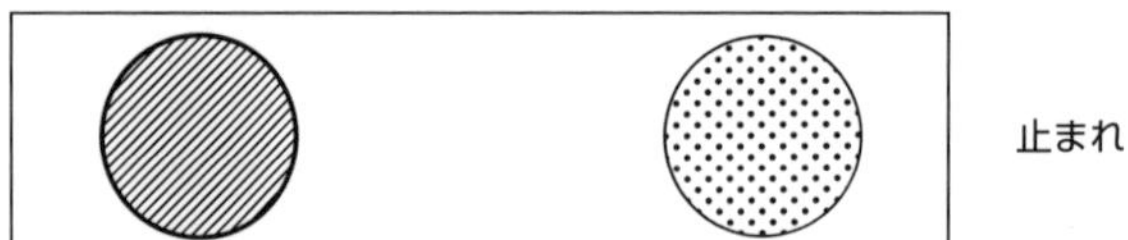

この最初の信号では、誰も道路を渡りませんでした。ここであなたは、「このパターンにはいろいろな可能性があるようだ。左か右の信号が「止まれ」と関係しているのかもしれないし、中央の信号が「進め」と関係しているのかもしれない」と考えます。それを知る手立てはありません。次のパターンを見てみましょう。

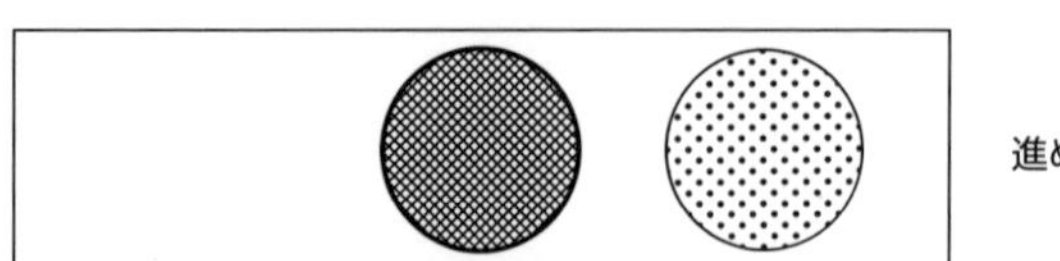

人々が歩き出したので、この信号の何かが合図になったようです。確かなのは、右端の信号灯が「止まれ」や「進め」の合図ではなさそうだ、ということだけです。別のパターンを見てみましょう。

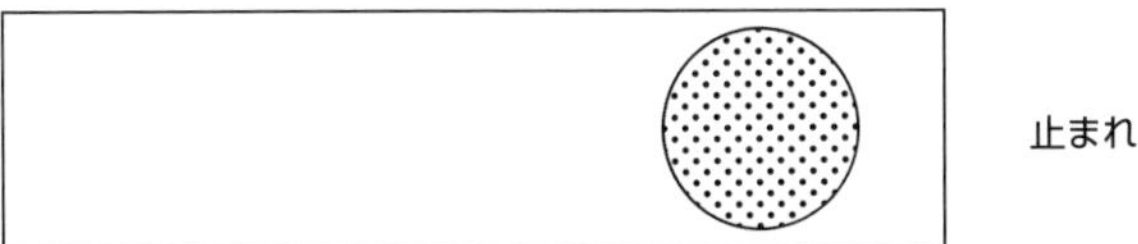

どうやら手がかりをつかんだようです。今回は真ん中の信号灯だけが変化し、逆のパターンになっています。「真ん中」の信号灯が点灯しているときは、人々が渡っても安全であると感じている —— これを作業仮説としましょう。さらに数分間にわたって、人々の行動を注視しながら次の6つのパターンを記録します。全体的なパターンに気づいたでしょうか。

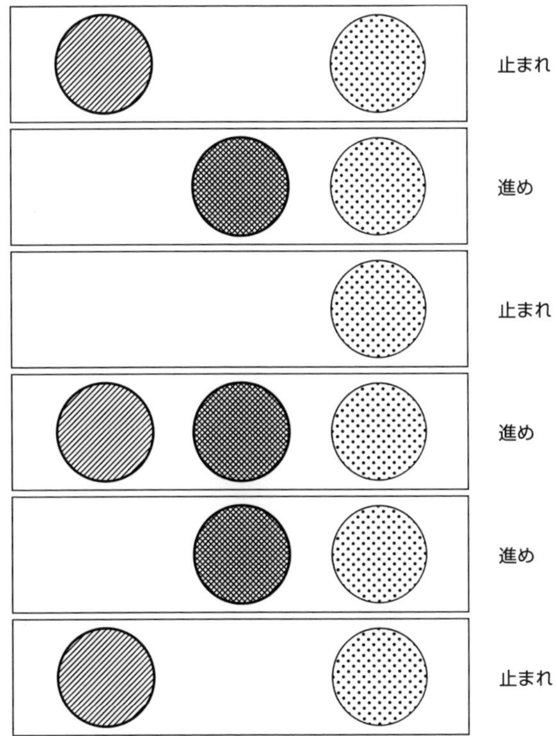

仮説どおり、真ん中の信号灯と「進め」との間に**完全相関**(perfect correlation)が存在します。このパターンは、個々のデータポイントをすべて観測し、**相関を調べる**ことによって学習され

たものです。これがニューラルネットワークを訓練する目的となります。

6.2 データの準備

ニューラルネットワークは信号を読まない

ここまでの章では、教師ありアルゴリズムについて説明してきました。それらのアルゴリズムが１つのデータセットを別のデータセットに変換できることがわかりました。さらに重要なのは、**あなたが知っているもの**からなるデータセットを、**あなたが知りたいもの**からなるデータセットに変換できることです。

教師ありニューラルネットワークはどのように訓練するのでしょうか。データセットを２つ渡して、一方をもう一方に変換する方法を学習させるのです。信号機の問題についてもう一度考えてみましょう。この２つのデータセットを見分けられるでしょうか。あなたが常に知っているデータセットはどちらで、あなたが知りたいデータセットはどちらでしょうか。

データセットは実際に２つあります。１つは６つの信号機の状態であり、もう１つは人々が道路を渡ったかどうかに関する６つの観測結果です。これらが２つのデータセットです。

ニューラルネットワークを訓練すれば、あなたが「知っている」データセットをあなたが「知りたい」データセットに変換することができます。このかなり現実的な例では、信号機の状態は常にわかっています。知りたいのは、道路を渡っても安全かどうかです。

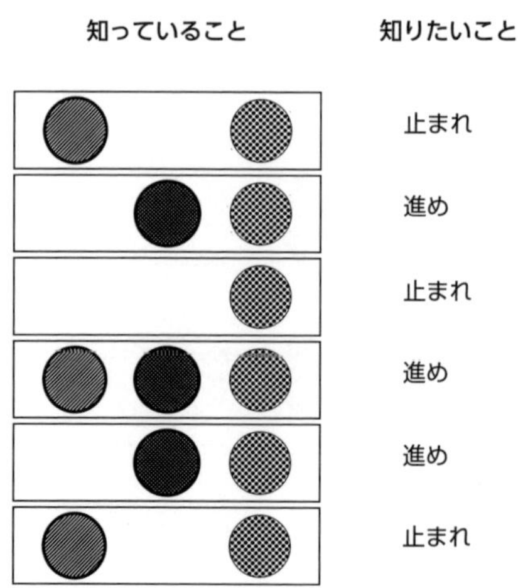

このデータをニューラルネットワークで使用できる状態にするには、まず、これら２つのグループ（知っていることと知りたいこと）に分ける必要があります。データセットが属してい

るグループを入れ替えれば、逆の変換を試みることもできます。問題によっては、このほうがうまくいきます。

6.3 行列と行列関係

信号機を数学に変換する

数学は信号機を理解しません。前節で述べたように、信号灯のパターンを止まれと進めの正しいパターンに変換する方法をニューラルネットワークに教えてやる必要があります。ここでのキーワードは**パターン**です。何がしたいかというと、信号灯のパターンを数字の形式で模倣したいのです。どういうことか見てみましょう。

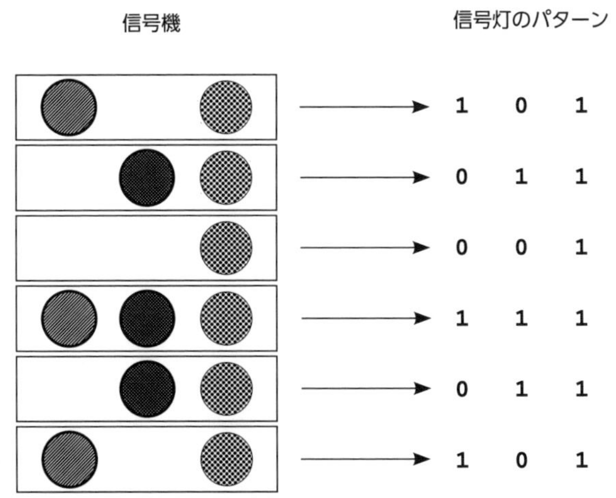

ここで示されている数字のパターンは、信号灯のパターンを 1 と 0 で表しています。信号灯はそれぞれ列に配置されます（信号灯は 3 つあるので、列は全部で 3 つです）。また、観測した 6 種類の信号を表す 6 つの行もあります。

この 1 と 0 からなる構造は**行列**（matrix）と呼ばれます。この行と列の関係は、行列（特に信号などのデータからなる行列）でよく見られるものです。

データ行列では、**記録されたサンプル**ごとに**行**を 1 つ割り当てるのが慣例となっています。また、**記録される対象**ごとに**列**を 1 つ割り当てます。このようにすると、行列が読みやすくなります。

したがって、列には記録された事物のすべての状態が含まれています。この場合は、特定の信号灯に対して記録された点灯／消灯状態がすべて含まれています。各行には、特定の瞬間における各信号灯の同時状態が含まれています。

よいデータ行列は外の世界を完全に模倣している

データ行列は１と０だけでできている必要はありません。信号灯に調光器が付いていて、さまざまな強度で点灯するとしたらどうでしょうか。信号機行列はおそらく次のようなものになるでしょう。

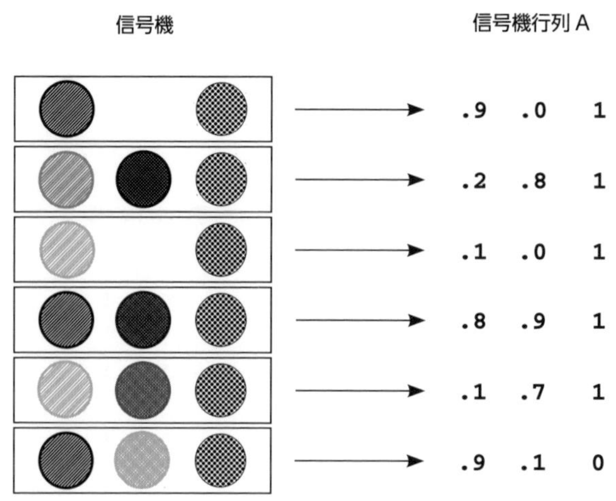

行列 A は完全に有効です。現実のパターン（信号機）を模倣しているので、コンピュータにそれらのパターンを解釈させることができます。次の行列はどうでしょうか。

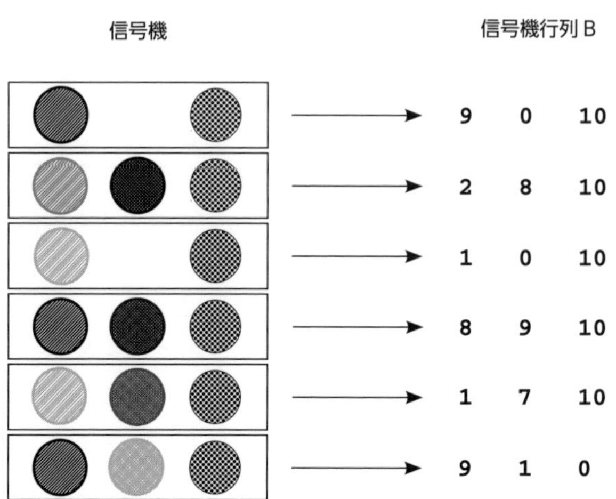

行列 B も有効であり、さまざまな訓練サンプル（行）と信号灯（列）の関係をきちんと捉えています。Matrix A * 10 == Matrix B(A * 10 == B)であることに注目してください。つまり、これらの行は互いの**スカラー倍**です。

行列 A と行列 B に含まれているパターンは同じ

ここでのポイントは、データセット内の信号機パターンを完全に反映する行列が**無数**に存在することです。行列は次のようなものであってもまったく問題ありません。

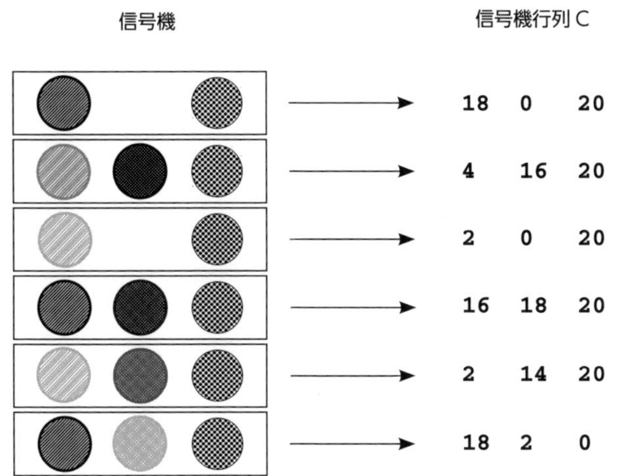

重要なのは、元のパターンがこの行列と同一ではないことです。パターンは行列の**特性**です。もっと言えば、これら 3 つの行列（A、B、C）の特性です。このパターンはそれぞれの行列が表現しているものです。パターンは信号機にも存在していました。

ニューラルネットワークに学習させたいのは、この**入力データパターン**を**出力データパターン**に変換することです。しかし、出力データパターンを学習するには、パターンを右図のような行列形式で表す必要もあります。

1 と 0 を入れ替えたとしても、出力行列はデータに含まれている「止まれと進め」のパターンを表すはずです。1 を「止まれ」と「進め」のどちらに割り当てたとしても、1 と 0 を「止まれと進め」のパターンにデコードできることに変わりはないからです。

止まれ → 0
進め → 1
止まれ → 0
進め → 1
進め → 1
止まれ → 0

「止まれと進め」のパターンと行列との間で双方向の変換が可能であるため、結果として得られる行列は**可逆表現**（lossless representation）と呼ばれます。

6.4 Python で行列を作成する

行列を Python にインポートする

信号機パターンを（1 と 0 だけの）行列に変換したところで、この行列（そしてもっと重要なそのパターン）を Python で作成し、ニューラルネットワークに読み込めるようにしてみましょう。行列の操作には、第 3 章で取り上げた Python の NumPy ライブラリを使用します。実際には、次のようになります。

```
import numpy as np
streetlights = np.array( [ [ 1, 0, 1 ],
                           [ 0, 1, 1 ],
                           [ 0, 0, 1 ],
                           [ 1, 1, 1 ],
                           [ 0, 1, 1 ],
                           [ 1, 0, 1 ] ] )
```

普段 Python を使用している場合、このコードに目を引くものがあるはずです。行列はリストのリストであり、配列の配列です。NumPy とは、実際には、行列指向の特別な関数を提供する配列の配列を、きれいなラッパーにまとめたものです。出力データの NumPy 行列も作成してみましょう。

```
walk_vs_stop = np.array( [ [ 0 ],
                           [ 1 ],
                           [ 0 ],
                           [ 1 ],
                           [ 1 ],
                           [ 0 ] ] )
```

ニューラルネットワークに何をさせたいのでしょうか。streetlights 行列を walk_vs_stop 行列に変換することを学習させたいのです。さらに重要なのは、streetlights と同じパターンを含んでいる行列を、walk_vs_stop のパターンを含んでいる行列に変換させることです。この点については、後ほど詳しく説明します。まずは、ニューラルネットワークを使って streetlights を walk_vs_stop に変換してみましょう。

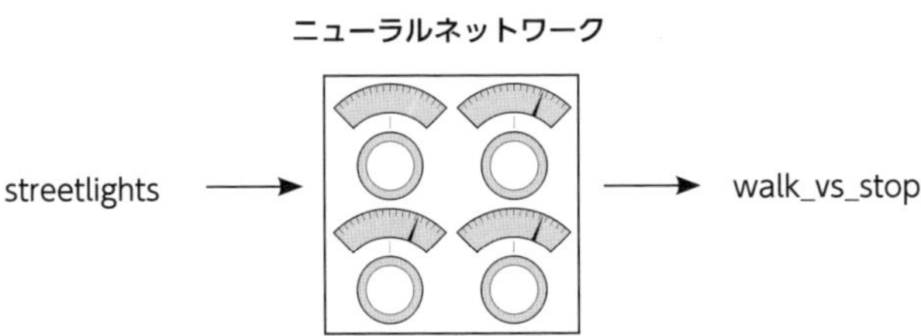

6.5　ニューラルネットワークを構築する

本書では、いくつかの章にわたってニューラルネットワークを説明してきました。この新しいデータセットを解決するニューラルネットワークを作成してみましょう。最初の信号機パターンを学習するコードは次のようになります。このコードには見覚えがあるはずです。

```
import numpy as np

weights = np.array([0.5, 0.48, -0.7])
alpha = 0.1

streetlights = np.array( [ [ 1, 0, 1 ],
                           [ 0, 1, 1 ],
                           [ 0, 0, 1 ],
                           [ 1, 1, 1 ],
                           [ 0, 1, 1 ],
                           [ 1, 0, 1 ] ] )

walk_vs_stop = np.array( [ 0, 1, 0, 1, 1, 0 ] )

input = streetlights[0]              # [1, 0, 1]
goal_prediction = walk_vs_stop[0]   # 0 (止まれ)

for iteration in range(20):
    prediction = input.dot(weights)
    error = (goal_prediction - prediction) ** 2
    delta = prediction - goal_prediction
    weights = weights - (alpha * (input * delta))
    print("Error:" + str(error) + " Prediction:" + str(prediction))
```

このサンプルコードを見て、第３章の内容を思い出すかもしれません。まず、dot 関数を使用しているのは、２つのベクトル間の内積（加重和）を求めるためです。ただし、NumPy 行列で要素ごとの加算と乗算を行う方法については、第３章では説明しませんでした。

```
import numpy as np

a = np.array([0,1,2,1])
b = np.array([2,2,2,3])

print(a * b)        # 要素ごとの乗算
print(a + b)        # 要素ごとの加算
print(a * 0.5)      # ベクトルとスカラーの乗算
print(a + 0.5)      # ベクトルとスカラーの加算
```

NumPyでは、これらの演算は簡単です。2つのベクトルの間に+を配置すると、期待どおりに2つのベクトルが足し合わされます。NumPyのこうした便利な演算子と新しいデータセット以外は、ここで示したニューラルネットワークは前回構築したものと同じです。

6.6 データセット全体を学習する

1つの信号パターンだけでなく、すべての信号パターンを学習する

これまで訓練してきたニューラルネットワークは、1つの訓練サンプル(input -> goal_predペア)をモデル化する方法を学習するものでした。ですがここでは、通りを渡っても安全かどうかを判定するニューラルネットワークを構築しようとしています。ニューラルネットワークに教えなければならない信号パターンは1つだけではありません。どうすればよいでしょうか。すべての信号パターンで一度に訓練するのです。

```
import numpy as np

weights = np.array([0.5, 0.48, -0.7])
alpha = 0.1

streetlights = np.array( [ [ 1, 0, 1 ],
                           [ 0, 1, 1 ],
                           [ 0, 0, 1 ],
                           [ 1, 1, 1 ],
                           [ 0, 1, 1 ],
                           [ 1, 0, 1 ] ] )

walk_vs_stop = np.array( [ 0, 1, 0, 1, 1, 0 ] )

input = streetlights[0]              # [1, 0, 1]
goal_prediction = walk_vs_stop[0]   # 0 (止まれ)

for iteration in range(40):
```

```
    error_for_all_lights = 0
    for row_index in range(len(walk_vs_stop)):
        input = streetlights[row_index]
        goal_prediction = walk_vs_stop[row_index]
        prediction = input.dot(weights)
        error = (goal_prediction - prediction) ** 2
        error_for_all_lights += error
        delta = prediction - goal_prediction
        weights = weights - (alpha * (input * delta))
        print("Prediction:" + str(prediction))
    print("Error:" + str(error_for_all_lights) + "\n")
```

出力の一部は次のようになります。

```
Error:2.6561231104
Error:0.962870177672
...
Error:0.000614343567483
Error:0.000533736773285
```

6.7　完全勾配降下法、バッチ勾配降下法、確率的勾配降下法

確率的勾配降下法はサンプルごとに重みを更新する

結論から言うと、この「一度に 1 つのサンプルを学習する」という考え方は、**確率的勾配降下法**（stochastic gradient descent）と呼ばれる勾配降下法の一種です。確率的勾配降下法は、データセット全体の学習に使用できるさまざまな手法のうちの 1 つです。

確率的勾配降下法はどのような仕組みになっているのでしょうか。先の例で示したように、訓練サンプルごとに予測を行い、重みを更新します。言い換えると、1 つ目の訓練サンプル（信号パターン）を受け取り、その予測を試み、`weight_delta` を計算し、重みを更新します。続いて、2 つ目の訓練サンプルを同じように処理します[※1]。すべての訓練サンプルでうまくいく重みの設定が見つかるまで、このようにしてデータセット全体を反復的に処理していきます。

※1　［訳注］確率的勾配降下法は、データセットから訓練サンプルを 1 つずつランダムに選択することで重みを更新する。確率的という名前が付いているのは、訓練サンプルをランダムに選択するためである。この手法では、勾配降下法で重みを 1 回更新するのと同じ計算量で重みを N 回更新できるため、最適解を効率よく探索できる可能性がある。

平均／完全勾配降下法はデータセットごとに重みを1回更新する

第4章で触れたように、データセット全体を学習するもう1つの方法は勾配降下法です。勾配降下法は**平均／完全勾配降下法**とも呼ばれます。訓練サンプルごとに重みを1回更新するのではなく、データセット全体のweight_deltaの平均値を計算し、全体平均を計算するたびに重みを変更します。

バッチ勾配降下法はn個のサンプルごとに重みを更新する

後ほど詳しく取り上げますが、確率的勾配降下法と完全勾配降下法を足して2で割ったような、3つ目の手法もあります。訓練サンプルごと、またはデータセットごとに重みを更新するのではなく、**バッチサイズ**の訓練サンプル（通常は8～256個）を選択し、バッチごとに重みを更新するのです。

この点については少し後で説明しますが、先の例では、一度に1つのサンプルで訓練を行うことで、信号機データセット全体を学習できるニューラルネットワークを作成したのだと考えてください。

6.8 ニューラルネットワークは相関を学習する

このニューラルネットワークは何を学習したのか

本章では、信号パターンを受け取り、通りを渡っても安全かどうかを突き止めるために、単一層のニューラルネットワークを訓練しました。ここで少し、このニューラルネットワークの視点に立って考えてみましょう。このニューラルネットワークは、信号機データを処理していることを知りません。どの入力（考えられるのは3つ）が出力と相関しているのかを突き止めようとしていただけです。そして、ネットワークの最終的な重みの位置を解析することで、真ん中の信号灯を正しく特定しました。

真ん中の重みがほぼ1であるのに対し、左端と右端の重みはほぼ0です。大まかに言えば、この反復的で複雑な学習プロセスが行ったのはかなり単純なことでした —— このネットワークは真ん中の入力と出力との間に**相関を見出した**のです。重みに大きな数字が設定されている場所には相関があります。逆に、（重みの値が0に非常に近い）左端と右端では、出力について**ランダム性**が見られました。

このネットワークはどのようにして相関を見抜いたのでしょうか。勾配降下法のプロセスでは、各訓練サンプルが重みに**プラスマイナスの圧力**をかけます。平均すると、真ん中の重みにはプラスの圧力がかかっていて、他の重みにはマイナスの圧力がかかっていました。圧力はどこから生じるのでしょうか。重みによって異なるのはなぜでしょうか。

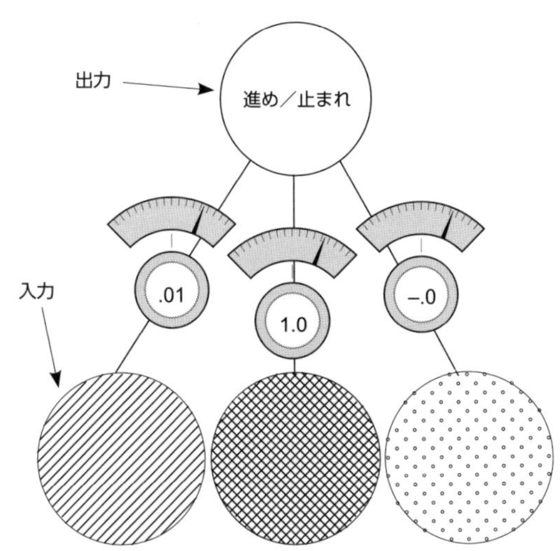

6.9 重みの圧力

圧力はデータから生じる

各ノードは入力に基づいて出力を正しく予測しようとします。その際、各ノードは他のすべてのノードを無視する場合がほとんどです。**横断的なやり取り**が発生するのは、3 つの重みのすべてが同じ誤差指標を共有しなければならない場合だけです。**重みの更新**は、この共通の誤差指標にそれぞれの入力を掛けるだけです。

なぜこのようにするのでしょうか。ニューラルネットワークが学習する最大の理由は、誤差の原因を特定することにあります。つまり、共通の誤差指標に基づき、寄与している（調整が可能な）のはどの重みで、寄与していない（放っておいてよい）のはどの重みかを見きわめる必要があります。

訓練データ

1	0	1	→	0
0	1	1		1
0	0	1	→	0
1	1	1		1
0	1	1	→	1
1	0	1		0

重み圧力

–	0	–	→	0
0	+	+		1
0	0	–	→	0
+	+	+		1
0	+	+	→	1
–	0	–		0

1つ目の訓練サンプルについて考えてみましょう。真ん中の入力は0なので、真ん中の重みはこの予測とは**完全に無関係**です。その重みの値が何であれ、0（入力）を掛けることになるからです。したがって、この訓練サンプルでの誤差はどれも（大きすぎるか小さすぎるかにかかわらず）、左端または右端の重みに起因するものと考えられます。

この1つ目の訓練サンプルの圧力はどうでしょうか。ニューラルネットワークが0を予測するはずであり、2つの入力が1であるとすれば、誤差が生じるため、重みの値は0に向かいます。

重み圧力の表は、それぞれの重みに対する各訓練サンプルの影響を説明するのに役立ちます。+は1に向かう圧力を表し、-は0に向かう圧力を表します。ゼロ（0）は、入力データが0なので圧力がないことを示し、よって重みは変化しません。左端の重みにはマイナスが2つ、プラスが1つあるため、平均すると重みは0に向かうことになります。真ん中の重みにはプラスが3つあるため、平均すると重みは1に向かうことになります。

個々の重みは誤差を相殺しようとします。1つ目の訓練サンプルでは、右端と左端の入力と目的の出力との間に相関はありません。このため、それらの重みにマイナスの圧力がかかります。

これと同じ現象が6つの訓練サンプルのすべてで発生し、1に向かう圧力で相関に報酬を与え、0に向かう圧力で無相関にペナルティを科します。平均すると、真ん中の重みと出力との相関が予測に強い影響を与える（入力の加重平均の重みが最も大きい）ことをネットワークが認識し、結果としてネットワークの予測性能が大きく向上することになります。

予測は入力の加重和です。学習アルゴリズムは、出力と相関がある入力にプラスの（1に向かう）圧力で報酬を与え、出力と相関がない入力にマイナスの（0に向かう）圧力でペナルティを科します。入力の加重和は、無相関の入力の重みを0にすることで、入力と出力の間の完全相関を特定します。

あなたの中の数学者が少し尻込みしているかもしれません。プラスとマイナスの圧力は正確な数学表現とは言い難く、このロジックが成立しないエッジケースは山ほどあります。しかし、後ほど明らかになるように、これは非常に有益な近似です。このため、勾配降下法の複雑さにしばし目をつぶり、**学習はより大きな重みで相関に報酬を与える**と覚えておけばよいでしょう（さらに言うと、**学習は2つのデータセット間の相関を特定します**）。

6.10　エッジケース：過学習

相関は偶然に生じることがある

訓練データの 1 つ目のサンプルをもう一度見てみましょう。左端の重みが 0.5 で、右端の重みが -0.5 だったとしたらどうなるでしょうか。それらの予測は 0 に等しくなり、ネットワークは完璧に予測することになります。しかし、信号パターンを確実に予測する方法はちっとも学習していません（それらの重みは現実世界で役立ちません）。この現象は**過学習**または**オーバーフィッティング**（overfitting）と呼ばれます。

> **ディープラーニングの最大の弱点：過学習**
> 誤差はすべての重みによって共有されます。重みの設定によっては（最もよい入力に最も大きな重みを与えることなく）予測値と出力データセット間の完全相関（`error == 0` など）が**偶然**に生み出されるとしたら、ニューラルネットワークは学習をやめてしまうでしょう。

他に訓練サンプルがなかったとしたら、この致命的な欠陥がニューラルネットワークを狂わせてしまっていたでしょう。他の訓練サンプルは何をしてくれるのでしょうか。2 つ目の訓練サンプルを見てみましょう。このサンプルでは、右端の重みにプラスの圧力がかかりますが、左端の重みは変わりません。ここでバランスが崩れ、1 つ目のサンプルで学習が止まってしまったのです。1 つ目のサンプルだけで訓練を行うのではない限り、残りの訓練サンプルは、どの訓練サンプルに存在してもおかしくないこうしたエッジケースでネットワークが行き詰まらないようにするのに役立ちます。

この点は非常に重要です。ニューラルネットワークは非常に柔軟であるため、訓練データの一部を正しく予測する重みの設定をそれこそいくらでも見つけ出すことができます。このニューラルネットワークを最初の 2 つの訓練サンプルで訓練するとしたら、他の訓練サンプルではうまくいかないところで学習を終えることになるでしょう。要するに、あらゆる信号パターンに対して**汎化できる相関**を見つけ出すどころか、2 つの訓練サンプルを記憶しただけで終わります。

2 つの訓練データだけで訓練したネットワークがそうしたエッジケースに遭遇したとしましょう。訓練データに含まれていなかった信号パターンを見たネットワークは、通りを渡っても安全かどうかを判断できないでしょう。

ここがポイント
ディープラーニングの最大の課題は、ニューラルネットワークに単に**記憶**させるのではなく、ニューラルネットワークの**汎化性能**を向上させることです。この点については、後ほど改めて取り上げます。

6.11　エッジケース：相反する圧力

相関は対立することがある

次に示す重み圧力の表の右端の列を見てください。何がわかるでしょうか。

訓練データ

1	0	1	→	0
0	1	1		1
0	0	1	→	0
1	1	1		1
0	1	1	→	1
1	0	1		0

重み圧力

−	0	−	→	0
0	+	+		1
0	0	−	→	0
+	+	+		1
0	+	+	→	1
−	0	−		0

この列では、プラスの圧力とマイナスの圧力のモーメントは半々です。しかし、ニューラルネットワークはこの（右端の）重みを正しく0に押し下げます。つまり、マイナスの圧力のモーメントはプラスの圧力のモーメントよりも大きいはずです。どうなっているのでしょうか。

左端と真ん中の重みは単体で収束するのに十分なシグナルを持っています。左端の重みは0、真ん中の重みは1に向かいます。真ん中の重みが大きくなるに従い、正のサンプルの誤差が次第に小さくなっていきます。しかし、それらが最適な位置に近づくに従い、右端の重みの無相関が明らかになっていきます。

左端と真ん中の重みがそれぞれ完全に0と1に設定されるという極端な例について考えてみましょう。ネットワークに何が起きるでしょうか。右端の重みが0よりも大きい場合、ネットワークの予測は高すぎます。右端の重みが0よりも小さい場合、ネットワークの予測は低すぎます。

他のノードは学習しながら誤差の一部を吸い取ります。つまり、相関の一部を吸い取ります。そのようにして、ネットワークがほどほどの相関力で予測を行うようにし、誤差を小さくします。他の重みは、残りのものを正しく予測するためにそれぞれの重みを調整しようとするだけです。

この場合、(真ん中の入力と出力が1対1の関係にあるため)真ん中の重みのシグナルによって相関がすべて吸い取られることから、1を予測したいときの誤差は非常に小さくなりますが、0を予測したいときの誤差は大きくなり、真ん中の重みを押し下げます。

常にこうなるとは限らない

ある意味、読者は幸運です。真ん中のノードがこれほど完全に相関していなかったとしたら、ネットワークは右端の重みを黙らせるのに苦労したことでしょう。後ほど説明する**正則化**(regularization)は、圧力が対立している重みを0に向かわせます。

予告しておくと、正則化の有利な点は、重みのプラスの圧力とマイナスの圧力が等しい場合は(何の意味もないので)どちらの向きにも手を貸さないことです。要するに、正則化の目的は、非常に強い相関を持つ重みだけが残るようにすることです。それ以外の重みはどれもノイズに寄与するため、黙らせるべきです。いわば自然淘汰のようなもので、右端の重みにはプラスとマイナスの圧力の両方でこの問題があるため、ニューラルネットワークの学習を速める(イテレーションが少なくなる)という副作用があります。

この場合、右端のノードには明らかな相関がないため、ネットワークはすぐに0に向かい始めます。(先ほどの訓練のように)正則化を適用しない場合は、左端と真ん中がそれぞれのパターンを特定するまで、右端の入力が無益であることは学習されません。この点については、後ほど改めて取り上げます。

ニューラルネットワークがデータの入力列と出力列との相関を調べるとしたら、次のデータセットで何を行うでしょうか。

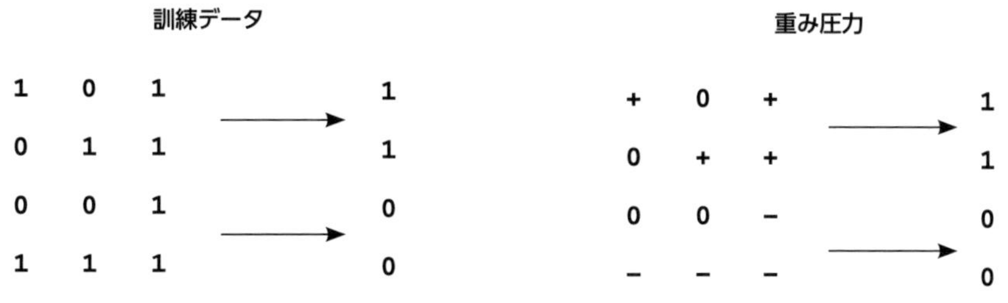

訓練データ

1	0	1	→	1
0	1	1		1
0	0	1	→	0
1	1	1		0

重み圧力

+	0	+	→	1
0	+	+		1
0	0	−	→	0
−	−	−		0

入力列と出力列の間に相関はありません。すべての重みに同じ量のプラスとマイナスの圧力があります。このデータセットはニューラルネットワークにとって非常にやっかいです。

先の例では、他のノードが正または負の予測を解決し、プラスまたはマイナスの圧力がかかるバランスのとれたノードを抽出したため、プラスとマイナスの圧力を持つ入力データを解決することができました。ですがこの場合は、すべての入力でプラスとマイナスの圧力のバランスが等しく保たれています。どうすればよいのでしょう。

6.12　間接相関を学習する

データに相関がない場合は相関を持つ中間データを作成する

本章では、入力**データセット**と出力**データセット**の間で相関を調べるメカニズムとしてニューラルネットワークを説明しました。この説明を少しだけ修正させてください。ニューラルネットワークが実際に調べるのは、入力**層**と出力**層**の間の相関です。

入力層の値として入力データの個々の行を設定し、出力層が出力データセットと等しくなるようにネットワークを訓練します。奇妙なことに、ニューラルネットワークはデータのことを知りません。ニューラルネットワークは単に入力層と出力層の間の相関を調べます。

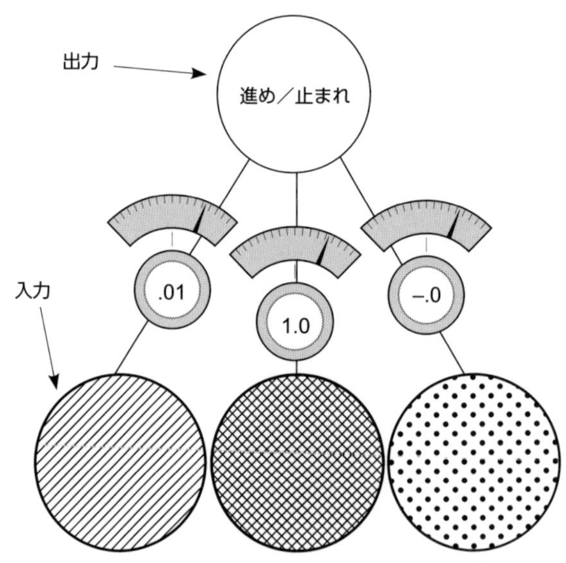

残念ながら、この新しい信号機データセットでは、入力と出力の間に相関はありません。その解決法は簡単で、これらのネットワークを 2 つ使用するのです。1 つ目のネットワークは出力と限定的に相関する中間データセットを作成し、2 つ目のネットワークはその限定的な相関に基づいて出力を正しく予測します。

入力データセットには出力データセットとの相関がないため、入力データセットを使って出力と相関する中間データセットを作成します。ズルをしているようなものです。

6.13　相関を作り出す

新しいニューラルネットワークの図を見てみましょう。基本的には、2つのニューラルネットワークを積み重ねます。中間層の各ノード（layer_1）は**中間データセット**を表します[※2]。このネットワークを訓練することで、入力データセット（layer_0）と出力データセット（layer_2）の間に相関がなかったとしても、layer_0を使って作成するlayer_1データセットをlayer_2と相関させることが目標となります。

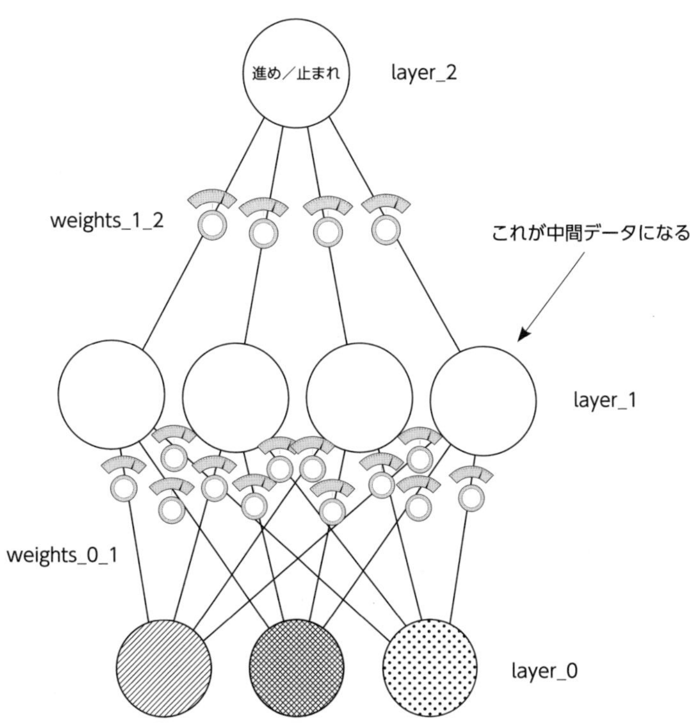

※2　［訳注］ここで追加された入力層と出力層の間にある中間層を**隠れ層**（hidden layer）と呼ぶ。

このネットワークも 1 つの関数にすぎないことに注意してください。このネットワークは、特定の方法で集められた一連の重みで構成されます。さらに、それぞれの重みが誤差にどれくらい寄与するのかを計算し、誤差が 0 になるように重みを調整できるため、ここでも勾配降下法がうまくいきます。さっそく始めることにしましょう。

6.14　ニューラルネットワークを積み重ねる

第 3 章の多層化されたニューラルネットワークの復習

次のアーキテクチャでは、「ニューラルネットワークを積み重ねる」と言ったときに期待されるような方法で予測が行われます。1 つ目の下位ネットワーク（layer_0 から layer_1）の出力は、2 つ目の上位ネットワーク（layer_1 から layer_2）の入力となります。それぞれのネットワークの予測値は、以前に見たものとまったく同じです。

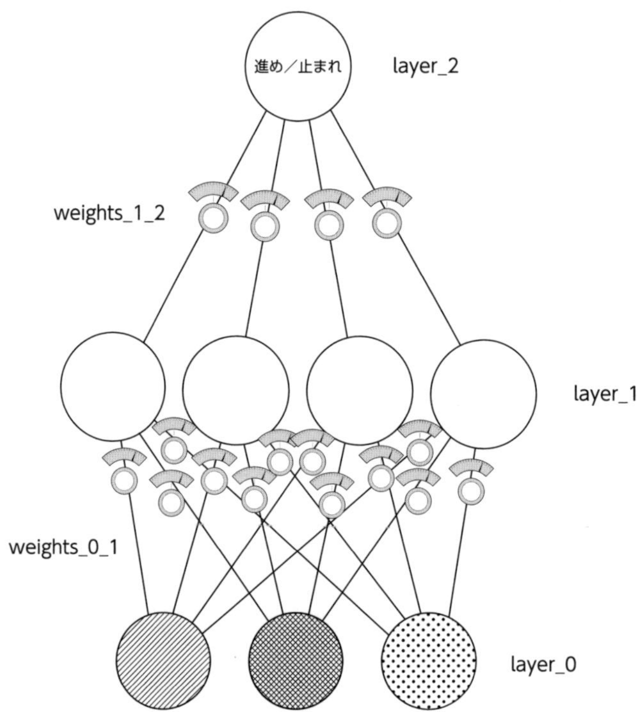

このニューラルネットワークがどのように学習するのかについて検討を始めるときには、すでに多くのことがわかっています。下位ネットワークの重みを無視し、それらの出力を訓練データセットとして考えるとしたら、ニューラルネットワークの上位ネットワーク（layer_1 から layer_2）は先の章で訓練したネットワークとまったく同じです。ネットワークの学習にまったく同じロジックを使用できます。

まだ理解できていない部分は、layer_0 と layer_1 の間の重みを更新する方法です。誤差指標として何を使用するのでしょうか。前章で説明したように、キャッシュ／正規化された誤差指標を delta と呼びます。この場合は、layer_2 が正確な予測を行えるようにするために、layer_1 の delta 値を知る方法を突き止める必要があります。

6.15　誤差逆伝播法：誤差の原因を突き止める

加重平均誤差

layer_1 から layer_2 での予測値は何でしょうか。layer_1 の値の加重平均です。layer_2 が x の量だけ大きすぎる場合、layer_1 のどの値が誤差に寄与したのかはどうすればわかるのでしょう。重み（weights_1_2）が大きいほど誤差への寄与は大きくなりました。layer_1 から layer_2 への重みが小さい値は、誤差にそれほど寄与しませんでした。

極端な例として、layer_1 から layer_2 への左端の重みが 0 だったとしましょう。layer_1 のそのノードはネットワークの誤差にどれくらい寄与したでしょうか。何と**ゼロ**です。

笑えるくらい単純な話です。layer_1 から layer_2 への重みはそれぞれ、layer_1 の各ノードが layer_2 の予測にどれくらい寄与するのかを正確に表します。つまり、それらの重みは layer_1 の各ノードが layer_2 の誤差にどれくらい寄与するのかも正確に表します。

layer_2 の delta を使って layer_1 の delta を突き止めるにはどうすればよいでしょうか。layer_1 の対応する重みを掛けます。予測のロジックを逆にするようなものです。このように delta シグナルをいろいろ動かすプロセスを**誤差逆伝播法**または**バックプロパゲーション**（backpropagation）と呼びます。

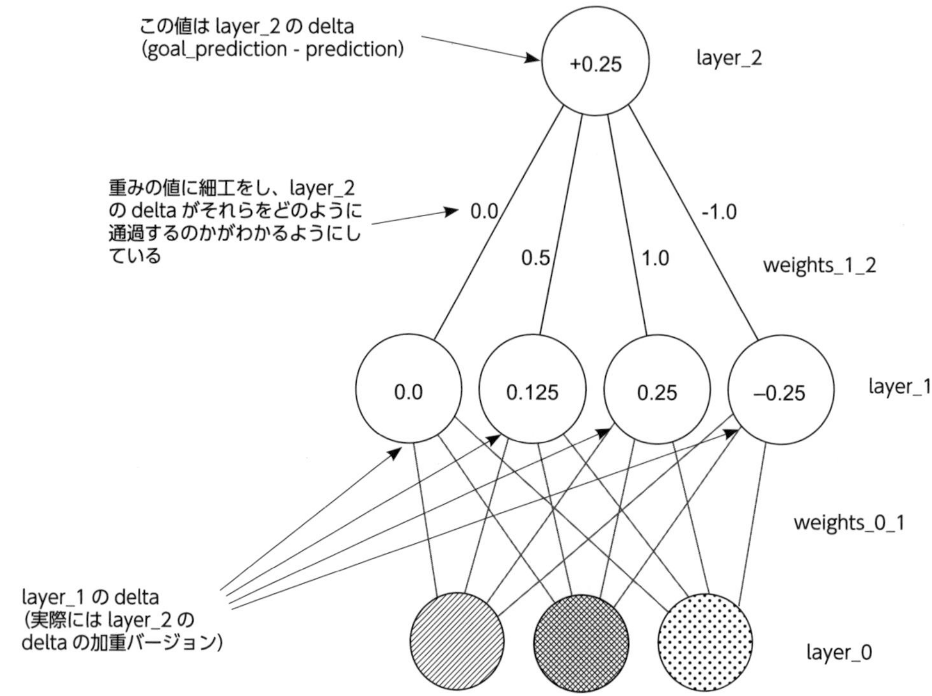

6.16 誤差逆伝播法はどのような仕組みになっているか

加重平均デルタ

前章のニューラルネットワークでは、このノードの値を次回変更するときの方向と量は delta 変数によって決まっていました。誤差逆伝播法は、「このノードの値を x だけ大きくしたい場合、前の４つのノードの重みによって予測値が weights_1_2 倍になっているため、それぞれのノードの値を x*weights_1_2 だけ大きく／小さくする必要がある」というものにすぎません。

逆向きに使用した場合、weights_1_2 行列は誤差を適切な量だけ増幅させます。誤差を増幅させることで、layer_1 の各ノードをどれくらい大きく／小さくすべきかがわかるようにするのです。

これがわかれば、あとはそれぞれの重み行列を以前と同じように更新するだけです。重みごとに、その出力デルタに入力値を掛け、その量だけ重みを調整します（または、alpha でスケーリングできます）。

6.17　線形と非線形

おそらく本書で最も難しい概念

これからある現象を見てもらいます。実は、このニューラルネットワークを訓練するために必要なものがもう1つあります。ここでは、それを2つの視点から見ていきます。まず、ニューラルネットワークの学習がそれなしには不可能であることを示します。つまり、現時点では、このニューラルネットワークが使いものにならない理由を明らかにします。次に、この要素を追加した後、この問題を解くためにそれが何をするのかを示します。まず、次の単純な代数を見てください。

```
5 * 10 * 2 = 100                    1 * 0.25 * 0.9 = 0.225
5 * 20 = 100                        1 * 0.225 = 0.225
```

ここでのポイントは、2つの乗算はどれも1つの乗算を使って実現できることです。結論から言うと、これは困ったことです。次の図を見てください。

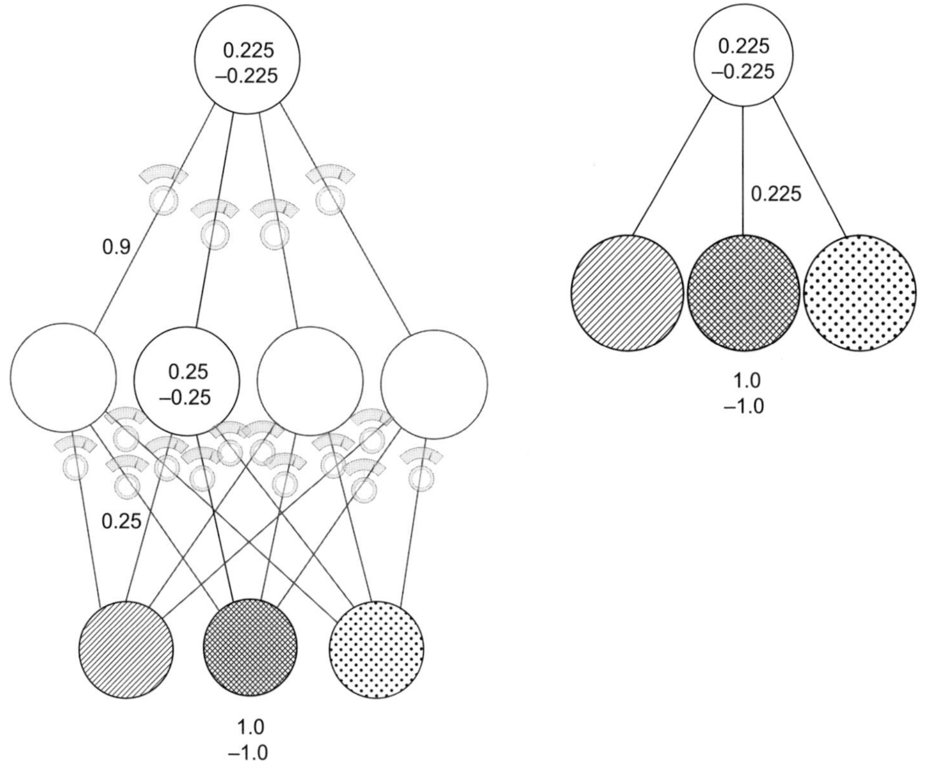

これら2つのグラフは、2つの訓練サンプルを示しています。1つの入力は1.0、もう1つの入力は-1.0です。要するに、**あなたが作成するどの3層ネットワークにも、同じ振る舞いをする2層ネットワークが存在する**のです。このように2つのニューラルネットワークを積み重ねても、何の力も強化されません。2つの連続する加重和は、1つの加重和の計算量を増やしたものにすぎません。

6.18　ニューラルネットワークがまだうまくいかないのはなぜか

3層ネットワークをこのまま訓練しても収束しない

> ある入力の2つの連続する加重和には、まったく同じ振る舞いをする単一の加重和が存在します。3層ネットワークでできることは、2層ネットワークでもできます。

手を加える前の中間層(`layer_1`)の話をしましょう。この時点では、(4つの)各ノードの重みはそれぞれの入力から得られたものです。このことを相関の観点から考えてみましょう。中間層の各ノードは入力層の各入力ノードとの相関に一定の量だけ寄与します。入力層から中間層への重みが1.0であるとすれば、そのノードの変動に100%寄与することになります。そのノードの値が0.3だけ大きくなる場合は、中間層もそれに従います。2つのノードを結び付ける重みが0.5である場合、中間層の各ノードはそのノードの変動に50%寄与します。

ある特定の入力ノードの相関から中間層が逃れるには、別の入力ノードからの別の相関に寄与するしかありません。このニューラルネットワークに寄与するもの自体は変わりません。隠れ層のノードはそれぞれ入力層のノードからの小さな相関に寄与します。

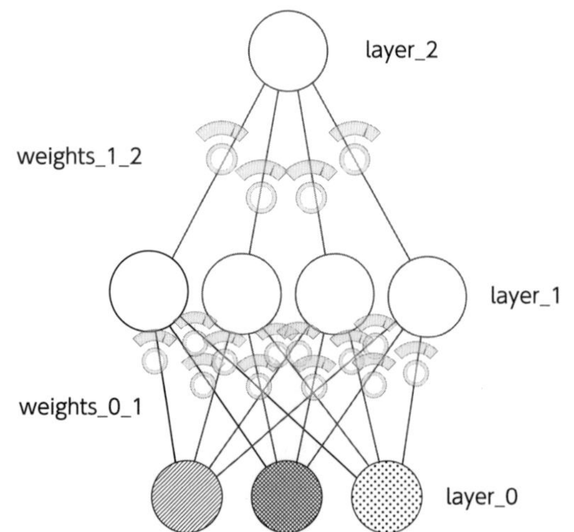

このやり取りに中間層のノードが何かを追加することはありません。つまり、中間層のノード自体の相関はありません。中間層のノードと入力層のさまざまなノードとの間には一定の相関があります。

しかし、新しいデータセットでは入力と出力の間に相関がまったくないことがわかっているとしたら、中間層は何の役に立つのでしょうか。中間層はすでに無益と化している一連の相関を混ぜ合わせます。本当に必要なのは、入力層と選択的に相関できる中間層です。

中間層を入力層と相関させたいこともあれば、させたくないこともあります。それにより、中間層自体に相関が与えられます。このようにすると、中間層を常にある入力と x%、別の入力と y% 相関させるだけでなく、必要に応じてある入力と x% 相関させ、それ以外の場合は相関させない、ということも可能になります。これを**条件付き相関**(conditional correlation)と呼びます。

6.19 条件付き相関の秘密

値が 0 に満たないときはノードを無効にする

単純すぎてうまくいかないように思えるかもしれませんが、次のように考えてみましょう。ノードの値が 0 を下回った場合でも、通常そのノードと入力との相関は同じままで、値が負になるだけです。しかし、値が負になったらノードを無効にする(0 に設定する)と、値が負のときは**どの入力とも相関しない状態**(ゼロ相関)になります。

どういうことでしょうか。ノードを何かと選択的に相関させることが可能になるのです。これにより、「左の入力とは完全に相関するが、右の入力が無効のときに限る」といったことが可能になります。どのように行うのでしょうか。左の入力からの重みが 1.0、右の入力からの重みが大きな負数であるとしましょう。右の入力と左の入力を有効にすると、ノードは常に 0 になります。しかし、左の入力だけを有効にすると、ノードは左の入力の値を使用するようになります。

以前はこうしたことは不可能で、中間層のノードは常に入力と相関するか、常に相関しないかのどちらかでしたが、現在では条件付きでの相関が可能となっています。

> 中間層のノードが負のときはそれを無効にすることで、さまざまな入力からの相関にネットワークを寄与させることができます。2 層ニューラルネットワークではこれは不可能なので、3 層ニューラルネットワークのほうが性能がよくなります。

この「ノードが負になるときは 0 に設定する」ロジックのしゃれた呼び名が**非線形関数**(nonlinearity)です。この調整がないニューラルネットワークは**線形**(linear)です。この手法を利用しない場合、出力層が選べるのは 2 層ネットワークのものと同じ相関だけです。入力層の各ノードに寄与することになるため、新しい信号機データセットを解決することはできません。

非線形関数にはさまざまな種類があります。ですが多くの場合、実際に使用するとしたら、ここで説明しているものが最適です。それは最も単純なものでもあり、**ReLU**（Rectified Linear Unit）と呼ばれます。

これはあくまでも筆者の意見ですが、他の書籍や講座のほとんどは、連続的な行列乗算を線形変換であるとしています。筆者はこれを直観的ではないと感じています。また、非線形関数が何に貢献するのか、どちらかを選択するとしたらそれはなぜか（後ほど説明します）を理解するのも難しくなります。それらの説明では、「非線形関数がなければ、2つの行列の乗算は1になるも同然である」としています。そこで、最も簡潔なものではないにせよ、非線形関数が必要な理由を直観的に説明してみたいと思いました。

6.20 ちょっとひと息

最後のくだりは少し抽象的かもしれないが、それでまったく問題ない

よく聞いてください。ここまでの章の内容は単純な代数で対処できたので、何もかも結局は根本的に単純なツールを土台としていました。本章では、ここまで学んできたことに基づいて話を進めてきました。ここまで学んできたのは、次のようなことでした。

> 誤差といずれか1つの重みの関係を明らかにすることで、その重みを変更すると誤差がどのように変化するのかを知ることができます。このことに基づき、誤差を0に近づけることができます。

これは**非常に大きな教訓**でしたが、そこはもう通過しました。その仕組みにじっくり取り組んできたので、この文をそのまま受け止めることができるはずです。次の大きな教訓は、本章の最初に登場しました。

> 一連の訓練サンプルにわたって重みを調整しながら誤差を小さくしていくことは、突き詰めれば、入力層と出力層の相関を調べる、ということです。相関が存在しないとしたら、誤差はいつまでも0になりません。

これは**さらに大きな教訓**であり、先ほどの教訓を忘れてしまってもよいほどです（忘れる必要はありませんが）。ここでは相関に焦点を合わせます。絶えず多くのことを一度に考えるのは不可能です。それぞれの教訓を覚え、頭に叩き込んでください。その教訓がより細かな教訓

を要約（高度に抽象化）したものである場合は、細かいことは脇に置いて、要約を理解することに専念してください。

このことは、いくつもの小さな教訓からなる専門知識が要求される水泳や自転車競技などのプロスポーツ選手に通じるものがあります。野球選手は幾千もの小さな教訓を学びながらバットを振り、ついにはすばらしいスイングを完成させます。ですが、打席に立つときにそれらの教訓をすべて思い出すわけではありません。選手は流れるような動きをしますが、それを無意識のうちに行っています。これらの数学的概念を学ぶのもそれと同じことです。

ニューラルネットワークは入力と出力の相関を調べます。それがどのように起きているのかを気にする必要はもうありません。そうなることを知っていればそれでよいのです。ここからは、この考え方に基づいて話を進めていきます。ここまで学んできたことを信じて受け入れてください。

6.21　初めてのディープニューラルネットワーク

予測はどのように行うか

次のコードは、重みを初期化し、順伝播を実行します。新しいコードは**太字**にしてあります。

```
import numpy as np

np.random.seed(1)

# この関数は負数をすべて 0 に設定する
def relu(x):
    return (x > 0) * x

alpha = 0.2
hidden_size = 4

streetlights = np.array( [ [ 1, 0, 1 ],
                           [ 0, 1, 1 ],
                           [ 0, 0, 1 ],
                           [ 1, 1, 1 ] ] )

walk_vs_stop = np.array([[ 1, 1, 0, 0]]).T

# (ランダムに初期化された) 3 つの層を結合するために 2 つの重みセットを使用
weights_0_1 = 2*np.random.random((3,hidden_size)) - 1
weights_1_2 = 2*np.random.random((hidden_size, 1)) - 1

layer_0 = streetlights[0]
```

```
layer_1 = relu(np.dot(layer_0, weights_0_1))
# layer_1の出力がreluに渡され、負の値が0になり、次の層であるlayer_2の入力になる
layer_2 = np.dot(layer_1, weights_1_2)
```

右図を見ながらコードを追ってください。まず、入力データがlayer_0に渡されます。次に、dot関数によってlayer_0の重みがlayer_1に伝播されます(layer_1の4つのノードごとに加重和を求めます)。layer_1のこれらの加重和がrelu関数に渡され、負の値がすべて0に変換されます。そして、最終的な加重和が最後のノードであるlayer_2で計算されます。

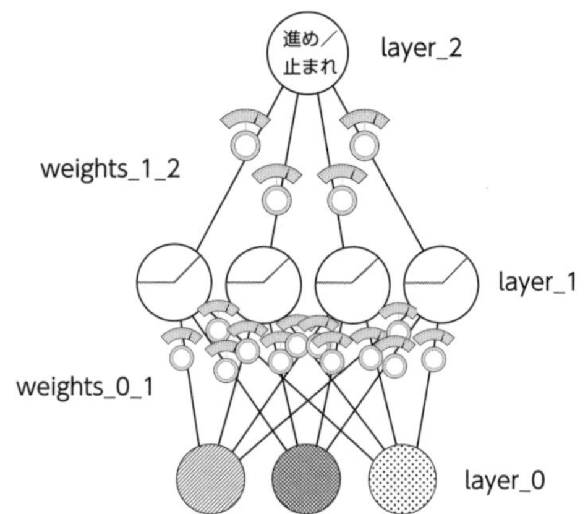

6.22 誤差逆伝播法のコード

各重みが最終的な誤差に寄与する量を学習する

第4章の最後に、2層ニューラルネットワークのコードを暗記してしまい、より高度な概念に取り組むときにすぐに思い出せるようにしておくことが重要であると述べました。その記憶がものを言うときが来ました。

次に示すのは新しい学習コードです。ここまでの章で取り組んできた部分を見分けることと、それらの部分を理解していることが重要となります。わからなくなった場合は、第4章に戻ってコードを覚えてから戻ってきてください。いつかそれが大きな差を生むでしょう。

```
import numpy as np

np.random.seed(1)

# x > 0の場合はxを返し、それ以外の場合は0を返す
def relu(x):
    return (x > 0) * x

# output > 0の場合は1を返し、それ以外の場合は0を返す
def relu2deriv(output):
    return output > 0

alpha = 0.2
```

```
hidden_size = 4

weights_0_1 = 2 * np.random.random((3, hidden_size)) - 1
weights_1_2 = 2 * np.random.random((hidden_size, 1)) - 1

for iteration in range(60):
    layer_2_error = 0
    for i in range(len(streetlights)):
        layer_0 = streetlights[i:i+1]
        layer_1 = relu(np.dot(layer_0, weights_0_1))
        layer_2 = np.dot(layer_1, weights_1_2)

        layer_2_error += np.sum((layer_2 - walk_vs_stop[i:i+1]) ** 2)
        layer_2_delta = (walk_vs_stop[i:i+1] - layer_2)

        # layer_2_deltaにweights_1_2を掛けることで、
        # layer_2_deltaに基づいてlayer_1_deltaを求める
        layer_1_delta = \
            layer_2_delta.dot(weights_1_2.T) * relu2deriv(layer_1)

        weights_1_2 += alpha * layer_1.T.dot(layer_2_delta)
        weights_0_1 += alpha * layer_0.T.dot(layer_1_delta)

    if(iteration % 10 == 9):
        print("Error:" + str(layer_2_error))
```

まさかと思うでしょうが、本当に新しいコードは太字部分だけです。それ以外の部分はすべてこれまでのページと基本的に同じです。relu2deriv関数は、output > 0の場合は1を返し、それ以外の場合は0を返します。これはrelu関数の**傾き**（**微分係数**）であり、これから見ていくように、重要な目的を果たします。

誤差の原因を突き止めることが目標であることを思い出してください。それぞれの重みが最終的な誤差にどれくらい寄与したのかを調べる必要があります。最初の（2層の）ニューラルネットワークでは、delta変数を計算しました。この変数は出力層の予測値をどれくらい大きく／小さくしたいのかを明らかにします。コードを見てみると、layer_2_deltaを同じ方法で計算していることがわかります。新しいものは何もありません（その部分の仕組みを忘れてしまった場合は第4章に戻ってください）。

最終的な予測値をどれくらい大きく／小さくすべきか（delta）がわかったところで、中間層（layer_1）の各ノードをどのように調整すべきかを調べる必要があります。実質的には、それらは**中間予測**です。layer_1のdeltaがわかれば、以前と同じ手順に従って重みを更新することができます（重みごとに、その入力値に出力層のデルタを掛け、その量だけ重みの値を大きくします）。

layer_1 の delta はどのように計算するのでしょうか。まず、出力層に結合しているそれぞれの重みを delta に掛けます。これにより、それぞれの重みがその誤差に寄与した分だけ加重されます。ここで考慮しなければならないものがもう１つあります。relu 関数によって layer_1 ノードへの出力が０に設定された場合、そのノードは誤差に寄与しなかったことになります。その場合は、そのノードの delta も０に設定すべきです。各 layer_1 ノードに relu2deriv 関数を掛けるとそうなります。relu2deriv 関数は、layer_1 の値が０よりも大きいかどうかに応じて１か０のどちらかになります。

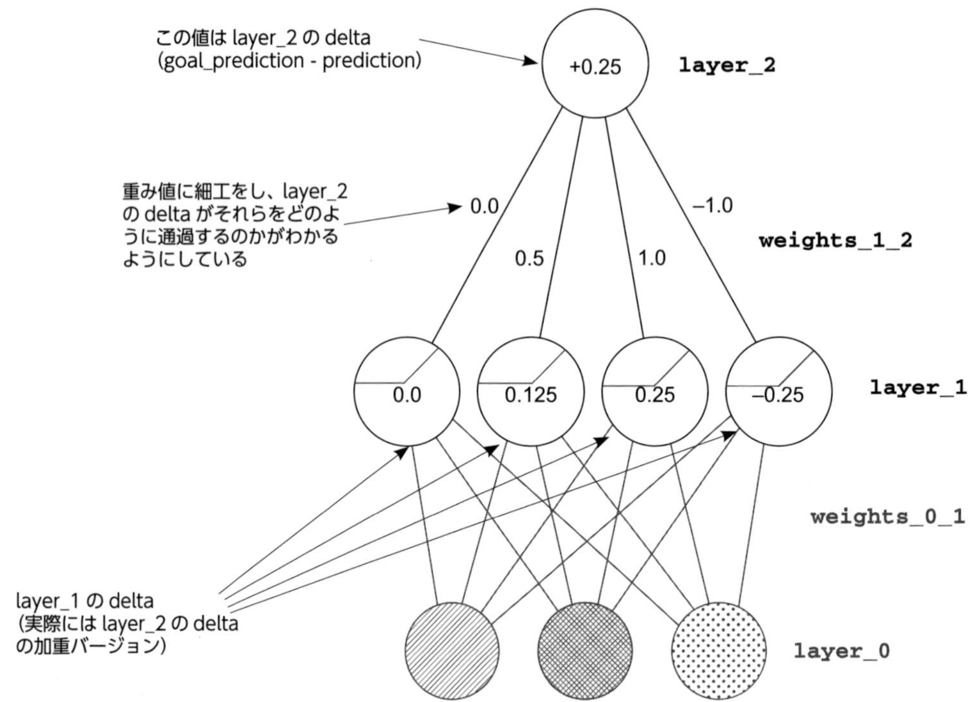

6.23　誤差逆伝播法の 1 回のイテレーション

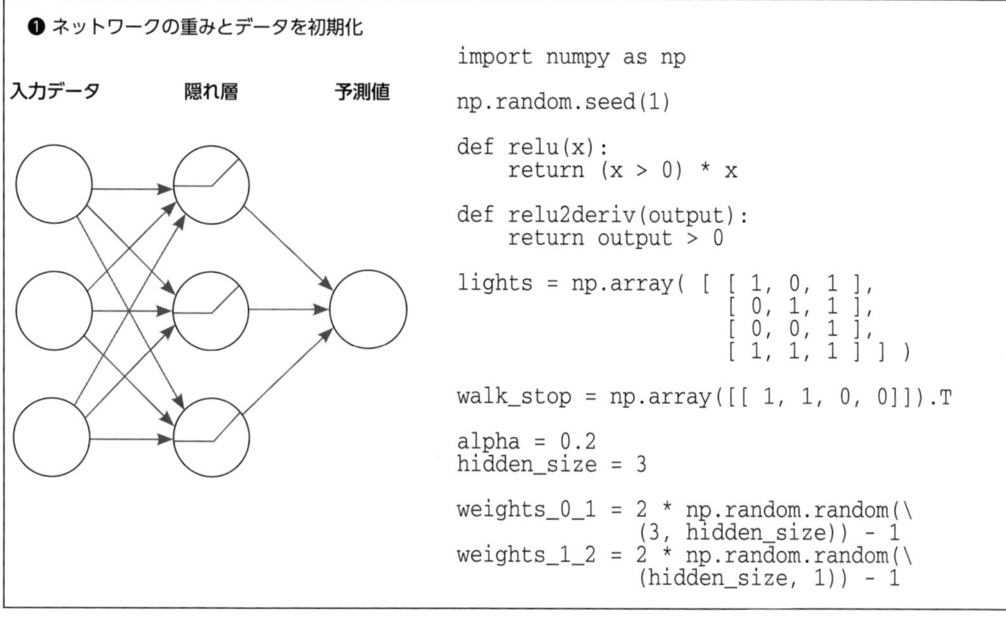


```
import numpy as np

np.random.seed(1)

def relu(x):
    return (x > 0) * x

def relu2deriv(output):
    return output > 0

lights = np.array( [ [ 1, 0, 1 ],
                     [ 0, 1, 1 ],
                     [ 0, 0, 1 ],
                     [ 1, 1, 1 ] ] )

walk_stop = np.array([[ 1, 1, 0, 0]]).T

alpha = 0.2
hidden_size = 3

weights_0_1 = 2 * np.random.random(\
               (3, hidden_size)) - 1
weights_1_2 = 2 * np.random.random(\
               (hidden_size, 1)) - 1
```

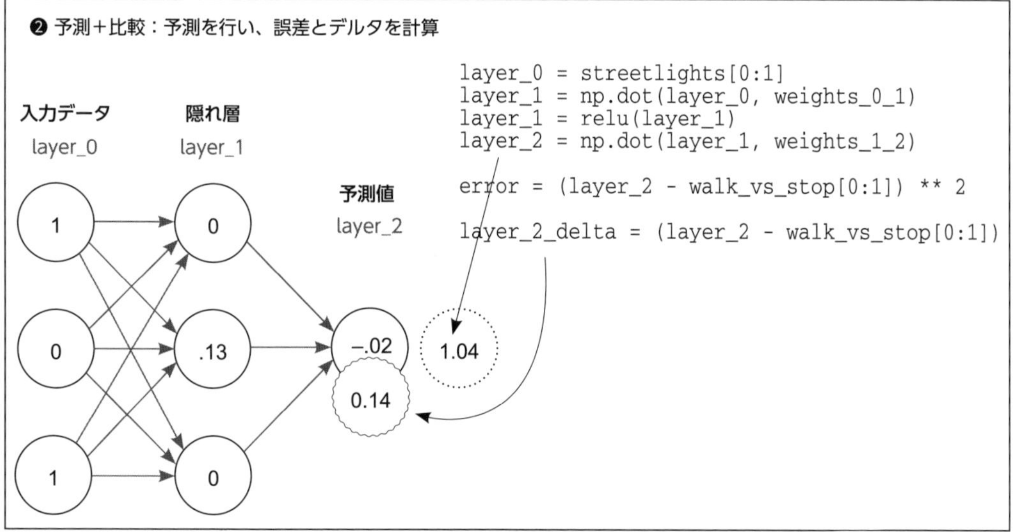


```
layer_0 = streetlights[0:1]
layer_1 = np.dot(layer_0, weights_0_1)
layer_1 = relu(layer_1)
layer_2 = np.dot(layer_1, weights_1_2)

error = (layer_2 - walk_vs_stop[0:1]) ** 2

layer_2_delta = (layer_2 - walk_vs_stop[0:1])
```

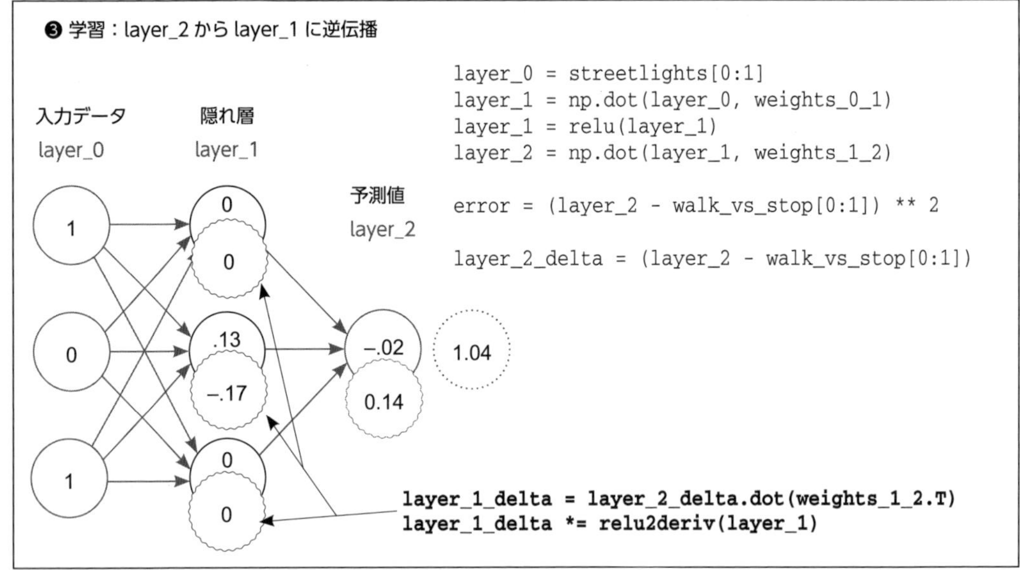

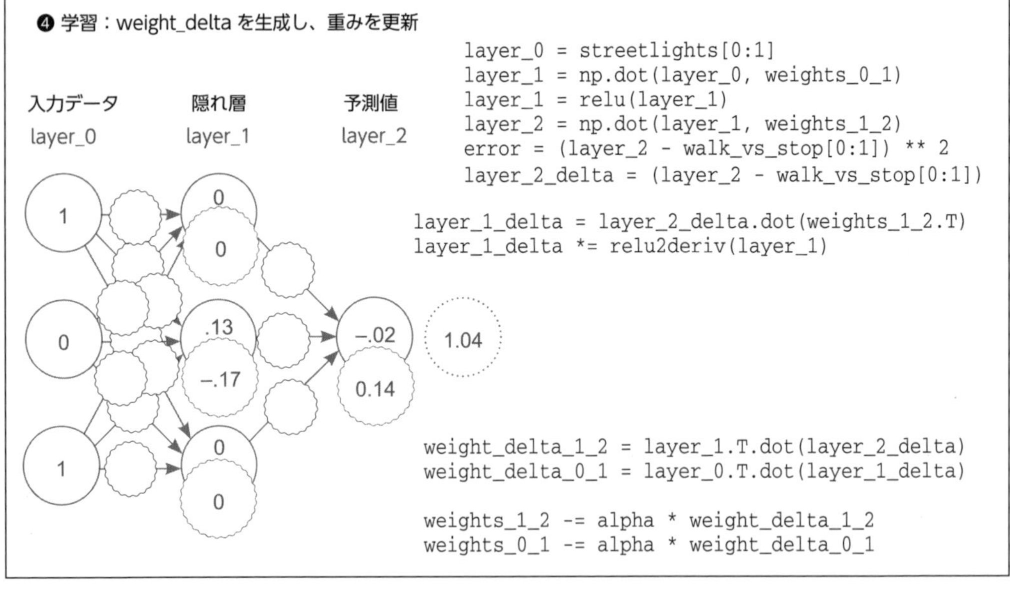

以上のように、誤差逆伝播法とは、中間層の delta を計算することで、勾配降下を実行できるようにすることです。これには、layer_1 に対する layer_2 の加重平均デルタ（layer_1 と layer_2 の間の重みで加重）を使用します。そして、前方の予測に関与していないノードは誤差に寄与していないはずなので、無効にしてしまいます（0 に設定します）。

6.24 ここまでのまとめ

実行可能な完全なプログラム

```
import numpy as np

np.random.seed(1)

# x > 0 の場合は x を返し、それ以外の場合は 0 を返す
def relu(x):
    return (x > 0) * x

# output > 0 の場合は 1 を返し、それ以外の場合は 0 を返す
def relu2deriv(output):
    return output > 0

streetlights = np.array( [ [ 1, 0, 1 ],
                           [ 0, 1, 1 ],
                           [ 0, 0, 1 ],
                           [ 1, 1, 1 ] ] )

walk_vs_stop = np.array([[ 1, 1, 0, 0]]).T
alpha = 0.2
hidden_size = 4

weights_0_1 = 2 * np.random.random((3, hidden_size)) - 1
weights_1_2 = 2 * np.random.random((hidden_size, 1)) - 1

for iteration in range(60):
    layer_2_error = 0
    for i in range(len(streetlights)):
        layer_0 = streetlights[i:i+1]
        layer_1 = relu(np.dot(layer_0, weights_0_1))
        layer_2 = np.dot(layer_1, weights_1_2)
        layer_2_error += np.sum((layer_2 - walk_vs_stop[i:i+1]) ** 2)
        layer_2_delta = (layer_2 - walk_vs_stop[i:i+1])
        layer_1_delta = \
            layer_2_delta.dot(weights_1_2.T) * relu2deriv(layer_1)
        weights_1_2 -= alpha * layer_1.T.dot(layer_2_delta)
        weights_0_1 -= alpha * layer_0.T.dot(layer_1_delta)

    if(iteration % 10 == 9):
        print("Error:" + str(layer_2_error))
```

出力は次のようになります。

```
Error:0.634231159844
Error:0.358384076763
Error:0.0830183113303
Error:0.0064670549571
Error:0.000329266900075
Error:1.50556226651e-05
```

6.25　ディープニューラルネットワークはなぜ重要か

相関を持つ「中間データセット」を作成する目的は何か

次に示すネコの写真について考えてみましょう。ネコの画像とネコではない画像からなるデータセットがあるとします（それぞれにそのような名前を付けてあります）。ピクセル値から写真にネコが写っているかどうかを予測するようにニューラルネットワークを訓練したい場合、２層のニューラルネットワークでは問題があるかもしれません。

先ほどの信号機データセットと同様に、個々のピクセルには、写真にネコが写っているかどうかについての相関はありません。ネコが写っているかどうかと相関があるのは、ピクセルのさまざまな構成だけです。

突き詰めれば、これがディープラーニングです。ディープラーニングとは、中間層（データセット）を作成することにほかなりません。中間層の各ノードは入力のさまざまな構成の有無を表します。

このように、ネコの画像からなるデータセットでは、個々のピクセルには写真にネコが写っているかどうかとの相関はありません。そうではなく、中間層はネコとの相関がありそうなさまざまなピクセルの構成（ネコの耳、目、毛など）を特定しようとします。ネコっぽい構成が多く存在する場合は、ネコの有無を正しく予測するのに必要な情報（相関）を最終層に与えることになります。

まさかと思うかもしれませんが、3層ニューラルネットワークに対してさらに層を積み重ねていくことができます。数百もの層を持つニューラルネットワークもあり、各ノードは入力データのさまざまな構成を検出するにあたってそれぞれの役割を果たします。本書の残りの部分では、ディープニューラルネットワークの能力を調べ上げるために、これらの層で発生するさまざまな現象を探っていきます。

この目標を達成するには、第4章と同じことに挑戦しなければなりません。そう、先ほどのコードを暗記するのです。この後の章を読み進めるには、コードに含まれている各処理を理解している必要があります。3層ニューラルネットワークを何も見ずに構築できるようになるまで、この先に進まないでください。

7 ニューラルネットワークの描き方 頭の中で、そして紙の上で

本章の内容

- 相関の要約
- 可視化の単純化
- ネットワークの予測値の確認
- 図の代わりに文字を使った可視化
- 変数のリンク
- 可視化ツールの重要性

> 数字には伝えるべき重要なストーリーが含まれている。
> それらの声を明確に説得力のある言葉で代弁するのはあなたである。
>
> —ステファン・ヒュー、IT イノベータ、教師、コンサルタント

7.1 単純化

常にあらゆることについて考えるのは非現実的：メンタルツールの活用

前章では、最後にかなり印象的なサンプルコードを見てもらいました。ニューラルネットワークだけで、かなり内容の濃い35行のコードが含まれていました。このコードを読んでいくと、いろいろなことが行われているのがわかります。このコードには100ページ分の概念が詰まっており、それらを組み合わせることで、通りを渡っても安全かどうかを予測することができます。

ここまでの記憶を頼りに、これらのサンプルを再現し続けることになるでしょう。サンプルの規模が大きくなるに従い、コードの具体的な文字を記憶することよりも、概念を記憶し、それらの概念に基づいてコードを再構築する場面が増えていきます。

本章で伝えたいことはまさに、このように頭の中で概念を効率よく組み立てることです。それはアーキテクチャでも実験でもありませんが、おそらく本書が与えることができる最も重要な価値です。ここでは、細かな教訓を筆者の頭の中で効率よく要約することで、新しいアーキテクチャの構築、実験結果のデバッグ、新しい問題や新しいデータセットでのアーキテクチャの使用などを可能にする方法を示したいと思います。

まずは、これまでに学んだ概念を復習しよう

本書では、小さな教訓を学ぶことから始めて、それらの概念の上に抽象化の層を構築しました。機械学習全般の背景にある概念の紹介を皮切りに、個々の線形ノード（**ニューロン**）が学習をどのように行うのか、さらにはニューロンの水平グループ（層）、そしてニューロンの垂直グループ（層のスタック）が学習をどのように行うのかを示しました。その途中で、学習が実際には誤差を0に近づけるものであり、それをどのように行うのかについても説明しました。また、数学を使ってネットワークのそれぞれの重みを変更し、誤差を0に近づける方法を確認しました。

次に、ニューラルネットワークが入力データセットと出力データセットの間の相関をどのように探索するのか（場合によっては作成するのか）について説明しました。この最後の概念は、それまでの教訓を簡潔にまとめたものであるため、個々のニューロンの振る舞いに関する細かな教訓を素通りできるようになりました。ニューロン、勾配、層のスタックなどをまとめると、「ニューラルネットワークは相関の探索と作成を行う」という1つの考えに行き着きます。

ディープラーニングを学ぶにあたって重要となるのは、最初に学んだ小さな教訓ではなく、この相関の概念を頭に入れておくことです。そうしないと、ニューラルネットワークの複雑さにすぐに圧倒されてしまいます。本書では、この考え方を**相関の要約**と呼ぶことにします。

7.2　相関の要約

より高度なニューラルネットワークに向かって合理的に進むための鍵

相関の要約
ニューラルネットワークは、入力層と出力層の間の直接的および間接的な相関を特定しようとします。これらの相関はそれぞれ入力データセットと出力データセットによって決まります。

10,000 フィートの高さから見た場合、ニューラルネットワークが行うことはこれだけです。ニューラルネットワークが実際には層によって結合された一連の行列にすぎないことを踏まえ、もう少しズームインして、特定の重み行列が何を行うのかについて考えてみましょう。

局所的な相関の要約
どのような重みの集合も、その入力層を出力層に期待される値とどのように相関させるのかを学習するために最適化されます。

層が入力層と出力層の 2 つだけである場合、重み行列は出力層に期待される値を出力データセットから把握します。入力データセットと出力データセットは入力層および出力層として表されるため、これらのデータセットの相関を調べることになるからです。しかし、層が 3 つ以上になると、それだけでは済まなくなります。

大域的な相関の要約
1 つ前の層に期待される値は、その 1 つ後の層に期待される値にそれらの層の間の重みを掛けることによって特定できます。このようにして、後の層はどのようなシグナルが必要であるかを前の層に伝え、最終的に出力との相関を見つけ出すことができます。この横断的なやり取りを**誤差逆伝播法**または**バックプロパゲーション**と呼びます。

大域的な相関によって各層に期待される値が明らかになるとすれば、局所的な相関は重みを局所的に最適化できることになります。「もう少し大きな値になる必要がある」と考えた最終層のニューロンは、1 つ前の層の全ニューロンに「もう少し大きなシグナルを送信してくれ」と呼びかけます。そうすると、それらのニューロンが 1 つ前の層の全ニューロンに「もう少し大きなシグナルを送信してくれ」と呼びかけます。まるで大がかりな伝言ゲームです。このゲームを終えるときには、どのニューロンの値を大きくし、どのニューロンの値を小さくする必要があるのかをすべての層が知っています。そして、局所的な相関の要約があとを引き継ぎ、重みを適切に更新します。

7.3 必要以上に複雑だった可視化

頭の中のイメージを単純化しながら可視化も単純化する

この時点で、あなたの頭の中でニューラルネットワークが（本書で使用してきた）次の図のように可視化されているはずです。入力データセットは `layer_0` にあり、重み行列（一連の直線）によって `layer_1` に結合される、といった具合になります。この図は、重みと層の集まりが一体となってある関数を学習する仕組みを理解するのに役立ちました。

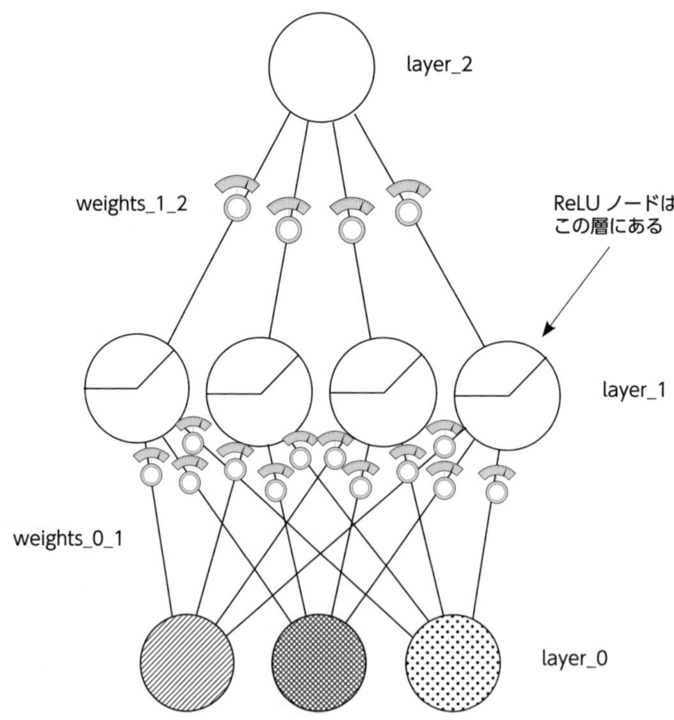

ですが、さらに先へ進むには、この図は細かすぎます。相関の要約がある以上、個々の重みが更新される仕組みを気にする必要はなくなっています。後の層は、前の層に対して「もっと

大きな信号が必要である」ことや「もっと小さな信号が必要である」ことをどのように伝えればよいかをすでに知っています。率直に言うと、あなたは重みの値を実際には気にしなくなり、それらが然るべく機能し、未知のデータに汎化できるような方法で相関を正しく表しているかどうかにのみ注意を向けるようになります。

この変化を反映させるために、ページ上で可視化してきたものを更新してみましょう。他にもいくつかのことを行いますが、それらの意味はもう少し後で明らかになります。すでに述べたように、ニューラルネットワークは一連の重み行列です。ニューラルネットワークを使用するときには、各層に対応するベクトルも作成することになります。

先の図では、重み行列はノード間の直線であり、ベクトルは横1列に並んだノードです。たとえば、weights_1_2は行列であり、weights_0_1も行列であり、layer_1はベクトルです。

この後の章では、これらのベクトルと行列を独創的な方法で組み合わせていきます。各ノードがそれぞれの重みによって結合されるという詳細にこだわるのはやめ（layer_1のノードの数が500になった場合はとても読めたものではなくなります）、大ざっぱに考えることにします。それらを任意の大きさのベクトルと行列として考えることにしましょう。

7.4　可視化を単純化する

ニューラルネットワークはレゴブロックのようなもので、各ブロックはベクトルまたは行列である

ここからは、レゴブロックで何かを組み立てるのと同じ要領で、新しいニューラルネットワークアーキテクチャを構築します。うまい具合に、相関の要約では、このアーキテクチャを構成している細々したもの（誤差逆伝播法、勾配降下法、アルファ、ドロップアウト、ミニバッチなど）はどれもレゴブロックの特定の構成に依存しません。一連の行列をどのように組み合わせ、層を使ってどのようにつなぎ合わせたとしても、ニューラルネットワークは入力層と出力層の間の重みを変更することで、データに含まれているパターンを学習しようとします。

このことを反映させるために、すべてのニューラルネットワークを次ページの図に示されている要素で構築することにします。細長いのはベクトル、四角いのは行列、丸いのは個々の重みです。四角形は横方向または縦方向の「ベクトルのベクトル」と見なすことができます。

ここがポイント
次ページの左図にはニューラルネットワークの構築に必要な情報がすべて含まれています。すべての層と行列の形状と大きさがわかります。相関の要約とそこに含まれていたものがすべてわかっていれば、以前の詳細は不要です。ですがそれで終わりではなく、さらに単純化の余地があります。

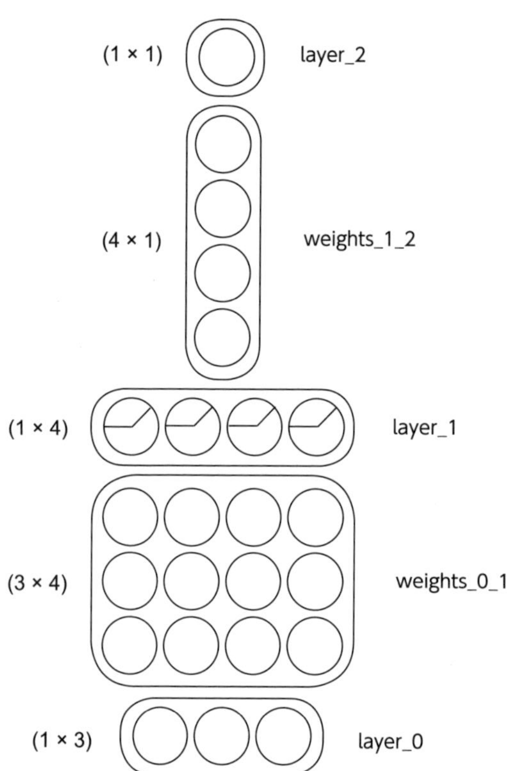

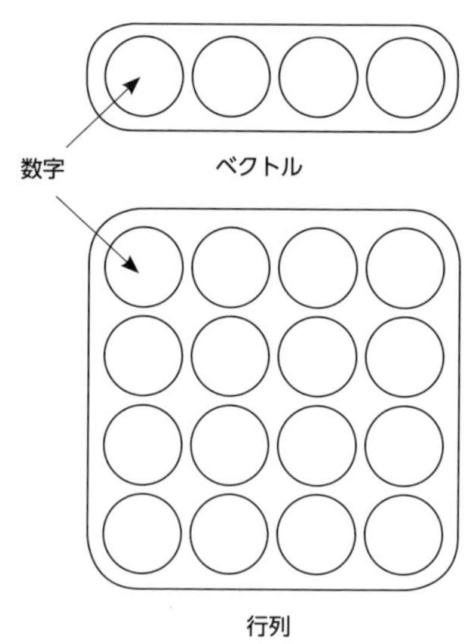

7.5 さらに単純化する

行列の次元は層によって決まる

前節で、あるパターンに気づいたでしょうか。各行列の次元（行と列の数）は、その前後の層の次元と直接関係しています。このため、可視化をさらに単純化できます。

右図の可視化について考えてみましょう。ニューラルネットワークの構築に必要な情報はまだすべて含まれています。`weights_0_1` が 3 × 4 行列であることは、1 つ前の層（`layer_0`）が 3 次元で、次の層（`layer_1`）が 4 次元であることから推測できます。つまり、`layer_0` の各ノードを `layer_1` の各ノードと結合する重みを 1 つ確保す

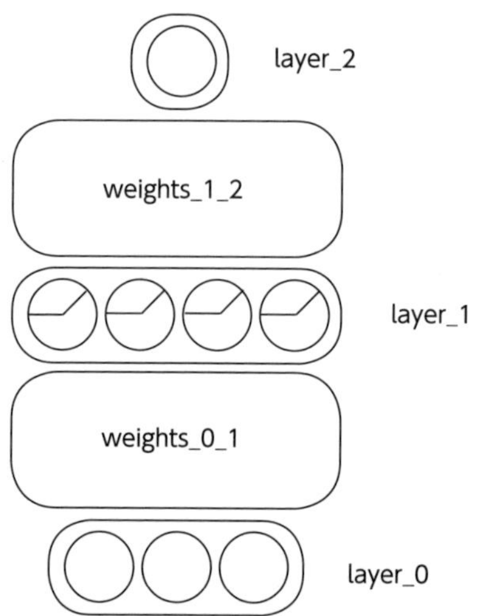

るのに十分な大きさの行列にするには、weights_0_1は3 × 4行列でなければなりません。

これにより、ニューラルネットワークを相関の要約に基づいて考え始めることができます。このニューラルネットワークが行うのは、重みを調整しながらlayer_0とlayer_2の間の相関を見つけ出すことだけです。この作業には、本書で説明してきたすべての手法を用いることになります。ただし、相関をうまく見つけ出せるかどうか（そしてどれだけすばやく見つけ出せるか）は、入力層と出力層の間の重みと層のさまざまな構成に大きく左右されます。

ニューラルネットワークの層と重みの具体的な構成は、ニューラルネットワークの**アーキテクチャ**と呼ばれます。そして本書の残りの部分では、さまざまなアーキテクチャの長所と短所を重点的に見ていきます。相関の要約から連想されるように、ニューラルネットワークは入力層と出力層の間で相関を見つけ出すために重みを調整します。場合によっては、隠れ層で相関を作り出すことさえあります。これらのアーキテクチャは**相関を発見しやすくするためにシグナルを伝播します。**

よいニューラルネットワークアーキテクチャは相関を発見しやすくするためにシグナルを伝播します。優れたアーキテクチャは過学習を抑制するためにノイズも取り除きます

ニューラルネットワークに関する研究では、新しいアーキテクチャを見つけ出すことも目標に含まれます。そうしたアーキテクチャは、相関をよりすばやく見つけ出し、未知のデータにうまく汎化できるものとなります。

7.6 このネットワークの予測値を確認する

信号機データセットのデータがシステムを流れる様子を図解する

次ページの図1では、信号機データセットのデータポイントが1つ選択されており、layer_0が正しい値に設定されています。

同じく図2では、layer_0の4つの加重和が計算されます。これら4つの加重和はweights_0_1によって求められます。念のために述べておくと、このプロセスは**ベクトルと行列の乗算**と呼ばれます。これら4つの値はlayer_1の4つの位置に配置され、relu関数（負の値を0にします）に渡されます。もっとはっきり言うと、layer_1の左から3つ目の値は負でしたが、relu関数によって0に設定されています。

図3は最後のステップであり、再びベクトルと行列の乗算を使ってlayer_1の加重平均を求めます。これによって算出された0.9がネットワークの最終予測となります。

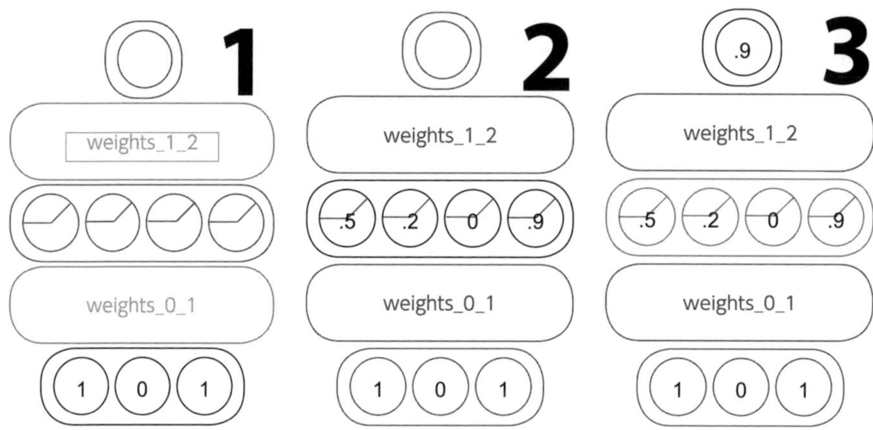

> **復習：ベクトルと行列の乗算**
> ベクトルと行列の乗算は、ベクトルの複数の**加重和**を求めます。行列の行はベクトルの値と同じ個数でなければならず、よって行列の列ごとに加重和が計算されます。したがって、行列に4つの列がある場合は、4つの加重和が生成されます。それぞれの和は行列の値に基づいて重み付け（加重）されます。

7.7　図の代わりに文字を使って可視化する

これらの図と詳細な説明はすべて実際には単純な代数である

行列とベクトルの図を単純化しましたが、文字形式でも同じような可視化が可能です。

数学を使って**行列**を可視化するにはどうすればよいでしょうか。大文字を1つ選んでください。筆者は重み（weight）を表す W など覚えやすいものを選ぶようにしています。小さい0は、おそらく W の1つであることを表しています。この場合、ネットワークには重み行列が2つあります。意外かもしれませんが、大文字であれば、どれを選んでもかまいません。下付き文字0は、W と名付けられたすべての重み行列からそれらを識別できるようにするための付加情報です。自分で行う可視化なので、自分が覚えやすいものにしてください。

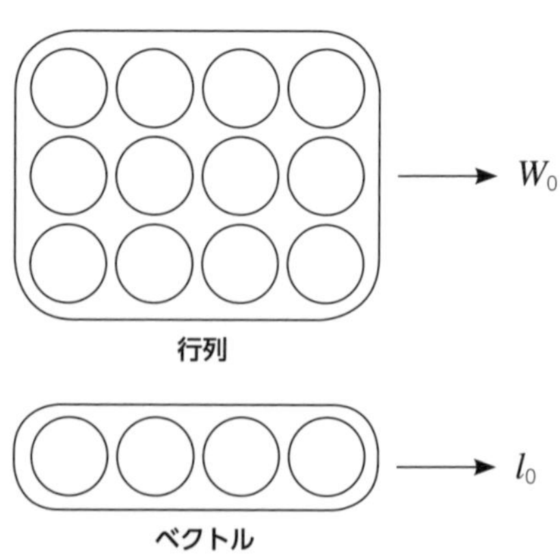

数学を使って**ベクトル**を可視化するにはどうすればよいでしょうか。小文字を 1 つ選んでください。筆者がなぜ小文字の l を選んだのかというと、層(layer) であるベクトルがたくさんあるので、l が覚えやすいと思ったのです。なぜ l に 0 を付けたのかというと、複数の層があるため、それらをすべて l にして番号を振るほうが、層ごとに新しい文字を割り当てるよりもよさそうだと思ったからです。ここでは、どのような答えも正解です。

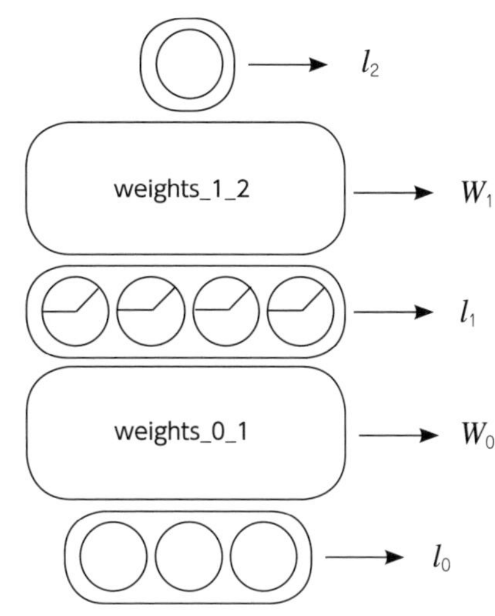

このようにして行列とベクトルを数学で可視化した場合、ニューラルネットワークの各要素はどうなるのでしょうか。右図では、ニューラルネットワークの各部分に適切な変数が割り当てられています。しかし、それらを定義するだけでは、それらの関係まではわかりません。ベクトルと行列の乗算を使ってこれらの変数を組み合わせてみましょう。

7.8　変数をリンクする

文字の組み合わせで関数と演算を示す

ベクトルと行列の乗算は単純です。2 つの文字を掛け合わせることを可視化するには、それらを隣り合わせに配置します。例を見てみましょう。

代数	意味
l_0W_0	層 0 のベクトルと重み行列 0 でベクトルと行列の乗算を行う
l_1W_1	層 1 のベクトルと重み行列 1 でベクトルと行列の乗算を行う

Python コードにそっくりな表記を用いて `relu` のような関数を差し込むこともできます。このようにすると非常に直観的です。

$l_1 = \mathrm{relu}(l_0 W_0)$	層１のベクトルを作成するために、層０のベクトルと重み行列０でベクトルと行列の乗算を行う。続いて、その出力でrelu関数を呼び出す（負数をすべて０にする）
$l_2 = l_1 W_1$	層２のベクトルを作成するために、層１のベクトルと重み行列１との間でベクトルと行列の乗算を行う

気がつけば、層２の代数に層１が入力変数として含まれています。つまり、それらを連結することで、**ニューラルネットワーク全体**を１つの式で表すことができます。このようにして、順伝播ステップのすべてのロジックをこの１つの数式にまとめることができます。なお、この数式では、ベクトルと行列の行の次元が等しいことが前提となります。

$$l_2 = \mathrm{relu}(l_0 W_0) W_1$$

7.9 ここまでのまとめ

可視化、代数式、Pythonコードを並べてみる

このページでは、説明はあまり必要ないでしょう。ここで、これら４つの視点からそれぞれの順伝播について考えてみましょう。１つの場所でさまざまな視点から順伝播を捉えることで、順伝播とそのアーキテクチャをしっかり理解してください。

```
layer_2 = relu(layer_0.dot(weights_0_1)).dot(weights_1_2)
```

$$l_2 = \mathrm{relu}(l_0 W_0) W_1$$

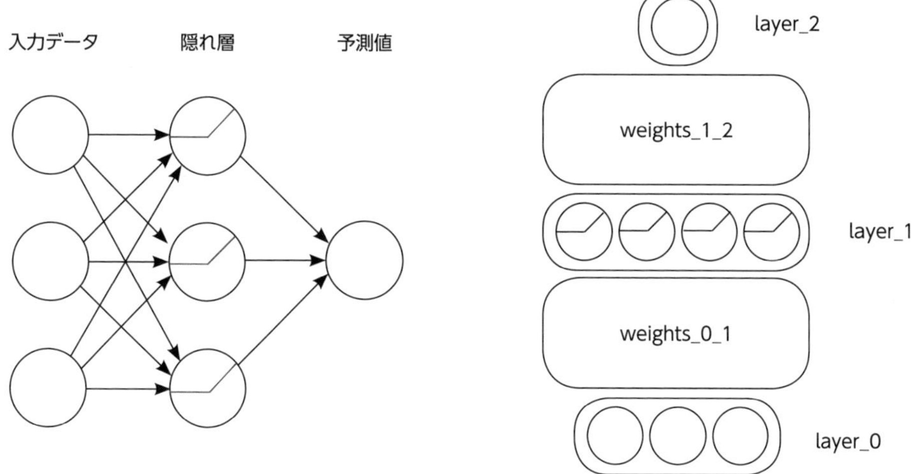

7.10　可視化ツールの重要性

新しいアーキテクチャを学習する

この後の章では、これらのベクトルと行列を独創的な方法で組み合わせていきます。それぞれのアーキテクチャをうまく説明できるかどうかは、それらを説明するための共通の言語があるかどうかにかかっています。このため、これらのベクトルと行列が順伝播によってどのように操作されるのか、そしてそれらが具体的にどのような形式で説明されるのかを明確に理解した上で次章に進んでください。

> **ここがポイント**
> よいニューラルネットワークアーキテクチャは相関を発見しやすくするためにシグナルを伝播します。優れたアーキテクチャは過学習を抑制するためにノイズも取り除きます。

先に述べたように、ニューラルネットワークアーキテクチャはシグナルがネットワークをどのように流れるかを制御します。これらのアーキテクチャをどのように作成するかによって、ネットワークが相関を検出する方法が変わります。となれば、重要な相関が存在する部分に注意を向けるネットワークの能力を最大化し、ノイズを含んでいる部分に注意を向ける能力を最小化するようなアーキテクチャを作成したくなるはずです。

しかし、データセットやドメインの特性はそれらの種類によって異なります。たとえば、画像データに含まれているシグナルやノイズは、テキストデータに含まれているものとは異なります。ニューラルネットワークはさまざまな状況で使用できますが、探索できる相関の種類はアーキテクチャによって異なるため、それらのアーキテクチャが適している問題の種類も異なります。そこで、次の数章では、目的の相関を見つけ出すためにニューラルネットワークをどのように書き換えればよいかについて見ていきます。

シグナルを学習し、ノイズを取り除く

正則化とバッチ 8

本章の内容

- 過学習
- ドロップアウト
- バッチ勾配降下法

> パラメータを4つ使えば象を表すことができる。
> 5つ使えばその鼻を動かすことさえできる。
>
> —ジョン・フォン・ノイマン、数学者、物理学者、
> コンピュータサイエンティスト、博学者

8.1 MNISTの3層ネットワーク

MNISTデータセットを新しいネットワークで分類する

先の数章では、ニューラルネットワークが相関をモデル化することを学びました。隠れ層(3層ネットワークの中間層)では、タスクを解決するのに役立つ中間の相関を(どこからともなく)作り出すことさえ可能です。ところで、ネットワークが適切な相関を作り出しているとどうしてわかるのでしょうか。

複数の入力を持つ確率的勾配降下法の説明では、1つの重みを凍結した上でネットワークの訓練を続けるという実験を行いました。この訓練では、黒い円が曲線の「底」に到達し、誤差

をできるだけ小さくするために重みが調整されることがわかりました。

重みを凍結しても、その重みは依然として曲線の底に到達しました。どういうわけか、凍結した重みの値が最適化されるように曲線のほうが動いたのです。さらに、重みの凍結を解除してさらに訓練を行っても、学習は行われません。なぜでしょうか。誤差がすでに0になっていたからです。このネットワークに関する限り、それ以上学習するものは何もありませんでした。

ここで、次のような疑問が浮かびます。現実に野球の試合の勝敗を予測するにあたって、凍結された重みに対する入力が重要だった場合はどうなるのでしょう。訓練データセットに含まれていた試合については正確に予測する方法をネットワークが学習したものの（誤差を最小化すればよいわけです）、どういうわけか重要な入力が抜け落ちていた場合はどうなるでしょうか。

残念ながら、この**過学習**という現象は、ニューラルネットワークで非常によく見られるものです。言ってみれば、ニューラルネットワークの宿敵のようなものです。そして、ニューラルネットワークの表現力が高ければ高いほど（つまり、層と重みの数が多いほど）、ニューラルネットワークが過学習に陥る傾向は高くなります。研究分野では終わりなき戦いが繰り広げられています —— より強力な層を必要とするタスクが絶えず登場する一方、ネットワークを過学習に陥らせないために多くの問題を解決しなければなりません。

本章では、**正則化**（regularization）の基礎を学ぶことにします。ニューラルネットワークの過学習に対抗する鍵を握っているのは正則化です。そこで、ReLU隠れ層を持つ3層ネットワークから始めることにします。このニューラルネットワークは、難題の1つであるMNISTの手書き数字の分類に対して最も高い表現力を持つネットワークです。

まず、このニューラルネットワークを次のように訓練してみましょう[※1※2]。

```
import sys, numpy as np
from keras.datasets import mnist

(x_train, y_train), (x_test, y_test) = mnist.load_data()
images, labels = (x_train[0:1000].reshape(1000, 28*28) / 255,
                  y_train[0:1000])
```

※1　［訳注］このコードの検証にはTensorFlow 1.15.0/Keras 2.2.4を使用した。KerasはTensorFlowのラッパーとして開発されたライブラリであり、現在はTensorFlowに統合され、TensorFlowから呼び出せるようになっている。2020年1月時点では、TensorFlow 2.0がリリースされており、TensorFlowに統合されたKeras（`tensorflow.keras`）を実装に用いる場面が増えている。その場合のコードは次のようになる（TensorFlow 2.0は、古いCPUではうまく動作しないことがある）。

```
from tensorflow.keras import datasets
mnist = datasets.mnist
(x_train, t_train), (x_test, t_test) = mnist.load_data()
```

※2　［訳注］原書のGitHubリポジトリでは、`relu`と`relu2deriv`の式が`x >= 0`になっているが、ここまでの章の内容に従って`x > 0`に修正している。

```
one_hot_labels = np.zeros((len(labels), 10))
for i,l in enumerate(labels):
    one_hot_labels[i][l] = 1
labels = one_hot_labels

test_images = x_test.reshape(len(x_test), 28*28) / 255
test_labels = np.zeros((len(y_test), 10))
for i,l in enumerate(y_test):
    test_labels[i][l] = 1

def relu(x):
    return (x > 0) * x

def relu2deriv(output):
    return output > 0

np.random.seed(1)
alpha, iterations, hidden_size = (0.005, 300, 40)
pixels_per_image, num_labels = (784, 10)

weights_0_1 = 0.2 * np.random.random((pixels_per_image, hidden_size)) - 0.1
weights_1_2 = 0.2 * np.random.random((hidden_size, num_labels)) - 0.1

for j in range(iterations):
    train_err, train_acc = (0.0, 0)
    for i in range(len(images)):
        layer_0 = images[i:i+1]
        layer_1 = relu(np.dot(layer_0, weights_0_1))
        layer_2 = np.dot(layer_1, weights_1_2)
        train_err += np.sum((labels[i:i+1] - layer_2) ** 2)
        train_acc += int(np.argmax(layer_2) == np.argmax(labels[i:i+1]))
        layer_2_delta = (labels[i:i+1] - layer_2)
        layer_1_delta = \
            layer_2_delta.dot(weights_1_2.T) * relu2deriv(layer_1)
        weights_1_2 += alpha * layer_1.T.dot(layer_2_delta)
        weights_0_1 += alpha * layer_0.T.dot(layer_1_delta)

    sys.stdout.write(
        "\r" + \
        " I:"+ str(j) + \
        " Train-Err:" + str(train_err/float(len(images)))[0:5] + \
        " Train-Acc:" + str(train_acc/float(len(images))))
```

重みをランダムに初期化することを思い出してください。`np.random.random`は0から1の間のランダムな数でランダムな行列を作成します。ここでは、0.2を掛けて0.1を引くことで、このランダムな範囲を-0.1から0.1に変更しています。

結果は次に示すものと同じになるはずです。このネットワークは訓練データを正解率が100% になるほど学習したようですが、これは喜ぶべきことでしょうか。

```
I:299 Train-Err:0.004 Train-Acc:0.999
```

8.2　そう難しいことではない

このニューラルネットワークは 1,000 個の画像をすべて正しく予測することを学習した

ある意味、これは完全な勝利です。このニューラルネットワークは 1,000 個の画像からなるデータセットを与えられ、入力画像をそれぞれ正しいラベルと相関させることを学習できたのですから。

ですが、これをどのようにしてなし遂げたのでしょうか。このニューラルネットワークは、画像を順番に処理しながら予測値を生成し、次回はもっとうまく予測できるようにそれぞれの重みを少しだけ更新しました。これを十分な時間をかけてすべての画像で行えば、最終的には、すべての画像を正しく分類できるようになるはずです。

ここでふと、まだ見たことのない画像ではどれくらいうまくいくのだろう、という疑問が浮かんだかもしれません。言い換えるなら、この 1,000 個の画像に含まれていない画像での予測性能はどれくらいなのでしょうか。MNIST データセットには、訓練に使用した 1,000 個の画像をはるかに超える数の画像が含まれているため、実際に試してみることにしましょう。

先のコードには、test_images と test_labels の 2 つの変数が含まれています。次のコードを実行すると、それらの画像に対してニューラルネットワークが実行され、それらの画像をどれくらいうまく分類するのかが評価されます。

```
if(j % 10 == 0 or j == iterations-1):
    test_err, test_acc = (0.0, 0)

    for i in range(len(test_images)):
        layer_0 = test_images[i:i+1]
        layer_1 = relu(np.dot(layer_0, weights_0_1))
        layer_2 = np.dot(layer_1, weights_1_2)
        test_err += np.sum((test_labels[i:i+1] - layer_2) ** 2)
        test_acc += int(np.argmax(layer_2) == np.argmax(test_labels[i:i+1]))

    sys.stdout.write(
        " Test-Err:" + str(test_err/float(len(test_images)))[0:5] + \
```

```
        " Test-Acc:" + str(test_acc/float(len(test_images))))
```

結果は次のようになります。

```
Test-Err:0.351 Test-Acc:0.8316
```

正解率は83.16%でした。訓練データでは正解率が100%になるほど学習したのに、なぜ新しい画像データではこのような結果になるのでしょう。

この83.16%という数字は**テスト正解率**と呼ばれるもので、ネットワークの訓練に使用されていないデータでのネットワークの正解率を表します。この数字は、このニューラルネットワークを実際に（未知の画像だけを与えて）使用しようとしたときの性能をシミュレートする重要な数字です。肝心なのは、このスコアです。

8.3　記憶と汎化

1,000個の画像を記憶するのはすべての画像に対して汎化するよりも簡単

ニューラルネットワークが学習する仕組みについてもう一度考えてみましょう。学習では、各行列の重みをそれぞれ調整することで、ネットワークが**特定の入力**に対して**特定の予測**をうまく行えるようにします。「ネットワークを1,000個の画像で訓練し、それらを100%の正解率で予測することを学習するなら、そもそも他の画像でうまくいくのだろうか」という質問に切り替えたほうがよさそうです。

予想していたかもしれませんが、完全に訓練されたニューラルネットワークを新しい画像に適用するとしたら、うまくいくことが保証されているのは、その画像が**訓練データに含まれている画像とほぼ同じ**である場合だけです。なぜでしょうか。そのニューラルネットワークが学習したのは、**かなり具体的な入力設定**でのみ、入力データを出力データに変換することだからです。もし見慣れないデータを渡されたとしたら、ニューラルネットワークはランダムに予測することになります。

となると、ニューラルネットワークは無意味なものになってしまいます。訓練に使用されたデータでしかうまくいかないニューラルネットワークなんて、何の意味があるのでしょう。それらのデータポイントに対する正しい分類はすでにわかっています。ニューラルネットワークが意味を持つのは、まだ答えがわからないデータでうまくいく場合だけです。

結論から言うと、この問題に対処する方法があります。次に示すのは、ニューラルネットワークの**訓練時**の訓練正解率とテスト正解率です（イテレーションはそれぞれ10回です）。何かに気づいたでしょうか。よりよいニューラルネットワークへの手がかりが見つかるはずです。

```
I:0 Train-Err:0.729 Train-Acc:0.527 Test-Err:0.593 Test-Acc:0.6493
I:10 Train-Err:0.198 Train-Acc:0.94 Test-Err:0.321 Test-Acc:0.8559
I:20 Train-Err:0.126 Train-Acc:0.972 Test-Err:0.293 Test-Acc:0.8638
I:30 Train-Err:0.091 Train-Acc:0.991 Test-Err:0.291 Test-Acc:0.8614
I:40 Train-Err:0.071 Train-Acc:0.994 Test-Err:0.295 Test-Acc:0.86
I:50 Train-Err:0.057 Train-Acc:0.995 Test-Err:0.299 Test-Acc:0.8584
I:60 Train-Err:0.047 Train-Acc:0.997 Test-Err:0.304 Test-Acc:0.8571
I:70 Train-Err:0.040 Train-Acc:0.998 Test-Err:0.307 Test-Acc:0.8555
I:80 Train-Err:0.034 Train-Acc:0.998 Test-Err:0.311 Test-Acc:0.8524
I:90 Train-Err:0.030 Train-Acc:0.998 Test-Err:0.314 Test-Acc:0.8513
I:100 Train-Err:0.026 Train-Acc:0.998 Test-Err:0.318 Test-Acc:0.8505
...
I:260 Train-Err:0.005 Train-Acc:0.999 Test-Err:0.347 Test-Acc:0.8342
I:270 Train-Err:0.005 Train-Acc:0.999 Test-Err:0.348 Test-Acc:0.8332
I:280 Train-Err:0.005 Train-Acc:0.999 Test-Err:0.349 Test-Acc:0.8326
I:290 Train-Err:0.004 Train-Acc:0.999 Test-Err:0.350 Test-Acc:0.832
I:299 Train-Err:0.004 Train-Acc:0.999 Test-Err:0.351 Test-Acc:0.8316
```

8.4 ニューラルネットワークの過学習

ニューラルネットワークは訓練しすぎると逆効果

どういうわけか、テスト正解率は最初の30回のイテレーションまでは向上していきますが、その後は訓練すればするほど低下していきました（その間も訓練正解率は向上していました）。これはニューラルネットワークではよくあることです。たとえを使ってこの現象を説明することにしましょう。

あなたは食事に使うフォークの鋳型を作製していますが、この鋳型を他のフォークの作製に使うのではなく、特定の台所用具がフォークかどうかを確認するために使いたいとしましょう。この鋳型にうまく合う物体はフォークであり、合わない物体はフォークではないと結論付けることになります。

この鋳型を作製するために、湿った粘土と、歯が3本のフォーク、スプーン、ナイフが入った大きなバケツを用意します。次に、フォークを1本ずつ鋳型の同じ場所に押し付けて型を取ります。そうすると、形が崩れたフォークのような輪郭になります。すべてのフォークを粘土に押し付ける作業を何百回と繰り返します。そして粘土を乾かすと、スプーンやナイフはどれ1つもこの鋳型に合わないものの、すべてのフォークがすっぽり収まることがわかります。上出来です。フォークの形にだけ合う鋳型はこれで完成です。

しかし、歯が4本のフォークを渡されたらどうなるでしょうか。鋳型を見ると、3本の歯の輪郭が粘土にくっきりと残っています。歯が４本のフォークはこの型に収まりません。フォークであることに変わりはないのに、どうしてだめなのでしょうか。

その粘土で歯が４本のフォークの型を取っていなかったからです。型を取ったのは歯が３本のフォークだけでした。つまり、この粘土は形状に対する「訓練」が行われた（歯が３本の）フォークだけを認識するように**過学習**してしまったのです。

これはまさに、このニューラルネットワークで先ほど起きたのと同じ現象であり、両者は思った以上に類似しているかもしれません。ニューラルネットワークの重みについては、高次元の形状として考えることができます。この形状は、訓練時にデータの型を取り、パターンを区別することを学習します。残念ながら、テストデータセットに含まれている画像は、訓練データセットに含まれているパターンと少しだけ異なっていました。このニューラルネットワークがテストサンプルの多くを正しく分類できなかったのはそのためです。

ニューラルネットワークの過学習の正式な定義は、「**真のシグナル**だけに基づいて判断を下すのではなく、データセット内の**ノイズ**を学習しているニューラルネットワーク」となります。

8.5　過学習の原因

ニューラルネットワークはなぜ過学習に陥るか

先のシナリオを少し変えてみましょう。型を取っていない真新しい粘土を思い浮かべてください。この粘土にフォークを１本だけ押し付けたらどうなるでしょうか。粘土がかなり分厚いとしたら、（何度もフォークを押し付けられた）先の型ほど細部がくっきりと残りません。このため、「フォークのかなり大まかな型」になるだけでしょう。型はまだ不鮮明なので、歯が３本のフォークとも４本のフォークとも適合するかもしれません。

この情報を前提とすると、フォークをさらに押し付けるたびに、型を取るのに使った訓練データセットのより詳細な情報を学習することになります。テストデータセットでの結果が悪かったのはそのためです。訓練データセットで繰り返し出現したものとほんの少ししか違わない画像までネットワークが拒否するようになったのです。

テストデータとの互換性がない、この画像内の**詳細な情報**とは何でしょうか。フォークのたとえで言うと、それはフォークの歯の数です。画像では、一般に**ノイズ**（noise）と呼ばれます。現実には、少し意味合いが異なります。次ページに示す２つのイヌの画像を見てください。

「イヌ」の本質を捉えているもの以外 ―― つまり、それぞれの画像に固有のものはすべて**ノイズ**ということになります。左の写真では、クッションと背景はどちらもノイズです。右の図では、イヌの黒く塗りつぶされた部分もノイズです。実際には、それがイヌであることを伝えているのは縁であり、中央の黒い部分は何も伝えません。左の写真では、イヌの真ん中の部分に毛で覆われたテクスチャとイヌの色があり、それがイヌであることを分類器が正しく特定する手がかりになる可能性があります。

ニューラルネットワークを**シグナル**（イヌの本質）だけで訓練し、ノイズ（分類とは無関係なその他のもの）を無視するにはどうすればよいでしょうか。1 つの方法は**早期終了**（early stopping）です。結論から言うと、ノイズの多くは画像の細部に現れ、（物体の）シグナルのほとんどは画像の全体的な形状とおそらく色に現れます。

8.6　最も単純な正則化：早期終了

悪くなり始めたらニューラルネットワークの訓練を終了する

ニューラルネットワークに細かい部分を無視させ、データに現れている一般的な情報（イヌのシルエットや MNIST の手書き数字の大まかな形状など）だけを捕捉させるにはどうすればよいでしょうか。ネットワークにあまり長く学習させないようにするのです。

フォークの鋳型の例では、歯が 3 本のフォークの型を完全に取るために、何本ものフォークを粘土に押し付けます。最初のうちは、フォークの輪郭をうっすらと捉えるだけです。ニューラルネットワークにも同じことが言えます。結果として、**早期終了**は最も安上がりな正則化であり、いざというときに大きな効果を発揮することがあります。

というわけで、本章のテーマである**正則化**に移りましょう。正則化は、モデルに訓練データをただ記憶させるのではなく、モデルを新しい訓練データに**汎化**させる手法の 1 つです。正則化は、ニューラルネットワークがシグナルを学習し、ノイズを無視するのに役立ちます。もしそうなら、こうした特性を備えたニューラルネットワークを作成するために活用できます。

正則化
正則化は、モデルが訓練データの詳細を学習するのを難しくすることで、学習済みのモデルにおいて汎化性能を向上させるために使用される手法の 1 つです。

次の問題は、いつ終了すればよいかをどのようにして知るかです。そのための現実的な方法は、訓練データセットに含まれていないデータでモデルを実行する以外にありません。一般に、これには**検証データセット**（validation dataset）と呼ばれる２つ目のテストデータセットを使用します。終了のタイミングを知るためにテストデータセットを使用すると、状況によっては、**テストデータセットに対して過学習に陥る**ことも考えられます。原則として、訓練の制御にはテストデータセットを使用せず、代わりに検証データセットを使用します。

8.7 業界標準の正則化：ドロップアウト

訓練時にニューロンをランダムに無効化する

この正則化手法は名前のとおりに単純です。訓練時にネットワーク内のニューロンをランダムに無効化します（そして通常は、逆伝播の際に同じノードのデルタを０に設定しますが、厳密にはその必要はありません）。このようにすると、ニューラルネットワークの訓練が、ニューラルネットワークの**ランダムな部分**だけで行われるようになります。

この正則化手法は、大多数のネットワークにおいて最先端の望ましい正則化手法と受け止められています。単純でコストもそれほどかかからない手法ですが、直観的に理解するには、その仕組みは少し複雑です。

ドロップアウトの仕組み
かなり単純に言うと、ドロップアウトはニューラルネットワークを小さな部分ごとにランダムに訓練することで、大きなネットワークを複数の小さなネットワークのように動作させます。そして小さなネットワークは過学習しません。

結論から言うと、ニューラルネットワークは小さければ小さいほど過学習に陥りにくくなります。なぜでしょうか。小さなニューラルネットワークにはそれほど表現力がなく、過学習の原因になりがちな詳細（ノイズ）を拾えないからです。小さなネットワークのキャパシティでは、大きくて明白な、おおよその特徴を捉えるので精一杯です。

この**キャパシティ**の概念を心に留めておくことが非常に重要となります。粘土のたとえを覚えているでしょうか。粘土が 1.5 センチほどの粘土質の石でできていたとしましょう。この粘土でフォークをうまくかたどることができるでしょうか。当然ながら無理でしょう。それらの石は重みのようなもので、データのまわりに配置され、目的のパターンを捕捉します。大きな石がほんのいくつかあるだけだとしたら、微細な部分を捉えることはできません。それぞれの石にフォークの大きな部分が押し付けられ、形状を**平均化**することになります（細かい筋目や角は無視されます)。

今度は、粘土が非常に細かな砂でできているとしましょう。その粘土は無数の小石でできており、フォークの細かな部分にもぴったりとはまります。これにより、大きなニューラルネットワークに表現力が与えられ、しばしばデータセットに対する過学習を引き起こします。

大きなニューラルネットワークの表現力と、小さなニューラルネットワークの過学習への抵抗力を手に入れるにはどうすればよいのでしょう。大きなニューラルネットワークのノードをランダムに無効化すればよいのです。大きなニューラルネットワークのほんの一部しか使用しないとどうなるでしょうか。小さなニューラルネットワークと同じような振る舞いになります。ところが、数百万もあるかもしれないサブネットワークでこれをランダムに行うと、ネットワーク全体としてはその表現力を保ったままとなります。うまくできていますね。

8.8 ドロップアウトは擬似的なアンサンブル学習※3

ドロップアウトは一連のニューラルネットワークを訓練し、それらを平均化する

次のことを頭に入れておいてください —— ニューラルネットワークは常にランダムに始まります。このことがなぜ重要なのでしょうか。ニューラルネットワークは試行錯誤で学習するため、突き詰めれば、ニューラルネットワークごとに学習方法が少し異なることになります。学習の効果は同じかもしれませんが、まったく同じニューラルネットワークは2つとありません(偶然または意図的にまったく同じ状態で始まる場合は除きます)。

2つのニューラルネットワークが過学習する場合、まったく同じように過学習するネットワークは2つとありません。過学習が発生するのは、すべての訓練サンプルを完全に分類できるようになるまでの間に限られます。誤差が0になった時点で、ネットワークは(イテレーションの途中であっても)学習を打ち切ります。しかし、それぞれのネットワークはランダムな予測から始まり、予測性能を向上させるために重みを調整していくため、それぞれの誤分類は必然的に異なり、結果として重みの更新も異なります。このことは次の基本的な概念につながります。

> 正則化されていない大きなニューラルネットワークはノイズを過学習する可能性がありますが、「同じ」ノイズを過学習することはまずありません。

※3 [訳注] アンサンブル学習とは、実際に小さなネットワークをいくつか作成し、それらをメタネットワークとして組み合わせることで集合知を得る手法である。このようにすると、ネットワークを個別に使用する場合よりも高い汎化性能が得られる。

なぜ同じノイズを過学習しないのでしょうか。ニューラルネットワークはそれぞれランダムに始まり、訓練データセットのすべての画像を分類するのに十分なノイズを学習した時点で、訓練を打ち切るからです。MNIST ネットワークは、出力ラベルとたまたま相関しているランダムなピクセルをほんのいくつか見つけただけで過学習に陥ります。ですが、このことは(おそらく)さらに重要な概念と対照をなしています。

ニューラルネットワークはランダムに生成されますが、ノイズについて多くのことを学習するのは、最も大きく、最も広い範囲におよぶ特徴量を学習した後です。

ここでのポイントは、100 個の(どれもランダムに初期化された)ニューラルネットワークを訓練するとしたら、それぞれ異なるノイズを拾うものの、どれも同じような広範な**シグナル**を拾う傾向にあることです。したがって、ニューラルネットワークが誤分類するとしたら、それぞれの誤分類はたいてい異なっています。それらのネットワークに平等に投票させると、それらのノイズが相殺され、すべてのネットワークが共通して学習したもの —— つまり、**シグナル**だけが明らかになる傾向にあります。

8.9 ドロップアウトのコード

ドロップアウトを実際に使用する方法

MNIST 分類モデルの隠れ層にドロップアウトを追加して、訓練時にノードの 50% が(ランダムに)無効になるようにしてみましょう。コードの変更がたった 3 行で済むことに驚くかもしれません。先のニューラルネットワークのロジックにドロップアウトマスクを追加すると、次のようになります。

```
i = 0
layer_0 = images[i:i+1]
layer_1 = relu(np.dot(layer_0, weights_0_1))
dropout_mask = np.random.randint(2, size=layer_1.shape)
layer_1 *= dropout_mask * 2
layer_2 = np.dot(layer_1, weights_1_2)

train_err += np.sum((labels[i:i+1] - layer_2) ** 2)
train_acc += int(np.argmax(layer_2) == np.argmax(labels[i+i+1]))

layer_2_delta = (labels[i:i+1] - layer_2)
```

```
layer_1_delta = layer_2_delta.dot(weights_1_2.T) * relu2deriv(layer_1)
layer_1_delta *= dropout_mask

weights_1_2 += alpha * layer_1.T.dot(layer_2_delta)
weights_0_1 += alpha * layer_0.T.dot(layer_1_delta)
```

1つの層（この場合はlayer_1）でドロップアウトを実装するために、layer_1の値に1と0からなるランダム行列を掛けます。このようにすると、layer_1の（ランダムに）0に設定されたノードが無効になります。dropout_maskは50%の**ベルヌーイ分布**（Bernoulli distribution）を使用しています。つまり、dropout_maskの各値は50%の割合で1になり、50%の割合で0になります。

これに続いてlayer_1に2を掛けるのは少し奇妙に思えるかもしれません。なぜそうするのでしょうか。layer_2がlayer_1の加重和を求めることを思い出してください。加重されるとはいえ、layer_1の値の**総和**であることに変わりありません。layer_1のノードの半分を無効にすると、その総和も半分になります。このため、layer_2のlayer_1に対する感度は高くなります。ラジオのボリュームが低すぎるときに、よく聞こえるようにラジオのほうに身を乗り出すようなものです。ただし、テスト時はドロップアウトを使用せず、通常のボリュームに戻します。これにより、layer_2はlayer_1に耳を傾けなくなります。そこで、layer_1に「1÷有効なノードの割合」を掛けることで、この問題に対処する必要があります。「1÷有効なノードの割合＝1÷0.5」、つまり2です。このようにすると、ドロップアウトを適用しても、layer_1のボリュームは訓練時でもテスト時でも同じになります。

```
import sys, numpy as np
from keras.datasets import mnist
...
def relu(x):
    return (x > 0) * x

def relu2deriv(output):
    return output > 0

np.random.seed(1)
alpha, iterations, hidden_size = (0.005, 300, 40)
pixels_per_image, num_labels = (784, 10)
weights_0_1 = 0.2 * np.random.random((pixels_per_image, hidden_size)) - 0.1
weights_1_2 = 0.2 * np.random.random((hidden_size, num_labels)) - 0.1

for j in range(iterations):
    train_err, train_acc = (0.0, 0)
    for i in range(len(images)):
        layer_0 = images[i:i+1]
```

```
        layer_1 = relu(np.dot(layer_0, weights_0_1))
        dropout_mask = np.random.randint(2, size=layer_1.shape)
        layer_1 *= dropout_mask * 2
        layer_2 = np.dot(layer_1, weights_1_2)
        train_err += np.sum((labels[i:i+1] - layer_2) ** 2)
        train_acc += int(np.argmax(layer_2) == np.argmax(labels[i:i+1]))
        layer_2_delta = (labels[i:i+1] - layer_2)
        layer_1_delta = \
            layer_2_delta.dot(weights_1_2.T) * relu2deriv(layer_1)
        layer_1_delta *= dropout_mask
        weights_1_2 += alpha * layer_1.T.dot(layer_2_delta)
        weights_0_1 += alpha * layer_0.T.dot(layer_1_delta)

    if(j % 10 == 0 or j == iterations-1):
        test_err, test_acc = (0.0, 0)
        for i in range(len(test_images)):
            layer_0 = test_images[i:i+1]
            layer_1 = relu(np.dot(layer_0, weights_0_1))
            layer_2 = np.dot(layer_1, weights_1_2)
            test_err += np.sum((test_labels[i:i+1] - layer_2) ** 2)
            test_acc += \
                int(np.argmax(layer_2) == np.argmax(test_labels[i:i+1]))

        sys.stdout.write(
            "\r I:" + str(j) + \
            " Train-Err:" + str(train_err/float(len(images)))[0:5] + \
            " Train-Acc:" + str(train_acc/float(len(images))) \
            " Test-Err:" + str(test_err/float(len(test_images)))[0:5] + \
            " Test-Acc:" + str(test_acc/float(len(test_images))))
        print()
```

8.10 MNISTでのドロップアウトを評価する

ドロップアウトを行わないニューラルネットワークのテスト正解率は、86.38%に達した後、訓練終了時には83.16%に下落しました。ドロップアウトを追加したニューラルネットワークの結果は次のようになります。

```
I:0 Train-Err:0.895 Train-Acc:0.279 Test-Err:0.728 Test-Acc:0.5118
I:10 Train-Err:0.489 Train-Acc:0.72 Test-Err:0.436 Test-Acc:0.7854
I:20 Train-Err:0.409 Train-Acc:0.769 Test-Err:0.364 Test-Acc:0.8296
I:30 Train-Err:0.384 Train-Acc:0.795 Test-Err:0.347 Test-Acc:0.8371
I:40 Train-Err:0.364 Train-Acc:0.822 Test-Err:0.335 Test-Acc:0.8481
I:50 Train-Err:0.340 Train-Acc:0.855 Test-Err:0.320 Test-Acc:0.8486
```

```
I:60 Train-Err:0.335 Train-Acc:0.839 Test-Err:0.341 Test-Acc:0.8502
I:70 Train-Err:0.318 Train-Acc:0.854 Test-Err:0.326 Test-Acc:0.8561
I:80 Train-Err:0.299 Train-Acc:0.873 Test-Err:0.322 Test-Acc:0.8529
I:90 Train-Err:0.297 Train-Acc:0.865 Test-Err:0.317 Test-Acc:0.8526
I:100 Train-Err:0.306 Train-Acc:0.87 Test-Err:0.330 Test-Acc:0.853
...
I:260 Train-Err:0.270 Train-Acc:0.881 Test-Err:0.322 Test-Acc:0.8509
I:270 Train-Err:0.269 Train-Acc:0.881 Test-Err:0.328 Test-Acc:0.8531
I:280 Train-Err:0.275 Train-Acc:0.895 Test-Err:0.337 Test-Acc:0.8516
I:290 Train-Err:0.258 Train-Acc:0.894 Test-Err:0.331 Test-Acc:0.846
```

どうやら過学習が抑えられたようで、訓練終了時のテスト正解率は84.6%になっています。以前はすぐに100%に向かい、その状態を保っていた訓練正解率も、ドロップアウトによって落ち着いたペースになっています。

これはドロップアウトの本当の姿、つまりノイズを表しているはずです。ノイズは訓練データでのネットワークの訓練を妨げます。足に重りを付けてマラソンをするようなものです。訓練の難易度は上がりますが、大きな大会で重りを外せば、困難な訓練を重ねてきた成果を発揮できるはずです。

8.11　バッチ勾配降下法

訓練のペースと収束率を高める手法

第6章で言及したミニバッチ勾配降下法を本章の内容に当てはめてみたいと思います。ニューラルネットワークの訓練ではごく当たり前のこととされているため、ここでは詳しく説明しません。ミニバッチ勾配降下法は単純な概念であり、最先端のニューラルネットワークであってもそれ以上高度なものにはなりません。

ここまでは、一度に1つの訓練サンプルで訓練を行い、そのつど重みを更新していました。ここでは、一度に100個の訓練サンプルで訓練を行い、100回の重みの更新に対する平均を求めることにします。訓練時とテスト時の出力は次のようになります。訓練ロジックのコードは後ほど示します。

```
I:0 Train-Err:1.002 Train-Acc:0.244 Test-Err:0.767 Test-Acc:0.4852
I:10 Train-Err:0.493 Train-Acc:0.695 Test-Err:0.440 Test-Acc:0.7782
I:20 Train-Err:0.412 Train-Acc:0.771 Test-Err:0.363 Test-Acc:0.827
I:30 Train-Err:0.396 Train-Acc:0.79 Test-Err:0.348 Test-Acc:0.8383
I:40 Train-Err:0.369 Train-Acc:0.816 Test-Err:0.342 Test-Acc:0.8396
I:50 Train-Err:0.356 Train-Acc:0.821 Test-Err:0.339 Test-Acc:0.8421
I:60 Train-Err:0.344 Train-Acc:0.822 Test-Err:0.346 Test-Acc:0.8451
```

```
I:70 Train-Err:0.334 Train-Acc:0.826 Test-Err:0.337 Test-Acc:0.8502
I:80 Train-Err:0.313 Train-Acc:0.856 Test-Err:0.339 Test-Acc:0.8414
I:90 Train-Err:0.318 Train-Acc:0.873 Test-Err:0.328 Test-Acc:0.8425
I:100 Train-Err:0.319 Train-Acc:0.862 Test-Err:0.326 Test-Acc:0.8505
...
I:260 Train-Err:0.264 Train-Acc:0.889 Test-Err:0.328 Test-Acc:0.8387
I:270 Train-Err:0.272 Train-Acc:0.882 Test-Err:0.341 Test-Acc:0.8428
I:280 Train-Err:0.273 Train-Acc:0.887 Test-Err:0.329 Test-Acc:0.8449
I:290 Train-Err:0.266 Train-Acc:0.886 Test-Err:0.342 Test-Acc:0.8372
```

訓練正解率の遷移が以前よりもなめらかになっています。訓練時の重みの更新に対する平均を求めると、決まってこのような状態になります。結論から言うと、個々の訓練サンプルがもたらす重みの更新は非常に多くのノイズを含んだものとなります。このため、それらを平均化すると、学習プロセスがよりなめらかになります。

```
...
np.random.seed(1)
alpha, iterations, hidden_size = (0.005, 300, 40)
pixels_per_image, num_labels = (784, 10)
batch_size = 100

weights_0_1 = 0.2 * np.random.random((pixels_per_image, hidden_size)) - 0.1
weights_1_2 = 0.2 * np.random.random((hidden_size, num_labels)) - 0.1

for j in range(iterations):
    train_err, train_acc = (0.0, 0)
    for i in range(int(len(images) / batch_size)):
        batch_start, batch_end = ((i * batch_size), ((i+1) * batch_size))

        layer_0 = images[batch_start:batch_end]
        layer_1 = relu(np.dot(layer_0, weights_0_1))
        dropout_mask = np.random.randint(2, size=layer_1.shape)
        layer_1 *= dropout_mask * 2
        layer_2 = np.dot(layer_1, weights_1_2)
        train_err += np.sum((labels[batch_start:batch_end] - layer_2) ** 2)

        for k in range(batch_size):
            train_acc += int(np.argmax(layer_2[k:k+1]) == \
                np.argmax(labels[batch_start+k:batch_start+k+1]))

        layer_2_delta = (labels[batch_start:batch_end] - layer_2)
        layer_1_delta = \
            layer_2_delta.dot(weights_1_2.T) * relu2deriv(layer_1)
        layer_1_delta *= dropout_mask
        weights_1_2 += alpha * layer_1.T.dot(layer_2_delta)
```

```
        weights_0_1 += alpha * layer_0.T.dot(layer_1_delta)

    if(j%10 == 0):
        test_err, test_acc = (0.0, 0)
        for i in range(len(test_images)):
            layer_0 = test_images[i:i+1]
            layer_1 = relu(np.dot(layer_0, weights_0_1))
            layer_2 = np.dot(layer_1, weights_1_2)
    ...
```

このコードを実行して最初に気づくのは、実行速度が大幅に向上していることです。これは各np.dot関数が100個のベクトルの内積を同時に計算するようになったためです。CPUアーキテクチャでは、このような内積のバッチ計算がはるかに高速に実行されます。

また、alphaの値は、ある興味深い理由により、これまでよりも大きくすることができます(0.001など)。かなり不安定な方位磁石を使ってある都市を探そうとしていたとしましょう。方位磁石で進行方向を確認した後、3キロほど走った場合は、針路から大きく外れることになるでしょう。しかし、方位磁石で進行方向を100回確認し、それらの平均値を求めた上で3キロほど走った場合は、だいたい正しい方向に向かうはずです。

この例では、ノイズだらけのシグナルを平均化するため(100個の訓練サンプルに対する重みの変化の平均)、より大きな歩幅で進むことができます。バッチの大きさはだいたい8～256になります。一般に、研究者はうまくいくように思えるバッチサイズとalphaのペアが見つかるまで、ランダムな数字を試していきます。

8.12 まとめ

本章では、ほぼすべてのニューラルネットワークアーキテクチャの正解率と訓練速度を向上させるために最も広く利用されている手法を2つ取り上げました。この後の章では、ほぼすべてのニューラルネットワークに適用できるツールの中から、データに含まれている特定のパターンをモデル化するのに適した特別なアーキテクチャを見ていきます。

確率と非線形性のモデル化
活性化関数 9

本章の内容

- 活性化関数とは何か
- 標準的な隠れ層の活性化関数：シグモイド関数、双曲線正接関数
- 標準的な出力層の活性化関数：ソフトマックス関数
- 活性化関数を組み込む手順

“ 2に2を足すと4になることは知っているし、それを証明できることも何よりだが、何らかの過程によって2に2を足すと5にできるとしたら、それは私にとってははるかに大きな喜びである。”

—ジョージ・ゴードン・バイロン、
1818年11月10日付のアナベラ・ミルバンクへの手紙より

9.1 活性化関数とは何か

予測時に層内のニューロンに適用される関数

活性化関数（activation function）とは、予測時に層内のニューロンに適用される関数のことです。すでにreluという活性化関数を使用してきたので、すっかりおなじみでしょう（次の図は、3層ニューラルネットワークでの活性化関数を示しています）。relu関数には、すべての負数を0に変換する効果がありました。

言ってしまえば、活性化関数とは、ある数を受け取って別の数を返すことができる関数のことです。しかし、世の中には関数が無数に存在しており、それらすべてが活性化関数として有効というわけではありません。

関数を活性化関数として使用するには、その関数がいくつかの制約を満たしていなければなりません。後ほど説明するように、これらの制約を満たしていない関数を使用するのは、通常はよい考えではありません。

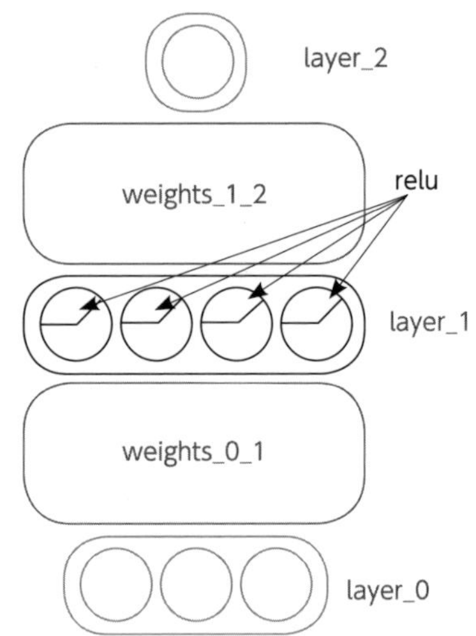

制約1：関数は定義域において連続的かつ無限でなければならない

れっきとした活性化関数であるための1つ目の制約は、すべての入力に出力がなければならないことです。つまり、出力を持たない数はどのような理由があろうと配置できないようにすべきです。

少しわざとらしい感じもしますが、次の左図の関数（4本の線）がすべてのx値に対してy値を持つわけではないことがわかるでしょうか。この関数は4つのスポットでのみ定義されています。これはひどい活性化関数になるでしょう。これに対し、右図の関数は定義域において連続しており、無限です。どの入力（x）についても出力（y）を求めることができます。

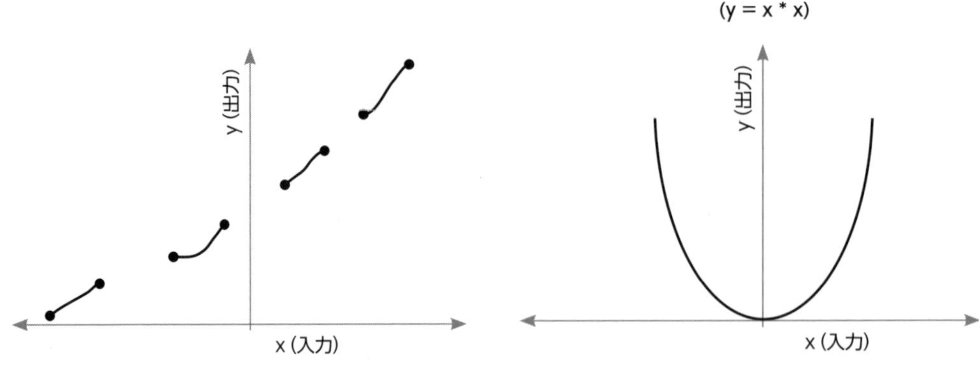

制約 2：よい活性化関数は単調で、決して向きを変えない

2 つ目の制約は、関数が 1 対 1 であることです。関数は決して向きを変えてはなりません。つまり、常に増加するか、常に減少するのかのどちらかです。

例として次の 2 つの関数を見てみましょう。これらの形状は、「x を入力値として与えると、関数は y のどの値を表すか」という質問への答えです。左図の関数（y = x * x）は常に増加または減少していないので、理想的な活性化関数ではありません。

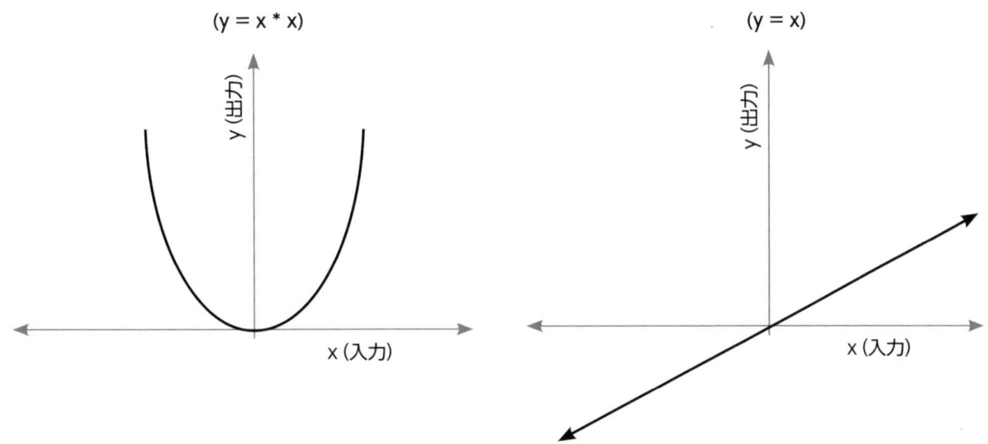

どうしてそう言えるのでしょうか。左図では、x の 2 つの値に対して y の値が 1 つしかない状況がいくつもあることがわかります（このことは 0 以外のすべての値に当てはまります）。これに対し、右図の関数は常に増加しており、x の 2 つの値に対して y の値が同じになるポイントはまったく存在しません。

この制約は、厳密には要件ではありません。欠損している値がある（非連続的な）関数とは異なり、単調ではない関数は最適化が可能です。しかし、複数の入力値を同じ出力値にマッピングすることの意味について考えてみましょう。

ニューラルネットワークの学習では、特定の出力をもたらす正しい重みの設定を探索します。この問題は、正しい答えが複数ある場合はかなり難しいものになる可能性があります。同じ出力を得る方法が複数あるとしたら、そのネットワークには最適な設定の候補が複数存在することになるからです。

楽天的な人は、「それはよかった。複数の場所で見つかるなら、正しい答えが見つかる可能性が高くなる」と言うかもしれません。一方で、悲観的な人は、「それはひどい。どちらの方向に進んでも理論的には前進できるということは、誤差を減らすための正しい方向はないってことだ」と言うでしょう。

残念ながら、より重要なのは悲観的な意見のほうです。このテーマに関する先進的な研究については、凸最適化と非凸最適化を調べてみてください。多くの大学（およびオンライン講座）には、こうした種類の問題をテーマとする講座があります。

制約３：よい活性化関数は非線形である（曲がりくねっているか、傾きを変える）

３つ目の制約については、第６章の内容を思い出す必要があります。**条件付き相関**を覚えているでしょうか。この相関を作成するには、ニューロンを入力ニューロンと選択的に相関させ、１つの入力からニューロンへの極端な負のシグナルにより（relu の場合はニューロンを強制的に０にすることで）任意の入力との相関の度合いを減らせるようにする必要がありました。

結論から言うと、この現象は**曲線を描く関数**によって実現されます。これに対し、直線で表される関数は、渡された加重平均をスケーリングします。何かをスケーリングしても（2 などの定数を掛けても）、ニューロンとそのさまざまな入力との相関に影響がおよぶことはありません。集団的な相関の表現が強まるか弱まるかだけです。しかし、活性化では、ニューロンと他の重みとの相関の度合いに１つの重みの影響がおよばなくなります。本当に必要なのは、**選択的な**相関です。活性化関数を持つニューロンが与えられたときに、シグナルを渡すことで、ニューロンと他のすべての入力シグナルとの相関の度合いを調整できるようにしたいのです。後ほど説明するように程度の差はあるものの、すべての曲線でこれが実現されます。

したがって、左図の関数が線形関数と見なされるのに対し、右図の関数は非線形関数と見なされ、通常は活性化関数として適しています（後ほど説明するように、例外もあります）。

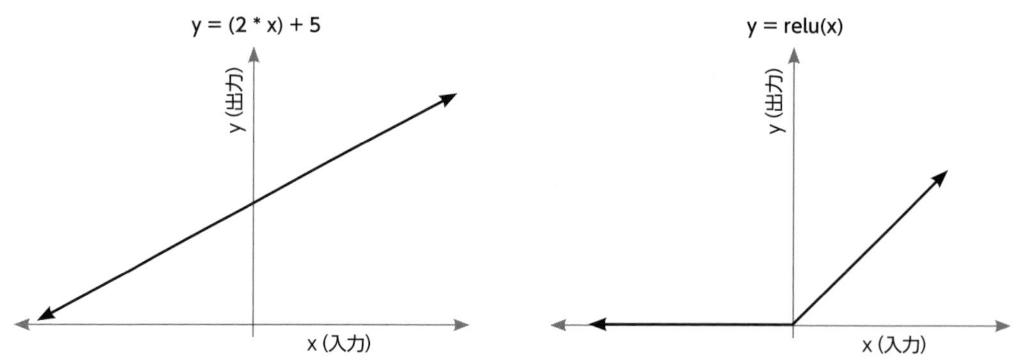

制約４：よい活性化関数（とそれらの導関数）は効率的に計算できなければならない

この制約は非常に単純です。この関数は何度も（場合によっては数十億回も）呼び出されることになるため、計算に時間がかかるのはよくありません。最近では、表現力を犠牲にして計算の容易さで人気を集めている活性化関数がいろいろあります（relu はそのよい例です）。

9.2 標準的な隠れ層の活性化関数

無数とも言える関数のうち最もよく使用されているのはどれか

こうした制約をよそに、活性化関数として使用できる関数が無数(無限?)にあることは明らかです。ここ数年で最先端の活性化関数に大きな進展が見られました。しかし、活性化のニーズの大部分については活性化関数が比較的少ない状態が続いており、ほとんどの場合、それらに対する改善もごく限られたものとなっています。

シグモイド関数は最も基本的な活性化関数

シグモイド(sigmoid)は、膨大な量の入力を0から1の出力に難なく詰め込むすばらしい関数です。このため、多くの状況では、個々のニューロンの出力を確率として解釈できるようになります。この活性化関数は隠れ層と出力層の両方で使用されます。

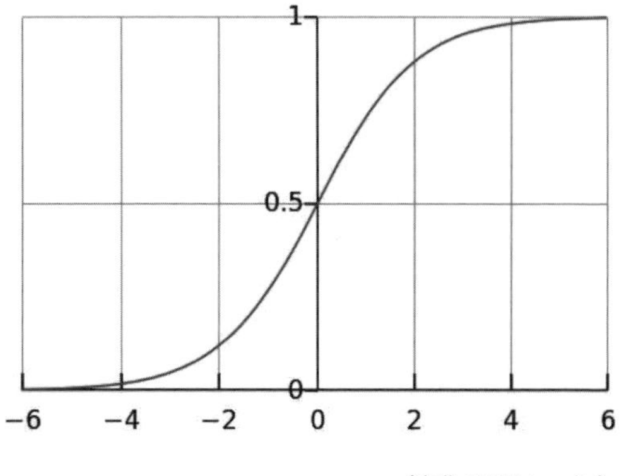

(出典:Wikipedia)

隠れ層にはシグモイド関数よりも双曲線正接関数が適している

双曲線正接関数(tanh)には、次のような利点があります。選択的な相関のモデル化を思い出してください。シグモイド関数は正の相関をさまざまな度合いで与えます。双曲線正接関数もシグモイド関数と同じですが、その範囲が-1から1になります。

つまり、**負の相関**も投入できるわけです。出力層では(予測しているデータの範囲が-1から1でない限り)あまり役に立ちませんが、こうした負の相関は隠れ層で大きく役立ちます。隠れ層でのさまざまな問題に対し、双曲線正接関数はシグモイド関数を上回る働きをします。

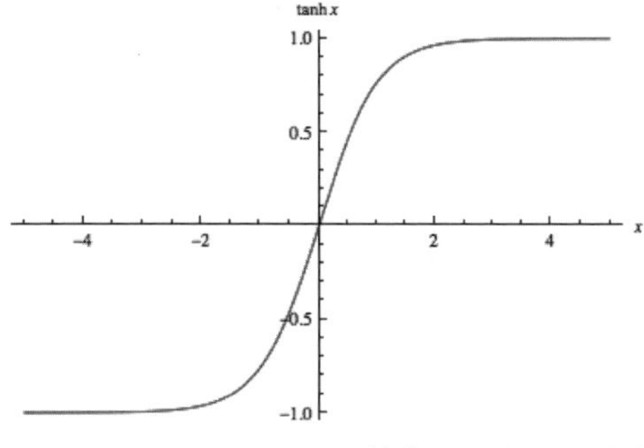

(出典:Wolfram Alpha)

9.3 標準的な出力層の活性化関数

何を予測しようとしているかによって最適な関数は異なる

実際には、隠れ層に最適な活性化関数は、出力層に最適な活性化関数とはまったく異なる可能性があります。分類に関してはなおさらです。出力層は大きく次の3種類に分かれます。

設定1：生のデータ値を予測する（活性化関数を使用しない）

おそらく最も単純明快ですが、最も珍しい出力層でしょう。たとえば、ある数値行列を別の数値行列に変換するためにニューラルネットワークを訓練するとしましょう。この場合、出力の範囲（最小値と最大値の差）は確率以外の何かです。例としては、コロラド州の平均気温をまわりの州の平均気温に基づいて予測することが考えられます。

ここでの主な焦点は、出力層の活性化関数（非線形関数）が正しい答えを予測できるようにすることです。この場合、すべての予測値を強制的に0～1にするシグモイド関数や双曲線正接関数は適していません（単に0～1ではなく気温を予測したいのです）。この予測を行うためにニューラルネットワークを訓練するとしたら、おそらく出力層で活性化関数を使用せずに訓練を行うことになるでしょう。

設定2：無関係の「はい」と「いいえ」の確率を予測する（シグモイド関数）

1つのニューラルネットワークで複数の2項確率を求めたいことがよくあります。5.6節では、入力データに基づいて、チームが勝つかどうか、負傷者が出るかどうか、そしてチームのムード（喜んでいるか、悲しんでいるか）を予測しました。

余談ですが、ニューラルネットワークに隠れ層がある場合は、複数の何かを同時に予測することが有利に働くかもしれません。多くの場合、ネットワークは1つのラベルを予測するときに、他のラベルの1つにとって有益な何かを学習します。たとえば、チームが試合に勝つかどうかをネットワークがうまく予測できるようになれば、チームのムードを予測するのに同じ隠れ層が大きく役立つ可能性があります。しかし、この付加的なシグナルがない状態では、チームのムードをなかなか予測できないかもしれません。この点については問題によってかなり差があるようですが、覚えておくとよいでしょう。

こうした状況では、シグモイド関数を使用するのが最善です。シグモイド関数は個々の確率を出力ノードごとにモデル化するからです。

設定 3：「1 つを選択する」確率を予測する（ソフトマックス関数）

ニューラルネットワークのユースケースとして最も一般的なのは、多数のラベルの中から 1 つを予測することです。たとえば、MNIST の手書き数字の分類では、画像にどの数字が含まれているのかを予測することを目指します。画像に含まれている数字が 1 つだけであることは事前にわかっています。このネットワークの訓練にシグモイド関数を使用すれば、出力層の確率が最も高いものが最も有力な数字であると宣言できます。これはそれなりにうまくいくでしょう。しかし、それよりもずっと効果的なのは、「あるラベルである可能性が高く、他のラベルである可能性が低い」という考え方をモデル化する活性化関数を使用することです。

このことが望ましいのはなぜでしょうか。重みの更新がどのように行われるのかについて考えてみましょう。MNIST の手書き数字の分類で画像を「9」と予測しなければならないとします。また、最後の層に渡される（活性化関数が適用される前の）加重和が次のとおりであるとします。

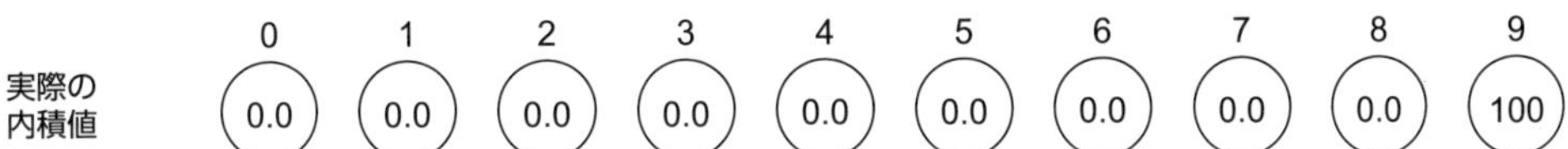

このネットワークの最後の層に対する入力は、9 以外のすべてのノードで 0 を予測し、9 で 100 を予測しています。これは完璧な予測と言ってよいでしょう。これらの数値をシグモイド関数に渡したらどうなるでしょうか。

奇妙なことに、ネットワークの確信度は下がっているようです。9 が最も見込みが高いことに変わりはないのですが、他の数字のいずれかである可能性も 50% あると考えているようです。いったいどうしたのでしょう。これに対し、ソフトマックス関数による入力データの解釈はまったく異なっています。

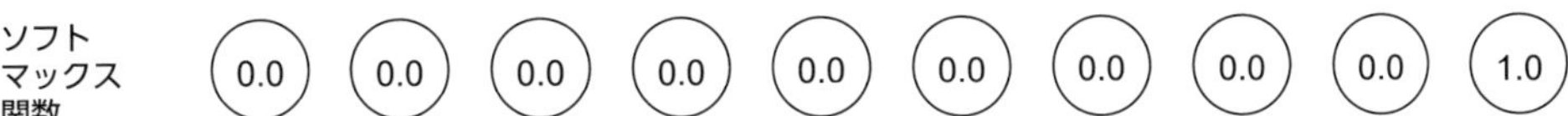

いいですね。9 が最も高いだけでなく、ネットワークは他の数字の可能性を疑ってもいません。このことはシグモイド関数の理論上の欠陥のように見えるかもしれませんが、逆伝播の際

に深刻な結果をもたらすことがあります。シグモイド関数の出力で平均二乗誤差（MSE）を計算する方法について考えてみましょう。理論的には、このネットワークの予測はほぼ完ぺきであり、それほど大きな誤差を逆伝播しないはずですが、シグモイド関数ではそうはいきません。

シグモイド関数のMSE	.25	.25	.25	.25	.25	.25	.25	.25	.25	.00

これらの誤差を見てください。これらの重みにより、ネットワークの予測が完璧であったとしても重みが大きく更新されることになります。なぜでしょうか。シグモイド関数の誤差を0にするには、目的値（真の出力）に対して最も大きい正の数を予測するだけでなく、それ以外のすべての場所で0を予測する必要があるからです。ソフトマックス関数が「この入力に最も適合する数字はどれだと思うか」と尋ねる場面で、シグモイド関数は「それは数字の9に違いないし、MNISTの他の数字との共通点は何もない」と言うのです。

9.4　重要な問題点：入力の類似性

さまざまな数字に共通の特徴があることをネットワークにわからせる

MNISTの数字は何もかも異なっているわけではなく、共通するピクセル値があります。平均的な2には、平均的な3との共通点がかなりあります。

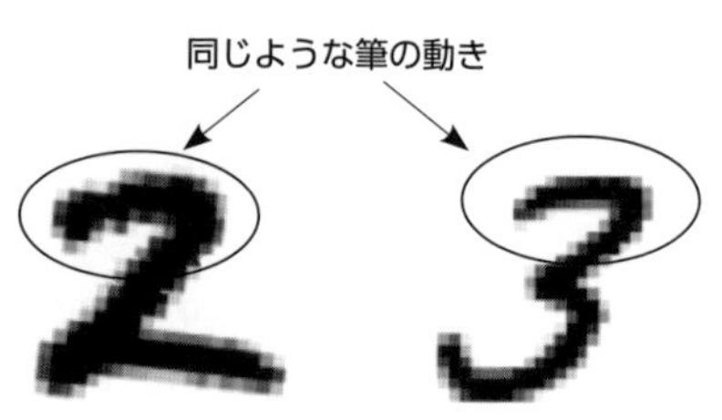

このことがなぜ重要なのでしょうか。原則として、似たような入力は似たような出力を生成します。何らかの数字を受け取り、それらに行列を掛けるとしましょう。最初の部分の数字がよく似ている場合、最後の部分の数字もよく似たものになります。

この図に示されている2と3について考えてみましょう。2を順伝播したところ、間違って3のラベルにわずかな確率が割り当てられたとします。ネットワークがこれを重大なミスと見なして重みを大きく更新した場合はどうなるでしょうか。2に固有の特徴量ではないものに基づいて2を認識したかどで、ネットワークにペナルティが科されるでしょう。たとえば、上部の曲線を2の一部と認識したために、ネットワークが罰せられるのです。なぜでしょうか。2と3では、画像の上部に同じような曲線があります。シグモイド関数を使って訓練した場合、この入力に基づいて2を予測しようとすると、3と同じ入力を期待することになるため、ネットワークにペナルティが科されるでしょう。したがって、3が与えられた場合は、2のラベルにも（画像の一部が似ているため）多少の確率が割り当てられることになります。

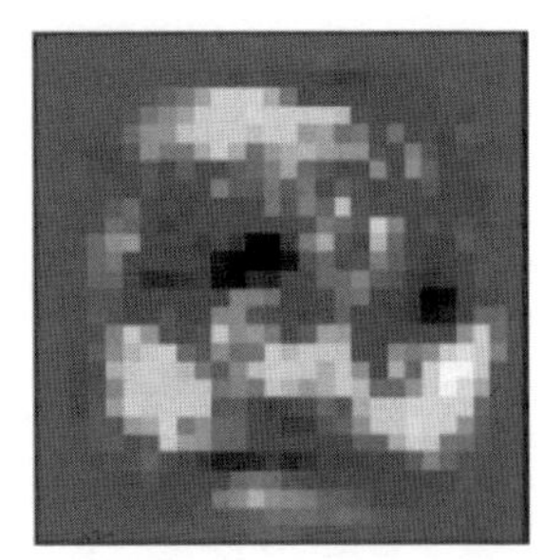

これにはどのような副作用があるのでしょうか。ほとんどの画像は真ん中のピクセルの多くが共通しているため、ネットワークは端のほうに注意を向けようとします。右図に示されている2を検出するノードについて考えてみましょう。

画像の真ん中が濁っているのがわかるでしょうか。最も大きな重みは、画像の端に向かう2の終点です。これらの重みはそれぞれ最も頼りになる2の指標ですが、総合的に見て最もよいネットワークは、全体の形状をあるがままに受け止めるネットワークです。こうした個々の指標は、3が中心から少しずれていたり傾いていたりすると、誤って参照されることがあります。このネットワークが学習しなければならないのは1でも3でも4でもなく2であるため、2の本質を学習していない、ということになります。

そこで必要となるのが、似たようなラベルにペナルティを科さない出力層の活性化関数です。代わりに、入力の判断材料となり得るすべての情報に注意を払わせる必要があります。また、ソフトマックス関数の確率の総和が常に1になるのもよい点です。個々の予測については、その予測が特定のラベルである全体的な確率として解釈できます。理論と実践の両方で、ソフトマックス関数のほうが効果的です。

9.5　ソフトマックス関数の計算

ソフトマックス関数は各入力値を幾何級数的に引き上げ、層の総和で割る

先のニューラルネットワークの架空の出力値に対するソフトマックス関数の計算を見てみましょう。次に、ソフトマックス関数に対する入力を再掲します。

	0	1	2	3	4	5	6	7	8	9
実際の内積値	0.0	0.0	0.0	0.0	0.0	0.0	0.0	0.0	0.0	100

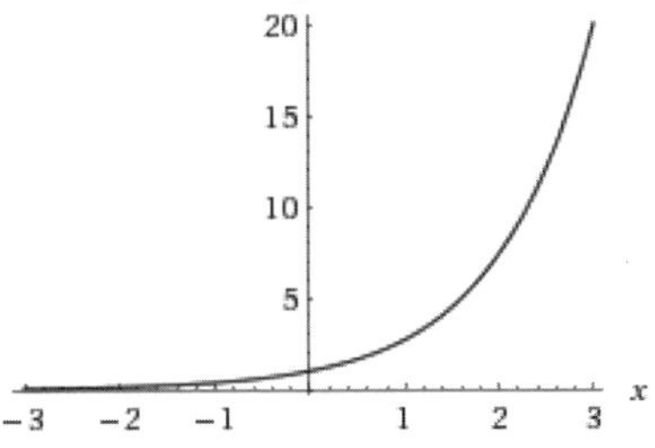

層全体のソフトマックス関数を計算するには、まず、各値を幾何級数的に引き上げます。それぞれの値xに対し、eのx乗を計算します（e = 2.71828...）。右図はe^xの値を示しています。

予測値がそれぞれ正の数に変換され、負の数が非常に小さな正の数に変換され、大きな数が非常に大きな数に変換されることに注目してください（幾何級数的

な上昇とは、この関数またはそれによく似たもののことです)。

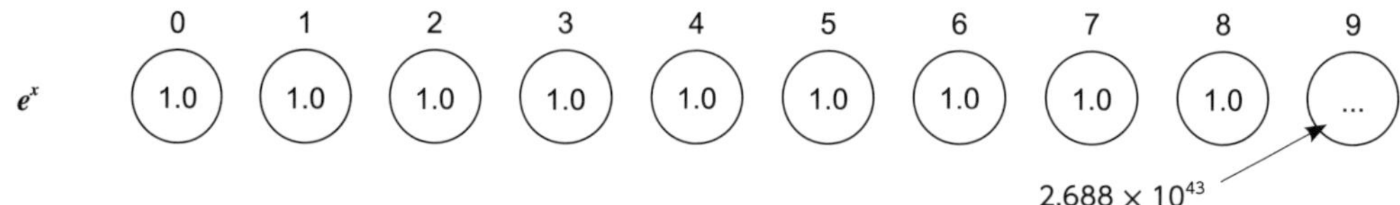

要するに、0はすべて1になり(1はe^xのy切片であるため)、100は巨大な数になります(2とそれに続く43個の0)。負の数が存在する場合は、0から1の間の数になります。次のステップは、層の全ノードの総和を求め、層のそれぞれの値をその総和で割ることです。これにより、実質的に9のラベル以外の値がすべて0になります。

ソフトマックス関数には、ネットワークがある値の予測値を大きくすればするほど、それ以外の値の予測値を小さくするという特徴があります。それにより、いわゆる「減衰の急峻性」が高くなり、ネットワークが1つの出力を非常に高い確率で予測するのを助長します。

これをどれくらい積極的に行うかを調整するには、累乗にeよりも少しだけ大きいまたは小さい数を使用します。小さい数は減衰を弱め、大きい数は減衰を強めます。ただし、ほとんどの場合はeをそのまま使用します。

9.6　活性化関数を組み込む

活性化関数を層に追加するにはどうするか

2つの活性化関数を取り上げ、ニューラルネットワークの隠れ層と出力層でのそれらの効用について説明したところで、ニューラルネットワークに活性化関数を組み込む方法について見ていきましょう。活性化関数(非線形関数)の使い方は最初のディープニューラルネットワークですでに見ています。その際には、relu活性化関数を隠れ層に追加しました。この順伝播への追加は比較的簡単で、layer_1の内容を(活性化関数を使用せずに)受け取り、各値にrelu関数を適用しました。

```
layer_0 = images[i:i+1]
layer_1 = relu(np.dot(layer_0, weights_0_1))
layer_2 = np.dot(layer_1, weights_1_2)
```

ここで、**層に対する入力**が、活性化関数を適用する前の値である点に注意してください。この場合、layer_1 に対する入力は np.dot(layer_0, weights_0_1) です。1 つ前の層である layer_0 と間違えないようにしてください。

順伝播では、活性化関数を層に追加するのは比較的簡単です。しかし、逆伝播では、方法が少し異なります。

第 6 章では、layer_1_delta 変数を作成するために興味深い演算を行いました。relu 関数によって layer_1 の値が 0 に変換されるときには、delta にも 0 を掛けました。そのときの根拠は、「layer_1 の値が 0 の場合は出力層の予測値にまったく影響を与えないので、重みの更新にも影響を与えないはず —— つまり、誤差に寄与していない」というものでした。ただし、実際の特性はここまで極端なものではありません。relu 関数の形状について考えてみましょう。

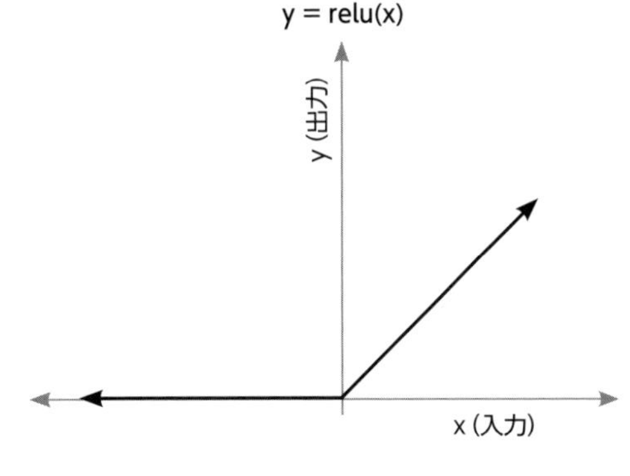

正の数に対する relu 関数の傾きは 1、負の数に対する傾きは 0 です。この関数に対する入力を（ほんの少しだけ）変更すると、正の予測では 1 対 1、負の予測では 0 対 1（無）で対応することになります。この傾きは、relu 関数の出力が入力の変化に応じてどれくらい変化するのかを表しています。

この時点での delta の目的は、「次回は入力をどれくらい大きくまたは小さくすればよいか」を前の層に教えることにあります。この delta は非常に有益で、このノードが誤差に寄与したかどうかを考慮に入れるために、次の層から逆伝播された delta を変更します。

したがって、逆伝播の際には、layer_1_delta を生成するために、layer_2 から逆伝播された delta（layer_2_delta.dot(weights_1_2.T)）に順伝播で予測されたポイントでの relu の傾きを掛けます。delta によっては、傾きが 1（正の数）の場合と 0（負の数）の場合があります。

```
def relu(x):
    return (x > 0) * x

def relu2deriv(output):
    return output > 0

layer_1 = relu(np.dot(layer_0, weights_0_1))
layer_2 = np.dot(layer_1, weights_1_2))
```

```
layer_2_delta = (labels[i:i+1] - layer_2)
layer_1_delta = layer_2_delta.dot(weights_1_2.T) * relu2deriv(layer_1)

weights_1_2 += alpha * layer_1.T.dot(layer_2_delta)
weights_0_1 += alpha * layer_0.T.dot(layer_1_delta)
```

relu2derivは特別な関数であり、relu関数の出力を受け取り、そのポイントでのrelu関数の傾きを計算することができます（出力ベクトルのすべての値でこの計算を行います）。となると、次のような疑問が浮かびます。relu以外のすべての非線形関数で同じような調整を行うにはどうすればよいでしょうか。reluとsigmoidを比較してみましょう。

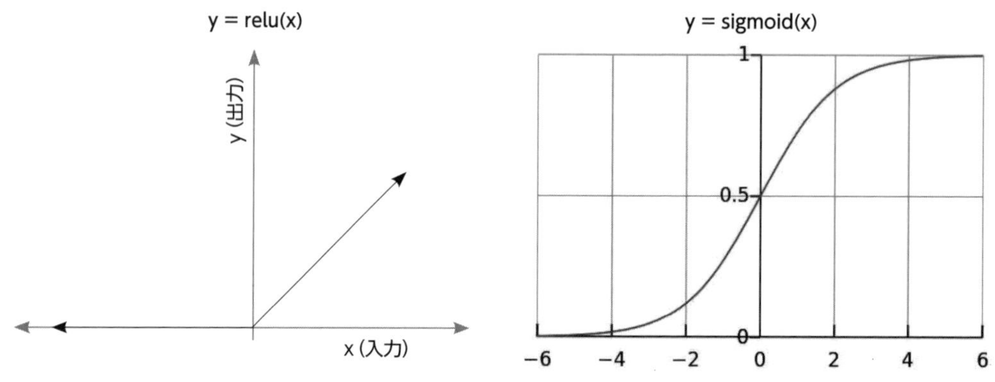

これらの図において重要なのは、入力のわずかな変化が出力にどれくらい影響を与えるのかが傾きによって示されることです。このノードの前の重みの更新に何らかの効果があるかどうかを考慮に入れるには、（次の層から渡される）deltaを変更する必要があります。重みを調整して誤差を減らすことが最終的な目的であることを思い出してください。このステップでは、重みを調整しても影響がほとんどあるいはまったくない場合は、重みを更新せずに放っておきます。傾きを掛けるのはそのためです。sigmoidでは、何ら違いはありません。

9.7 デルタに傾きを掛ける

layer_delta を求めるために、逆伝播された delta に層の傾きを掛ける

layer_1_delta[0] は、(特定の訓練サンプルで) ネットワークの誤差を小さくするために、layer_1 の隠れ層の最初のノードをどれくらい高く／低く設定すべきかを表します。活性化関数を適用しない場合は、layer_2 の加重平均デルタになります。

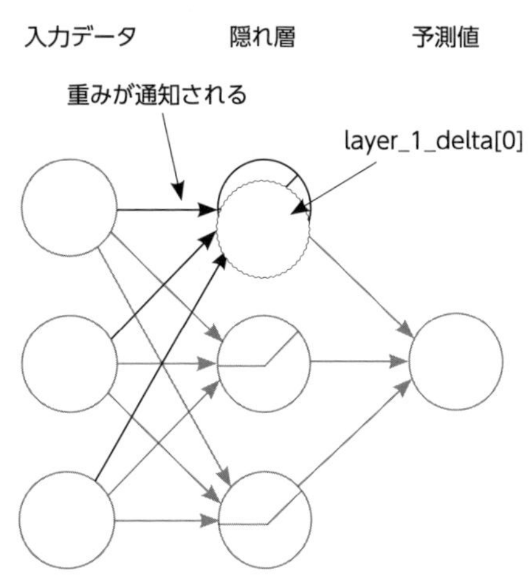

しかし、ニューロンのデルタの最終的な目的は、重みを動かすべきかどうかを伝えることにあります。重みを動かしても何の効果もない場合は、(まとめて) そのままにしておくべきです。オンかオフのどちらかである relu では、このことは明白です。sigmoid はおそらく少し意味合いが異なります。

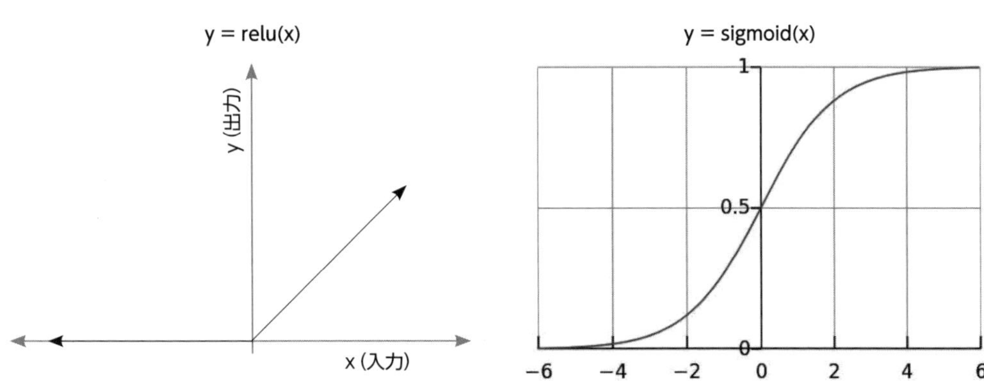

1 つの sigmoid ニューロンについて考えてみましょう。入力の変化に対する sigmoid の感度は、入力がどちらの方向からでも 0 に近づくに従って高くなっていきます。しかし、入力が大きな正または負である場合、傾きはほぼ 0 になります。このため、入力が非常に大きな正または負になるとしたら、この訓練サンプルでは、重みのわずかな変化はニューロンの誤差にほとんど寄与しません。もっと大まかに言うと、隠れ層の多くのノードは「2」の正確な予測とは無関係です (おそらくそれらのノードは「8」の予測にのみ使用されます)。別の状況での有用

性を損なうおそれがあるため、それらの重みにはあまり手を出さないようにしてください。

逆に、このことは**粘性**（stickiness）の概念にもつながります。重みが（同じような訓練サンプルで）１つの方向で繰り返し更新されている場合は、必ずと言ってよいほど高い値か低い値が予測されます。こうした非線形性により、訓練サンプルでたまに間違いがあったとしても、繰り返し強化されてきた知能は破壊されにくくなります。

9.8　出力を傾きに変換する

主要な活性化関数はその出力を傾きに変換できる（効率に勝るものなし）

層に活性化関数を追加すると、その層のデルタの計算方法が変わることがわかりました。そこで、この計算がいかに効率よく行われるのかについて見ていきましょう。適用された活性化関数の導関数を計算する新たな演算が必要です。

ほとんどの活性化関数（よく知られているすべての非線形関数）で用いられている導関数の計算方法は、微積分をよく知っている人にとって意外なものかもしれません。主要な活性化関数には、通常どおりに曲線上の特定のポイントで導関数を計算するのではなく、（順伝播の）層の**出力**を使って導関数を計算する方法があります。ニューラルネットワークでは、導関数をこのようにして計算するのが常識となっており、その方法はとても便利です。

次の表は、ここまで見てきた関数とその導関数をまとめたものです。`input` は NumPy ベクトル（層への入力）であり、`output` はその層の予測値です。`deriv` は各ノードの活性化関数の導関数に対応する活性化導関数のベクトルの導関数です。`truth` は真の値のベクトルです（一般に、正しいラベルの位置には１、それ以外の位置には０が設定されています）。

関数	順伝播	逆伝播のデルタ
relu	`ones_and_zeros = (input > 0)`	`mask = output > 0`
	`output = input * ones_and_zeros`	`deriv = output * mask`
sigmoid	`output = 1/(1 + np.exp(-input))`	`deriv = output * (1-output)`
tanh	`output = np.tanh(input)`	`deriv = 1 - (output**2)`
softmax	`temp = np.exp(input)`	`temp = (output - truth)`
	`output /= np.sum(temp)`	`output = temp/len(truth)`

`softmax` での `delta` の計算は、最後の層でのみ使用される点で特別です。ここでは割愛しますが、（理論的には）他にも行われることがあります。とりあえず、MNIST 分類ネットワークにより適切な活性化関数を組み込んでみましょう。

9.9 MNIST ネットワークをアップグレードする

MNIST ネットワークにここまでの内容を反映させる

理論的には、双曲線正接関数（tanh）は隠れ層により適した活性化関数になるはずであり、ソフトマックス関数（softmax）は出力層により適した活性化関数になるはずです。実際にテストしてみると、スコアが向上することがわかります。ただし、常にそう単純であるとは限りません。

これらの新しい活性化関数にネットワークを適応させるには、いくつか調整を行う必要がありました。tanh 関数については、渡された重みの標準偏差を小さくする必要がありました。重みをランダムに初期化することを思い出してください。np.random.random は 0 から 1 までの乱数でランダムな行列を作成します。前章では、0.2 を掛けて 0.1 を引くことで、このランダムな範囲を -0.1 から 0.1 に変更しました。relu 関数のときは、これで非常にうまくいきましたが、tanh 関数ではいまひとつです。ランダムな初期化の範囲をもっと狭めたほうがよいので、-0.01 から 0.01 に調整しました。

また、誤差の計算を削除しました。というのも、その準備がまだ整っていないからです。厳密には、ソフトマックス関数は**交差エントロピー**（cross entropy）と呼ばれる誤差関数と併用するのが最も効果的です。このネットワークは、この誤差指標に対する layer_2_delta をきちんと計算しますが、本書ではこの誤差関数の利点をまだ分析していないため、誤差を計算する行を削除することにしました。

最後に、これはニューラルネットワークに対するほぼすべての変更に言えることですが、ここでも alpha を調整する必要がありました。300 回のイテレーションでよい正解率を達成するには、alpha の値をずっと大きくする必要がありました。これにより、テスト正解率は 86% に到達しました。

```
import numpy as np, sys
from keras.datasets import mnist

(x_train, y_train), (x_test, y_test) = mnist.load_data()
images, labels = (x_train[0:1000].reshape(1000, 28*28) / 255,
                  y_train[0:1000])

one_hot_labels = np.zeros((len(labels),10))
for i,l in enumerate(labels):
    one_hot_labels[i][l] = 1
labels = one_hot_labels

test_images = x_test.reshape(len(x_test), 28*28) / 255
```

```
test_labels = np.zeros((len(y_test), 10))

for i,l in enumerate(y_test):
    test_labels[i][l] = 1

def tanh(x):
    return np.tanh(x)

def tanh2deriv(output):
    return 1 - (output ** 2)

def softmax(x):
    temp = np.exp(x)
    return temp / np.sum(temp, axis=1, keepdims=True)

np.random.seed(1)
alpha, iterations, hidden_size = (0.02, 300, 40)
pixels_per_image, num_labels = (784, 10)
batch_size = 100

weights_0_1 = 0.02 * np.random.random((pixels_per_image, hidden_size)) - 0.01
weights_1_2 = 0.2 * np.random.random((hidden_size, num_labels)) - 0.1

for j in range(iterations):
    train_acc = 0
    for i in range(int(len(images) / batch_size)):
        batch_start, batch_end = ((i * batch_size), ((i+1) * batch_size))
        layer_0 = images[batch_start:batch_end]
        layer_1 = tanh(np.dot(layer_0, weights_0_1))
        dropout_mask = np.random.randint(2, size=layer_1.shape)
        layer_1 *= dropout_mask * 2
        layer_2 = softmax(np.dot(layer_1, weights_1_2))

        for k in range(batch_size):
            train_acc += int(np.argmax(layer_2[k:k+1]) == \
                             np.argmax(labels[batch_start+k:batch_start+k+1]))

        layer_2_delta = \
            (labels[batch_start:batch_end] - layer_2) / batch_size
        layer_1_delta = \
            layer_2_delta.dot(weights_1_2.T) * tanh2deriv(layer_1)
        layer_1_delta *= dropout_mask

        weights_1_2 += alpha * layer_1.T.dot(layer_2_delta)
        weights_0_1 += alpha * layer_0.T.dot(layer_1_delta)

    test_acc = 0
```

```
    for i in range(len(test_images)):
        layer_0 = test_images[i:i+1]
        layer_1 = tanh(np.dot(layer_0, weights_0_1))
        layer_2 = np.dot(layer_1, weights_1_2)
        test_acc += int(np.argmax(layer_2) == np.argmax(test_labels[i:i+1]))

    if(j % 10 == 0):
        sys.stdout.write(
            "\n"+ "I:" + str(j) + \
            " Train-Acc:" + str(train_acc/float(len(images))) + \
            " Test-Acc:" + str(test_acc/float(len(test_images)))
```

結果は次のとおりです。

```
I:0 Train-Acc:0.127 Test-Acc:0.2069
I:10 Train-Acc:0.618 Test-Acc:0.5982
I:20 Train-Acc:0.632 Test-Acc:0.6226
I:30 Train-Acc:0.658 Test-Acc:0.6447
I:40 Train-Acc:0.681 Test-Acc:0.6774
I:50 Train-Acc:0.731 Test-Acc:0.7064
I:60 Train-Acc:0.753 Test-Acc:0.7387
I:70 Train-Acc:0.781 Test-Acc:0.7622
I:80 Train-Acc:0.829 Test-Acc:0.7806
I:90 Train-Acc:0.844 Test-Acc:0.7992
I:100 Train-Acc:0.84 Test-Acc:0.8109
...
I:200 Train-Acc:0.913 Test-Acc:0.8521
I:210 Train-Acc:0.911 Test-Acc:0.8518
I:220 Train-Acc:0.902 Test-Acc:0.8537
I:230 Train-Acc:0.905 Test-Acc:0.8556
I:240 Train-Acc:0.91 Test-Acc:0.857
I:250 Train-Acc:0.913 Test-Acc:0.8553
I:260 Train-Acc:0.918 Test-Acc:0.8585
I:270 Train-Acc:0.908 Test-Acc:0.8569
I:280 Train-Acc:0.918 Test-Acc:0.86
I:290 Train-Acc:0.937 Test-Acc:0.8601
```

エッジとコーナーに関するニューラル学習

畳み込みニューラルネットワーク 10

本章の内容

- 複数の場所での重みの再利用
- 畳み込み層

> 畳み込みニューラルネットワークで使用されるプーリング演算はとんでもない間違いであり、それがうまくいくなんて最悪の事態である。
>
> —ジェフリー・ヒントン、Redditの「Ask Me Anything」より

10.1 複数の場所で重みを再利用する

複数の場所で同じ特徴量を検出する必要がある場合は同じ重みを使用する

ニューラルネットワークでの最大の課題は過学習です。過学習に陥ったニューラルネットワークは、未知のデータに対する汎化性能を向上させるような有益な抽象化を学習するのではなく、データセットを記憶してしまいます。つまり、基本的なシグナルではなく、データセット内のノイズに基づいて予測することを学習するのです（粘土にフォークを押し当てるたとえを思い出してください）。

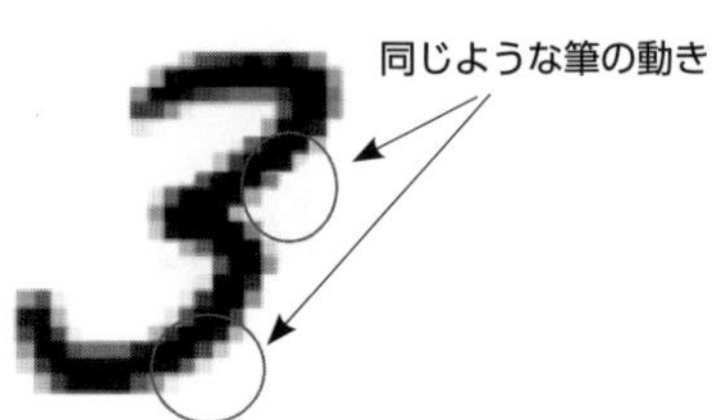

過学習の原因の多くは、特定のデータセットの学習に使用するパラメータが必要以上にあることです。この場合は、パラメータの数が多すぎるために、ネットワークが高度な抽象化（上部が急カーブを描いていて、左下で旋回し、右に伸びているということは、「2」に違いない）を学習するのではなく、訓練データセットの詳細を1つ残らず覚えてしまうことができます（また画像番号363か。これは数字の「2」だったはず）。ニューラルネットワークのパラメータの数が多いのに対し、訓練サンプルの数がそれほど多くない場合、過学習を回避するのは難しくなります。

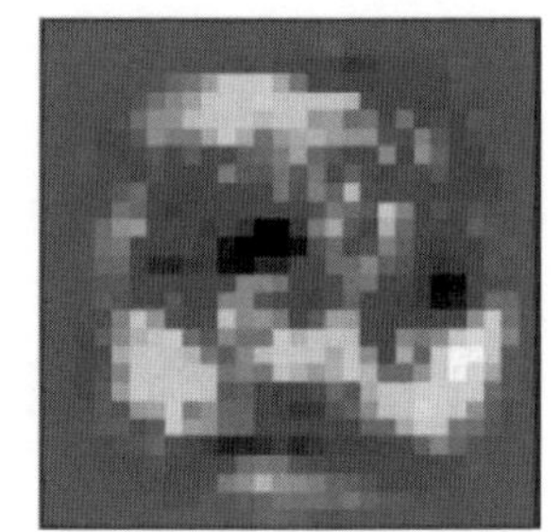

この点については、第8章で過学習への対抗措置として正則化を紹介したときに詳しく取り上げました。しかし、過学習を防ぐ手段は正則化だけではありません（最も理想的な方法ですらありません）。

先に述べたように、過学習はモデル内の重みの数と、それらの重みを学習するためのデータポイントの数との比率に関係しています。このため、過学習にもっと効果的に対処する方法があります。可能であれば、**構造**（structure）として大まかに定義されるものを使用するのが得策です。

構造とは、ニューラルネットワークの複数の場所で同じパターンが検出されるはずである場合に、ニューラルネットワークにおいて複数の目的に重みを再利用することを指します。後ほど見ていくように、このようにすると重みとデータの比率が下がるため、過学習が大幅に抑制され、モデルの性能を大きく向上させることができます。

通常はパラメータを削除するとモデルの表現力（パターンを学習する能力）が低下しますが、重みを適切な場所で再利用すれば、モデルの表現力はそのままで、過学習への堅牢性を高めることができます。意外かもしれませんが、この手法では（実際に格納するパラメータが少なくなるため）モデルが小さくなる傾向にあります。最もよく知られていて、広く使用されているニューラルネットワークの構造は**畳み込み**（convolution）と呼ばれるもので、層として使用する場合は**畳み込み層**（convolutional layer）と呼ばれます。

10.2　畳み込み層

1 つの大きな層の代わりに、多くの非常に小さな線形層をあちこちで再利用する

畳み込み層の基本的な考え方は、各入力が各出力に結合された大きな密結合の線形層を使用する代わりに、非常に小さな線形層をすべての入力位置で使用する、というものです。通常、この小さな線形層の入力の数は 25 個よりも少なく、出力は 1 つだけです。これらの小さな層はそれぞれ**畳み込みカーネル**（convolutional kernel）と呼ばれますが、実際には、限られた数の入力と単一の出力を持つ小さな線形層にすぎません。

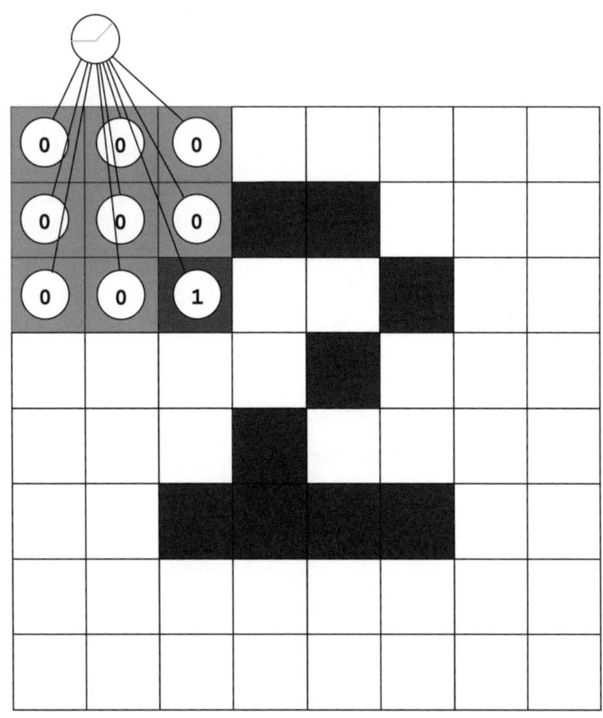

ここに示すのは 3 × 3 の畳み込みカーネルです。畳み込みカーネルは、現在の位置で予測を行い、右に 1 ピクセル移動して再び予測を行い、さらに右に 1 ピクセル移動するというものです。画像を端までスキャンしたら、下に 1 ピクセル移動し、左に戻ってスキャンを再開します。そして、画像内のすべての位置で予測を終えるまでこの作業を繰り返します。これにより、予測値からなる小さな正方形が生成され、次の層の入力として使用されます。通常、畳み込み層には多くのカーネルがあります。

2つ目の図は、同じ「2」の8×8画像を処理する4種類の畳み込みカーネルを示しています。各カーネルは6×6の予測行列を生成します。4つの3×3カーネルを持つ畳み込み層の結果は、4つの6×6予測行列です。これらの行列は、要素ごとに和を求めるか（合計値プーリング）、要素ごとに平均値を求めるか（平均値プーリング）、要素ごとに最大値を求めることができます（最大値プーリング）。

最もよく使用されるのは最大値プーリングです。位置ごとに4つのカーネルの出力を調べ、最大値を割り出し、1つ目の図に示すような6×6行列にコピーします。この最終的な行列（だけ）が次の層に順伝播されます。

これらの図には注目すべき点がいくつかあります。まず、右上のカーネルは水平の線分に焦点を合わせた場合にのみ1を順伝播します。左下のカーネルは右上がりの斜線に焦点を合わせた場合にのみ1を順伝播します。右下のカーネルは訓練されたパターンを1つも認識していません。

この手法では、各カーネルが特定のパターンを学習した後、そのパターンが画像内のどこかに存在するかどうかを調べることができます。データセットが変化していなくても、それぞれの小さなカーネルがデータの複数のセグメントで繰り返し順伝播され、それにより重みとそれらの重みを訓練するデータポイントとの比率が変化するため、1つの小さな重みの集合をはるかに大きな訓練データセットで訓練できます。ネットワークに対する効果は絶大で、訓練データでの過学習を大幅に抑制し、汎化性能を引き上げます。

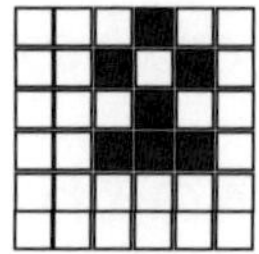

各カーネルの出力の最大値から意味のある表現が形成され、次の層に渡される

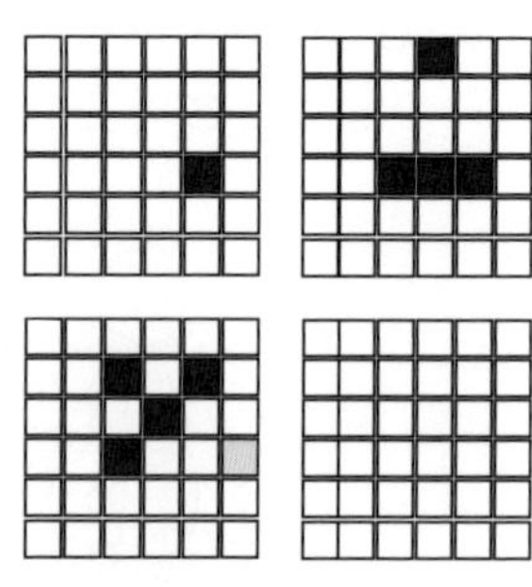

4つのカーネルによる各位置の出力

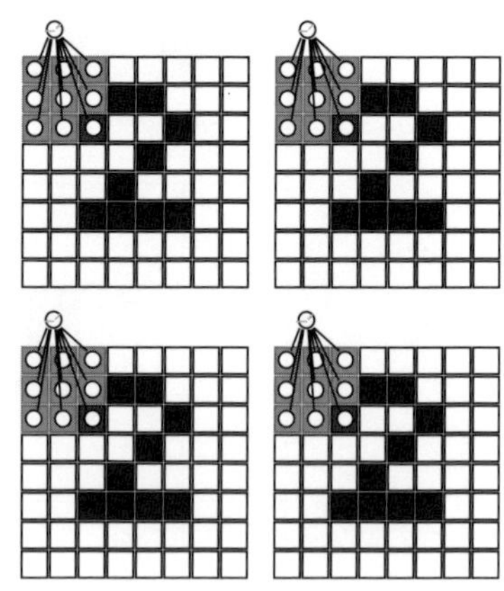

同じ「2」に対して予測を行う4つの畳み込みカーネル

10.3 NumPy での単純な実装

必要なことはすでにわかっているので、小さな線形層について考えるだけでよい

順伝播から見ていきましょう。次に示すのは、バッチ画像の領域を選択する NumPy コードです。バッチ全体で同じ領域を選択することに注意してください。

```
def get_image_section(layer, row_from, row_to, col_from, col_to):
    sub_section = layer[:, row_from:row_to, col_from:col_to]
    return subsection.reshape(-1, 1, row_to-row_from, col_to-col_from)
```

この関数はどのように使用されるのでしょうか。ここではバッチ画像の領域を選択するため、(画像内のすべての位置で) 繰り返し呼び出す必要があります。これには、次のような for ループを使用します。

```
layer_0 = images[batch_start:batch_end]
layer_0 = layer_0.reshape(layer_0.shape[0], 28, 28)
layer_0.shape

sects = list()
for row_start in range(layer_0.shape[1] - kernel_rows):
    for col_start in range(layer_0.shape[2] - kernel_cols):
        sect = get_image_section(layer_0,
                                 row_start, row_start + kernel_rows,
                                 col_start, col_start + kernel_cols)
        sects.append(sect)

expanded_input = np.concatenate(sects, axis=1)
es = expanded_input.shape
flattened_input = expanded_input.reshape(es[0]*es[1], -1)
```

このコードの layer_0 は 28 × 28 画像からなるバッチです。この for ループでは、画像内のすべての (kernel_rows × kernel_cols) 領域を反復処理することで、それらを sects というリストに格納します。そして、これらの領域を連結し、独特な方法で整形します。

ここで、個々の領域はそれ自体が画像であるとしましょう。つまり、1 つのバッチが 8 個の画像で構成されていて、1 つの画像に 100 個の領域があるとすれば、1 つのバッチに 800 個の小さな画像が含まれている、ということになります。1 つの出力ニューロンを持つ線形層を通じてそれらを順伝播するのは、各バッチの各領域に対してその線形層を予測するのと同じことです (このことをしっかり理解してください)。

代わりに、n個の出力ニューロンを持つ線形層を使って順伝播すると、画像の各入力位置でn個の線形層(カーネル)を予測する場合と同じ出力が生成されます。このようにするのは、コードの単純化と高速化を図るためです。

```
kernels = np.random.random((kernel_rows * kernel_cols, num_kernels))
...
kernel_output = flattened_input.dot(kernels)
```

NumPy実装のコード全体は次のようになります。

```
import numpy as np, sys
from keras.datasets import mnist

(x_train, y_train), (x_test, y_test) = mnist.load_data()
images, labels = (x_train[0:1000].reshape(1000, 28*28) / 255,
                  y_train[0:1000])

one_hot_labels = np.zeros((len(labels), 10))
for i,l in enumerate(labels):
    one_hot_labels[i][l] = 1

labels = one_hot_labels

test_images = x_test.reshape(len(x_test), 28*28) / 255
test_labels = np.zeros((len(y_test), 10))
for i,l in enumerate(y_test):
    test_labels[i][l] = 1

def tanh(x):
    return np.tanh(x)

def tanh2deriv(output):
    return 1 - (output ** 2)

def softmax(x):
    temp = np.exp(x)
    return temp / np.sum(temp, axis=1, keepdims=True)

np.random.seed(1)
alpha, iterations = (0.02, 300)
pixels_per_image, num_labels = (784, 10)
batch_size = 128

input_rows = 28
input_cols = 28
```

```
kernel_rows = 3
kernel_cols = 3
num_kernels = 16

hidden_size = ((input_rows - kernel_rows) * (input_cols - kernel_cols))
          * num_kernels

kernels = \
    0.02 * np.random.random((kernel_rows*kernel_cols, num_kernels)) - 0.01
weights_1_2 = 0.2 * np.random.random((hidden_size, num_labels)) - 0.1

def get_image_section(layer, row_from, row_to, col_from, col_to):
    section = layer[:, row_from:row_to, col_from:col_to]
    return section.reshape(-1, 1, row_to-row_from, col_to-col_from)

for j in range(iterations):
    train_acc = 0
    for i in range(int(len(images) / batch_size)):
        batch_start, batch_end = ((i * batch_size), ((i+1) * batch_size))
        layer_0 = images[batch_start:batch_end]
        layer_0 = layer_0.reshape(layer_0.shape[0], 28, 28)
        layer_0.shape

        sects = list()
        for row_start in range(layer_0.shape[1] - kernel_rows):
            for col_start in range(layer_0.shape[2] - kernel_cols):
                sect = get_image_section(layer_0,
                                         row_start, row_start + kernel_rows,
                                         col_start, col_start + kernel_cols)
                sects.append(sect)

        expanded_input = np.concatenate(sects, axis=1)
        es = expanded_input.shape
        flattened_input = expanded_input.reshape(es[0] * es[1], -1)

        kernel_output = flattened_input.dot(kernels)
        layer_1 = tanh(kernel_output.reshape(es[0], -1))
        dropout_mask = np.random.randint(2, size=layer_1.shape)
        layer_1 *= dropout_mask * 2
        layer_2 = softmax(np.dot(layer_1,weights_1_2))

        for k in range(batch_size):
            labelset = labels[batch_start+k:batch_start+k+1]
            _inc = int(np.argmax(layer_2[k:k+1]) == np.argmax(labelset))
            train_acc += _inc
```

```
        layer_2_delta = \
            (labels[batch_start:batch_end] - layer_2) / batch_size
        layer_1_delta = \
            layer_2_delta.dot(weights_1_2.T) * tanh2deriv(layer_1)
        layer_1_delta *= dropout_mask
        weights_1_2 += alpha * layer_1.T.dot(layer_2_delta)
        l1d_reshape = layer_1_delta.reshape(kernel_output.shape)
        k_update = flattened_input.T.dot(l1d_reshape)
        kernels -= alpha * k_update

    test_acc = 0

    for i in range(len(test_images)):
        layer_0 = test_images[i:i+1]
        layer_0 = layer_0.reshape(layer_0.shape[0], 28, 28)
        layer_0.shape

        sects = list()
        for row_start in range(layer_0.shape[1] - kernel_rows):
            for col_start in range(layer_0.shape[2] - kernel_cols):
                sect = get_image_section(layer_0,
                                         row_start, row_start + kernel_rows,
                                         col_start, col_start + kernel_cols)
                sects.append(sect)

        expanded_input = np.concatenate(sects, axis=1)
        es = expanded_input.shape
        flattened_input = expanded_input.reshape(es[0]*es[1], -1)

        kernel_output = flattened_input.dot(kernels)
        layer_1 = tanh(kernel_output.reshape(es[0], -1))
        layer_2 = np.dot(layer_1, weights_1_2)

        test_acc += int(np.argmax(layer_2) == np.argmax(test_labels[i:i+1]))

    if(j % 1 == 0):
        sys.stdout.write(
            "\n" + \
            "I:" + str(j) + \
            " Train-Acc:" + str(train_acc/float(len(images))) + \
            " Test-Acc:" + str(test_acc/float(len(test_images))))
```

結果は次のとおりです。

```
I:0 Train-Acc:0.054 Test-Acc:0.0271
I:1 Train-Acc:0.038 Test-Acc:0.026
I:2 Train-Acc:0.037 Test-Acc:0.029
I:3 Train-Acc:0.042 Test-Acc:0.0355
I:4 Train-Acc:0.054 Test-Acc:0.0602
I:5 Train-Acc:0.097 Test-Acc:0.1159
...
I:294 Train-Acc:0.832 Test-Acc:0.8755
I:295 Train-Acc:0.833 Test-Acc:0.8756
I:296 Train-Acc:0.834 Test-Acc:0.8747
I:297 Train-Acc:0.824 Test-Acc:0.8747
I:298 Train-Acc:0.822 Test-Acc:0.874
I:299 Train-Acc:0.83 Test-Acc:0.8774
```

このように、前章のニューラルネットワークの最初の層を畳み込み層と交換すると、誤差がさらに数パーセント削減されます。畳み込み層の出力（kernel_output）自体も一連の２次元画像（各入力位置における各カーネルの出力）です。

ほとんどの場合は、畳み込み層を相互に積み重ねることで、それぞれの畳み込み層が１つ前の層を入力画像として扱うようにします（各自のプロジェクトで自由に試してみてください。さらに正解率がよくなるはずです）。

畳み込み層の積み重ねは、非常に深いニューラルネットワーク（さらには**ディープラーニング**という表現の普及）を可能にした重要な成果の１つです。この発明がその分野における決定的な瞬間であったことはいくら強調しても足りないくらいです。それがなければ、本書の執筆時点においても AI は冬の時代のままだったかもしれません。

10.4　まとめ

重みの再利用はディープラーニングにおける最も重要なイノベーションの１つ

畳み込みニューラルネットワークは想像以上に汎用的な進展かもしれません。重みを再利用して正解率を向上させるという概念は非常に重要であり、直観的でもあります。ある画像にネコが含まれていることを検出するために理解しなければならないものについて考えてみましょう。まず、色を理解している必要があり、次に線や縁、角や小さな形、そして最後にネコに相当するそうした低レベルの特徴量の組み合わせを理解している必要があります。おそらく、ニューラルネットワークもこうした低レベルの特徴量（線、縁など）について学習する必要があり、線や縁を検出するための知能は重みで学習されます。

しかし、画像の異なる領域を解析するために異なる重みを使用するとしたら、それぞれの領域の重みは「線とは何か」を個別に学習することになります。なぜでしょうか。画像のある領域を調べる重みの集合が「線とは何か」を学習するとしたら、別の領域を調べる重みの集合がどうにかしてその情報を利用できると考えるのは筋違いです。それはネットワークの別の部分です。

畳み込みは学習の特性を利用することでもあります。状況によっては、同じ概念や知能を複数の場所で使用しなければならないことがあります。そのような場合は、それらの場所で同じ重みを使用すべきです。そこで登場するのが、本書で説明する最も重要な概念の1つです。他には何も学ばないとしても、これだけは学んでください。

構造のトリック

ニューラルネットワークが複数の場所で同じ概念を使用する必要がある場合は、それらの場所で同じ重みを使用するようにしてください。このようにすると、それらの重みが学習するサンプルが増え、汎化性能が向上するため、よりインテリジェントになります。

ここ5年ほど（あるいはその前から）のディープラーニングの最も重要な開発の多くは、この概念の繰り返しです。畳み込み、リカレントニューラルネットワーク（RNN）、単語埋め込み、そして最近発表されたカプセルネットワーク（CapsNet）はどれも、このレンズを通して見ることができます。ニューラルネットワークが複数の場所で同じ概念を必要とすることがわかっている場合は、それらの場所で同じ重みを使用してください。ニューラルネットワークのアーキテクチャ全体で繰り返し利用できるような、より高度な新しい抽象概念を発見するのはそう簡単ではありません。筆者の予想では、この発想に基づくディープラーニングの新たな発見が今後も続くでしょう。

11 言語を理解するニューラルネットワーク king - man + woman は何か

本章の内容

- 自然言語処理（NLP）
- 教師あり NLP
- 入力データでの単語相関の捕捉
- 埋め込み層
- ニューラルアーキテクチャ
- 単語埋め込みの比較
- 穴埋め
- 損失の意味
- 単語類推

> 人間はのろまで、いいかげんで、すばらしい思想家である。
> コンピュータはきびきびしていて、正確で、能なしだ。
>
> —ジョン・ファイファー、『Fortune』、1961 年

11.1 言語を理解するとはどういう意味か

人々は言語について何を予測するか

ここまでは、ニューラルネットワークを使って画像データをモデル化してきました。しかし、ニューラルネットワークはもっと幅広い種類のデータセットを理解するために使用できます。新しいデータセットを調べれば、ニューラルネットワーク全般についても多くのことがわかります。というのも、多くの場合は、データに隠された課題に従い、データセットごとに異なるスタイルで訓練を行うことになるからです。

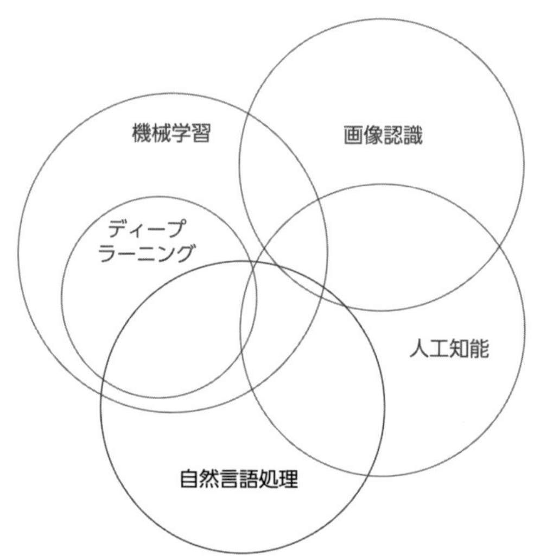

本章では、ディープラーニングとオーバーラップしている**自然言語処理**（NLP）という分野から見ていきます。NLPはディープラーニングよりもずっと前から存在している分野であり、人間の言語を（以前はディープラーニングを使用せずに）自動的に理解することを目指しています。ここでは、この分野に対するディープラーニングの基本的なアプローチを紹介します。

11.2 自然言語処理（NLP）

NLPは一連のタスクまたは課題で構成される

NLPを手っ取り早く理解するには、NLPコミュニティが解決しようとしているさまざまな課題について検討してみるのが一番です。次に示すのは、NLPでよく見られる分類問題の一部です。

- 文書内の**文字**に基づいて**単語の始まりと終わり**を予測する。
- 文書内の**単語**に基づいて**文の始まりと終わり**を予測する。
- **文に含まれている単語**に基づいて**各単語の品詞**を予測する。
- **文に含まれている単語**に基づいて**フレーズの始まりと終わり**を予測する。
- **文に含まれている単語**に基づいて**固有表現（人、場所、もの）の参照の始まりと終わり**を予測する。
- **文書内の文**に基づいて**同じ人／場所／ものを指す代名詞**を予測する。
- **文に含まれている単語**に基づいて文の**感情**を予測する。

一般的に言えば、NLP のタスクは次の 3 つのうちのいずれかを試みます。1 つ目はテキストの領域を分類すること、2 つ目はテキストの複数の領域をリンク付けすること、3 つ目はコンテキストに基づいて欠損している情報（単語）の穴埋めをすることです。1 つ目のタスクでは、品詞タグ付け、感情分類、固有表現認識などを行います。2 つ目のタスクでは、共参照などを行います。共参照では、現実のものに対する 2 つの参照が実際に同じ現実のものを指しているかどうかの特定を試みます。一般に、「現実のもの」は人、場所、またはその他の固有表現です。

おそらく機械学習と NLP が複雑に絡み合っていることはもう明らかでしょう。最近まで、最先端の NLP アルゴリズムのほとんどは、（ディープラーニングではなく）高度な確率的ノンパラメトリックモデルでした。しかし、最近の開発と 2 つの主要なニューラルアルゴリズム —— ニューラル単語埋め込みとリカレントニューラルネットワーク（RNN） —— の普及により、NLP 分野は急速な進化を遂げています。

本章では、単語埋め込みアルゴリズムを構築し、それによって NLP アルゴリズムの性能が向上する理由を具体的に見ていきます。次章では、RNN を構築し、RNN がシーケンスの予測に非常に効果的である理由を明らかにします。

NLP が（おそらくディープラーニングを使って）人工知能の進歩にとって重要な役割を果たしていることにも触れておきましょう。人工知能は、人間と同じように（そしてそれ以上に）考え、世界と関わることができる機械の作成を目指すものです。言語は人間の意識的な論理とコミュニケーションの根幹をなすものであるため、この試みにおいて NLP は非常に特別な役割を果たしています。というわけで、機械が言語を操る手段は、人間並みの論理の基盤 —— つまり、論理的な思考の基盤となります。

11.3 教師あり NLP

単語を入力すると、予測値を出力する

第 2 章で登場した次の図を覚えているでしょうか。教師あり学習では、「知っていること」を「知りたいこと」に変換します。ここまでは、「知っていること」は常に何らかの数字で構成されていました。しかし、NLP では、入力としてテキストを使用します。テキストはどのように処理するのでしょうか。

ニューラルネットワークは入力値として渡された数値を出力値である数値にマッピングするだけなので、テキストを数値形式に変換することが最初のステップとなります。信号機データセットを変換したときと同様に、現実のデータ（この場合はテキスト）をニューラルネットワークが利用できる**行列**に変換する必要があります。結論から言うと、その方法がきわめて重要となります。

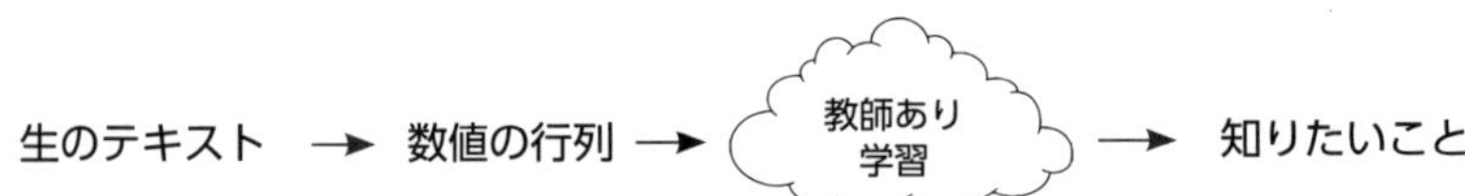

テキストから数値への変換はどのように行えばよいでしょうか。この問いに答えるには、この問題についてしばし考えてみる必要があります。ニューラルネットワークが入力層と出力層の間で相関を調べることを思い出してください。したがって、入力と出力の間の相関がネットワークにとって「最も明白」になるような方法でテキストを数値に変換する必要があります。このようにすると、訓練にかかる時間が短くなり、汎化性能がよくなります。

入力をどのような形式にすれば入力と出力の間の相関がネットワークにとって最も明白になるかを知るには、入力／出力データセットがどのようなものであるかを知る必要があります。この点について調べるために、**トピック分類**（topic classification）に取り組むことにしましょう。

11.4 IMDb 映画レビューデータセット

レビューの投稿が肯定的か否定的かを予測する

IMDb 映画レビューデータセットは、次のようなレビューと評価の組み合わせでできています（これは IMDb の実際のデータではなく、本物っぽく作ったものです）。

> ひどい映画だ。プロットは退屈だし、演技もいまひとつだし、おまけにシャツにポップコーンをこぼしてしまった。
>
> 評価：1（星の数）

このようなペアがデータセット全体に 50,000 個ほど含まれています。入力値であるレビューはたいてい 2〜3 個の文で構成されており、出力値である評価は星 1 つから星 5 つです。星の数は映画レビューの全体的な感情の指標となるため、このようなデータセットは**感情データセット**と見なされます。ただし、この感情データセットが商品のレビューや病院の口コミといった他の感情データセットとまったく異なるものであったとしても決しておかしなことではありません。

入力値であるテキストを使って出力値である評価を正確に予測できるニューラルネットワークを訓練したいとしましょう。まず、入力データセットと出力データセットを行列に変換する方法を決める必要があります。出力データセットは数値であるため、こちらから始めるのがよさそうです。星の範囲を 1 〜 5 ではなく 0 〜 1 に調整し、2 値のソフトマックスを使用できるようにします。出力に関して必要なことは以上です。次節で例を見てもらいます。

ただし、入力データは少しやっかいです。まず、生のデータは文字のリストであり、問題がいくつかあります。入力データはテキストであるだけでなく、**可変長**のテキストでもあります。これまでは、ニューラルネットワークの入力は常に固定長でした。この問題に対処する必要があります。

したがって、生のデータのままではうまくいきません。次に問題となるのは、「このデータと出力との間に相関はあるか」です。この特性を表現すれば、うまくいくかもしれません。まず、（文字のリストに含まれている）どの文字にも感情との相関はないでしょう。発想の転換が必要です。

単語はどうでしょうか。このデータセットの単語の中には、少し相関を持つものがあります。**terrible**（ひどい）や **unconvincing**（いまひとつ）は、評価との間に大きな負の相関を持つはずです。負の相関は、それらの単語が入力データ（レビュー）に出現する頻度が高ければ高いほど、評価が低くなる傾向にあることを意味します。

おそらくこの特性はもっと一般的なもので、それらの単語自体が(コンテキストとは無関係に)感情と大きく相関しているのかもしれません。この点を詳しく見ていきましょう。

11.5 入力データで単語の相関を捕捉する

レビューの語彙に基づいて感情を予測する

映画レビューの語彙とその評価との相関を確認した場合は、次のステップへ進み、映画レビューの語彙を表す入力行列を作成します。

この場合は、各行(ベクトル)が映画レビューに対応し、各列がレビューに特定の単語が含まれているかどうかを表す行列を作成するのが一般的です。レビューのベクトルを作成するには、レビューの語彙を計算し、そのレビューの対応する列にそれぞれ1を、それ以外の列に0を設定します。これらのベクトルの大きさはどれくらいになるでしょうか。単語の数が2,000で、各ベクトルに各単語の場所が必要である場合、各ベクトルの次元は2,000になります。

この格納形式は**one-hotエンコーディング**(one-hot encoding)と呼ばれるもので、2値データをエンコードするための最も一般的なフォーマットです。つまり、データポイント(単語)として考え得るものについて、データポイントの有無を2値で表します。語彙の単語が4つだけである場合、one-hotエンコーディングは次のようになります。

```
import numpy as np

onehots = {}
onehots['cat'] = np.array([1,0,0,0])
onehots['the'] = np.array([0,1,0,0])
onehots['dog'] = np.array([0,0,1,0])
onehots['sat'] = np.array([0,0,0,1])

sentence = ['the','cat','sat']
x = onehots[sentence[0]] + \
    onehots[sentence[1]] + \
    onehots[sentence[2]]

print("Sent Encoding:" + str(x))
```

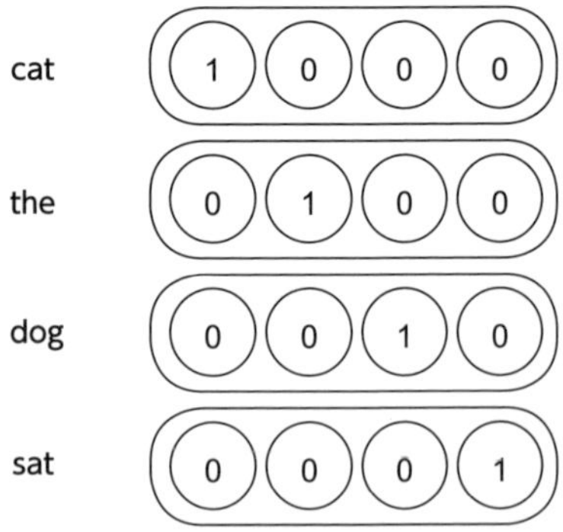

cat	1	0	0	0
the	0	1	0	0
dog	0	0	1	0
sat	0	0	0	1

このように、語彙に含まれている単語ごとにベクトルを作成すると、単純なベクトル加算を使って語彙全体の一部(文章内の複数の単語に相当するサブセットなど)を表すベクトルを作成できます。

"the cat sat"

1	1	0	1

出力：　Sent Encoding:[1 1 0 1]

複数の単語（"the cat sat" など）の埋め込みを作成する際には、同じ単語が複数回出現する場合の選択肢がいくつかあります。たとえば "cat cat cat" というフレーズの場合は、"cat" のベクトルを 3 回足すか（[3,0,0,0]）、一意な "cat" を 1 回だけ取得することができます（[1,0,0,0]）。言語では、通常は後者のほうがうまくいきます。

11.6　映画レビューを予測する

one-hot エンコーディングと先のネットワークを使って感情を予測する

前節の方法で感情データセット内の単語ごとにベクトルを作成し、本書のニューラルネットワークを使って感情を予測することができます。次にコードを示しますが、ぜひ何も見ないで試してみてください。新しい Jupyter Notebook を開いて、IMDb データセットを読み込み、one-hot ベクトルを作成し、各映画レビューの評価（肯定的または否定的）を予測するニューラルネットワークを構築してください。

前処理を行うコードは次のようになります※1。

```
f = open('reviews.txt')
raw_reviews = f.readlines()
f.close()

f = open('labels.txt')
raw_labels = f.readlines()
f.close()

tokens = list(map(lambda x:set(x.split(" ")), raw_reviews))

vocab = set()
for sent in tokens:
    for word in sent:
        if(len(word) > 0):
            vocab.add(word)
vocab = list(vocab)
```

※1　［訳注］本書の GitHub リポジトリから reviews.txt ファイルと labels.txt ファイルを .ipynb ファイルと同じフォルダにダウンロードしておく必要がある。

```
word2index = {}
for i,word in enumerate(vocab):
    word2index[word] = i

input_dataset = list()
for sent in tokens:
    sent_indices = list()
    for word in sent:
        try:
            sent_indices.append(word2index[word])
        except:
            ""
    input_dataset.append(list(set(sent_indices)))

target_dataset = list()
for label in raw_labels:
    if label == 'positive\n':
        target_dataset.append(1)
    else:
        target_dataset.append(0)
```

11.7 埋め込み層

ネットワークを高速化するもう1つの仕掛け

右図は先のニューラルネットワークを示しており、このネットワークを使って感情を予測します。ですがその前に、層の名前を説明しておきましょう。1つ目の層は入力層(layer_0)であり、この層に続いて**線形層**(weights_0_1)があります。そしてさらにReLU層(layer_1)と別の線形層(weights_1_2)があり、最後に出力層(layer_2)があります。実際には、1つ目の線形層(weights_0_1)を埋め込み層と置き換えると、layer_1に少し近道できます。

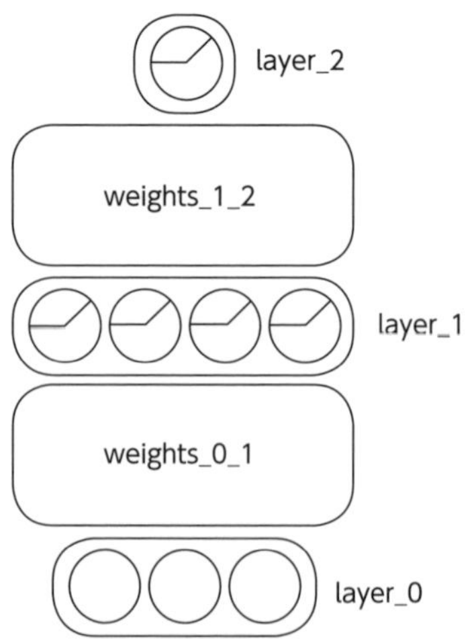

1と0からなるベクトルを使用することは、数学的には行列の複数の行を合計することに相当します。このため、weights_0_1の関連する行を選択し、それらを合計するほうが、大きなベクトルと行列の乗算を行うよりも効率的です。感情データセットの語彙は約70,000語

もあるため、ベクトルと行列の乗算の大部分は、入力ベクトル内の0に行列のさまざまな行を掛け、それらの和を求めることに費やされます。行列内の各単語に対応する行を選択し、それらの和を求めるほうがずっと効率的です。

このように行を選択して和(または平均)を求めると、1つ目の線形層(weights_0_1)を埋め込み層として扱うことになります。構造的には、それらはまったく同じです(どちらの方法で順伝播してもlayer_1はまったく同じです)。唯一の違いは、和を求める行の数が少ないほうがずっと高速であることです。

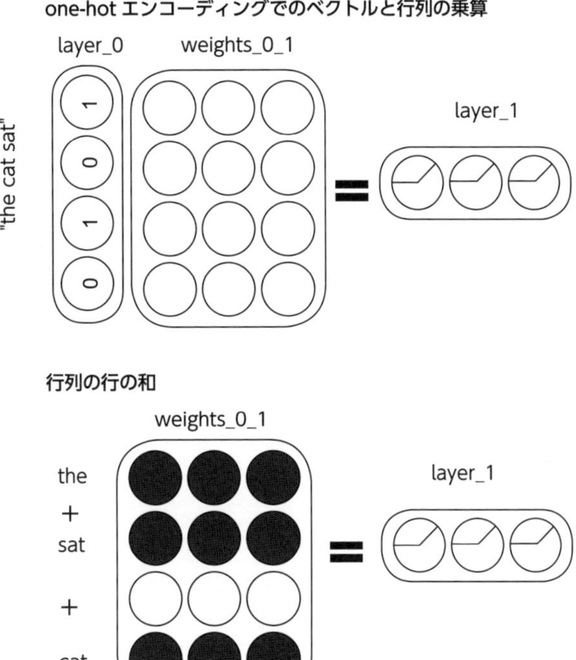

前節のコードを実行した後、次のコードを実行する

```
import sys
import numpy as np
np.random.seed(1)

def sigmoid(x):
    return 1 / (1 + np.exp(-x))

alpha, iterations = (0.01, 2)
hidden_size = 100

weights_0_1 = 0.2 * np.random.random((len(vocab), hidden_size)) - 0.1
weights_1_2 = 0.2 * np.random.random((hidden_size, 1)) - 0.1

train_acc, train_total = (0,0)
for iter in range(iterations):
    # 最初の24,000個のレビューで訓練を行う
    for i in range(len(input_dataset) - 1000):
        x,y = (input_dataset[i], target_dataset[i])
        layer_1 = sigmoid(np.sum(weights_0_1[x], axis=0))  # 埋め込み+シグモイド
```

```
        layer_2 = sigmoid(np.dot(layer_1, weights_1_2))    # 線形 + ソフトマックス
        # 予測値と真の値を比較
        layer_2_delta = layer_2 - y
        layer_1_delta = layer_2_delta.dot(weights_1_2.T)   # 逆伝播
        weights_0_1[x] -= layer_1_delta * alpha
        weights_1_2 -= np.outer(layer_1, layer_2_delta) * alpha
        if(np.abs(layer_2_delta) < 0.5):
            train_acc += 1
        train_total += 1
        if(i % 10 == 9):
            progress = str(i/float(len(input_dataset)))
            sys.stdout.write('\rIter:' + str(iter) + \
                             ' Progress:' + progress[2:4] + '.' + \
                             progress[4:6] + '% Training Accuracy:' + \
                             str(train_acc / float(train_total)))

    print()

    test_acc, test_total = (0,0)
    for i in range(len(input_dataset) - 1000, len(input_dataset)):
        x = input_dataset[i]
        y = target_dataset[i]
        layer_1 = sigmoid(np.sum(weights_0_1[x], axis=0))
        layer_2 = sigmoid(np.dot(layer_1, weights_1_2))

        if(np.abs(layer_2 - y) < 0.5):
            test_acc += 1
        test_total += 1

    print("Test Accuracy:" + str(test_acc / float(test_total)))
```

11.8 出力を解釈する

このニューラルネットワークは何を学習したか

映画レビューニューラルネットワークの出力を見てみましょう。ある視点から見ると、これはすでに説明した相関の要約と同じです。

```
Iter:0 Progress:95.99% Training Accuracy:0.83237517924135057
Test Accuracy:0.849
Iter:1 Progress:95.99% Training Accuracy:0.8655416666666667
Test Accuracy:0.851
```

このニューラルネットワークが調べたのは、入力データと出力データの間の相関でした。しかし、それらのデータポイントには見覚えのある（言語上の）特性があります。さらに、相関の要約によって検出される言語のパターンと、（さらに重要な）検出されないパターンを考慮に入れることが大きな手がかりとなります。このネットワークは入力データセットと出力データセットの間で相関を調べることができますが、だからといって、言語の有益なパターンをすべて理解しているわけではないからです。

さらに、このネットワークが（現在の設定において）学習できるものと、このネットワークが言語をきちんと理解するために知っておかなければならないものとの違いを理解しておくことも、非常に有益な考え方です。これはまさに最先端の研究の最前線にいる研究者が考えていることなので、ここでも検討することにしましょう。

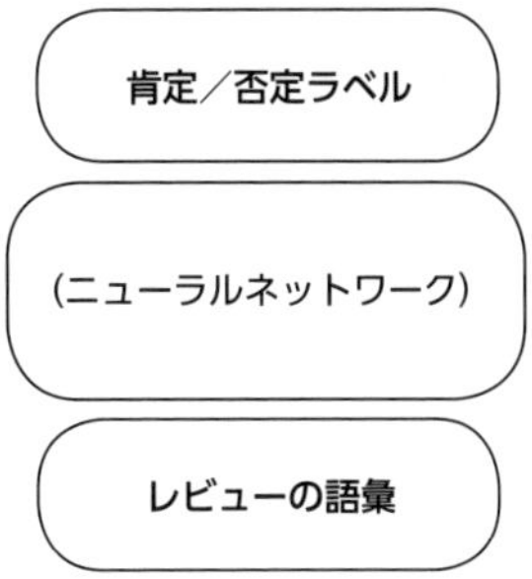

映画レビューネットワークは言語について何を学習したのでしょうか。このネットワークに与えられたものから見ていきましょう。右図に示すように、ここでは、各レビューの語彙を入力として与え、2つのラベル（肯定的または否定的）のどちらかをネットワークに予測させました。相関の要約により、このネットワークは入力データセットと出力データセットの間で相関を調べます。このため少なくとも、正または負の相関を（単独で）持つ単語をこのネットワークが特定することが期待されます。

肯定／否定ラベル

（ニューラルネットワーク）

レビューの語彙

これは相関の要約から自然に得られるものです。単語の有無を伝えると、相関の要約により、この有無と2つのラベルとの直接の相関が特定されます。ただし、話はそれで終わりではありません。

11.9　ニューラルアーキテクチャ

アーキテクチャの選択はネットワークが学習する内容にどのような影響をおよぼすか

前節では、このニューラルネットワークが学習した1つ目の（最も自明な）情報である「入力データセットと出力データセットの間の直接の相関」について説明しました。これは白紙に近い状態のニューラルインテリジェンスです（このネットワークが入力データと出力データの間で直接の相関を見つけ出せないとしたら、おそらく何らかの不備があります）。直接の相関よりも複雑なパターンを見つけ出す必要がある場合は、もっと高度なアーキテクチャを開発することになります。このネットワークも例外ではありません。

直接の相関を特定するのに最低限必要なアーキテクチャは2層ネットワークです。この場合、ネットワークは入力層を出力層に直接結合する重み行列を 1 つだけ使用します。しかし、ここでは隠れ層を持つネットワークを使用しました。この隠れ層はいったい何をするのでしょうか。

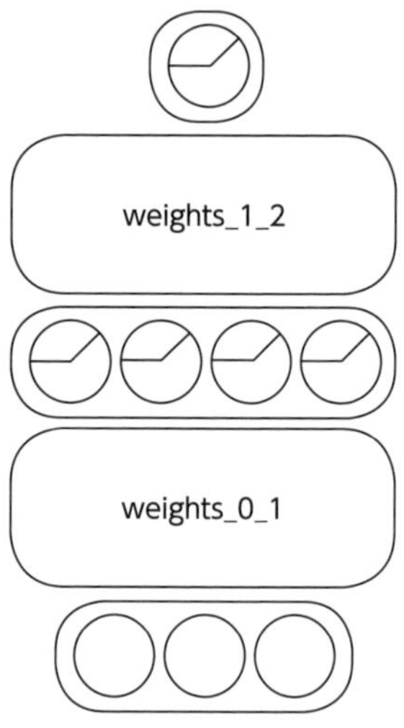

基本的には、隠れ層は 1 つ前の層のデータポイントを n 個のグループに分類するものです（ここで、n は隠れ層のニューロンの数を表します）。隠れ層の各ニューロンはデータポイントを受け取り、「このデータポイントはこのグループに含まれるか」という質問に答えます。隠れ層は学習時に入力の有益な分類を模索するわけですが、有益な分類とはどのようなものでしょうか。

入力データの分類が有益と見なされるのは、次の 2 つの場合です。1 つは、その分類が出力ラベルの予測に役立つ場合です。出力ラベルの予測に役立たない場合、**そのネットワークは相関の要約から分類を特定できません**。この点を認識しておくことはきわめて重要です。ニューラルネットワークの研究の多くは、訓練データ（またはネットワークの人工的な予測のために作り出されたその他のシグナル）から、映画レビューの評価の予測といったタスクに役立つ分類を特定するためのものです。この点については、後ほど詳しく説明します。

分類が有益と見なされるもう 1 つの状況は、データ内の実際の現象を表している場合です。データを記憶するだけでは、よい分類とは言えません。よい分類とは、言語学的に意味を持つ現象を察知するものです。

たとえば、映画レビューが肯定的か否定的かを予測する場合、"terrible"（ひどい）と "not terrible"（ひどくない）の違いを理解することは有力な分類です。"awful" を検出したときに「オフ」になり、"not awful" を検出したときに「オン」になるニューロンがあるとしたら、次の層が最終的な予測を行うために使用する非常に有力な分類となるでしょう。しかし、このニューラルネットワークへの入力は映画レビューの語彙であるため、"it was great, not terrible" によって生成される `layer_1` の値は、"it was terrible, not great" のものとまったく同じです。このような理由により、このネットワークが否定的な感情を理解する隠れ層のニューロンを作成することはまずないでしょう。

言語の特定のパターンに基づいて層が同じかどうかをテストすることは、アーキテクチャが相関の要約を用いてそのパターンを見つけ出す可能性があるかどうかを知るための大きな第一歩です。まったく同じ隠れ層が得られる 2 つのサンプル（1 つは関心の対象であるパターンを含んでおり、もう 1 つは含んでいない）を作成できるとしたら、そのネットワークがそのパターンを見つけ出すことはまずありません。

先に述べたように、隠れ層は基本的に 1 つ前の層のデータをグループ化します。もう少し詳しく言うと、各ニューロンはデータポイントをそのグループに属しているかどうかで分類します。大まかに言うと、2 つのデータポイント（映画レビュー）が類似しているのは、それらが同じグループの多くに属している場合です。そして 2 つの入力（単語）が類似しているのは、それらをさまざまな隠れ層のニューロンにリンクする重み（各単語のグループの親和性を数値化したもの）が似ている場合です。となると、先ほどのニューラルネットワークでは、単語から隠れ層のニューロンに渡される重みで何を観測すべきでしょうか。

単語と隠れ層のニューロンを結合する重みで何を観測すべきか

ヒントをあげましょう。同じような予測力を持つ単語は同じようなグループ（隠れ層のニューロンの構成）に属しているはずです。各単語を隠れ層の各ニューロンに結合する重みにとって、これは何を意味するのでしょうか。

答えは次のとおりです。同じようなラベル（肯定的または否定的）と相関を持つ単語では、それらを隠れ層のさまざまなニューロンに結合する重みも似たようなものになります。というのも、ニューラルネットワークはそれらを隠れ層の似たようなニューロンに放り込むことで、最終層（weights_1_2）が肯定的または否定的な予測を正しく行えるようにすることを学習するからです。

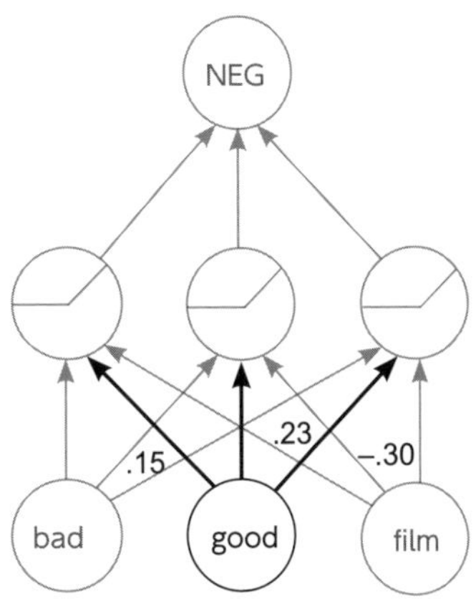

「good」から伸びる 3 本の太い重みは「good」の埋め込みを形成する。それらは「good」という単語が各グループ（隠れ層のニューロン）に属する度合いを反映する。同じような予測力を持つ単語は単語埋め込み（重みの値）も似ている。

この現象を確認するには、ひときわ肯定的または否定的な単語を選択し、重みの値が最もよく似ている他の単語を探索します。言い換えるなら、それぞれの単語を取り出し、それらの重みの値と最もよく似ている重みによって隠れ層の各ニューロン（グループ）に結合されている他の単語を調べればよいのです。

同じようなグループに属している単語は、肯定的または否定的なラベルに対して同じような予測力を持ちます。このため、同じようなグループに属していて、同じような重みの値を持つ単語は、意味も似ています。理論的には、ニューラルネットワークの観点から見て、ニューロンが同じ層の他のニューロンと似たような意味を持つのは、そのニューロンを次の層や 1 つ前の層に結合している重みが似ている場合だけです。

11.10 単語埋め込みを比較する

重みの類似度はどのようにして可視化するか

入力（単語）ごとにweights_0_1の対応する行を選択すれば、隠れ層のさまざまなニューロンに渡される重みのリストを選択できます。その行の各エントリは、その行の単語から隠れ層の各ニューロンに伝播されるそれぞれの重みを表します。したがって、目的の単語に最もよく似ている単語を突き止めるには、各単語のベクトル（行列の行）を目的の単語のベクトルと比較します。次のコードに示すように、この比較に使用するのは**ユークリッド距離**（Euclidian distance）です。

```
from collections import Counter
import math

def similar(target='beautiful'):
    target_index = word2index[target]
    scores = Counter()
    for word,index in word2index.items():
        raw_difference = weights_0_1[index] - (weights_0_1[target_index])
        squared_difference = raw_difference * raw_difference
        scores[word] = -math.sqrt(sum(squared_difference))

    return scores.most_common(10)
```

これにより、最もよく似ている単語（ニューロン）を簡単に探索できます。

```
print(similar('beautiful'))

[('beautiful', -0.0),
 ('atmosphere', -0.70542101298),
 ('heart', -0.7339429768542354),
 ('tight', -0.7470388145765346),
 ('fascinating', -0.7549291974),
 ('expecting', -0.759886970744),
 ('beautifully', -0.7603669338),
 ('awesome', -0.76647368382398),
 ('masterpiece', -0.7708280057),
 ('outstanding', -0.7740642167)]
```

```
print(similar('terrible'))

[('terrible', -0.0),
 ('dull', -0.760788602671491),
 ('lacks', -0.76706470275372),
 ('boring', -0.7682894961694),
 ('disappointing', -0.768657),
 ('annoying', -0.78786389931),
 ('poor', -0.825784172378292),
 ('horrible', -0.83154121717),
 ('laughable', -0.8340279599),
 ('badly', -0.84165373783678)]
```

期待どおりだったかもしれませんが、どの単語についても、最もよく似ているのはその単語自体であり、その後に目的の単語と同じような有用性を持つ単語が続きます。また、これも期待どおりだったかもしれませんが、このネットワークのラベルは2つだけなので（positive と negative）、入力の単語はそれらが予測する傾向にあるラベルに従って分類されます。

相関の要約では、これはごく普通の現象です。正しいラベルを予測できるようにするために、予測されるラベルに基づいてネットワーク内で類似する表現（layer_1 の値）の作成を試みます。この場合は、layer_1 に渡される重みが出力ラベルに従って分類されるという副作用があります。

相関の要約のこの現象 —— 予測すべきラベルに基づいて隠れ層を類似させることを終始試みる —— をよく理解しておくことが重要となります。

11.11 ニューロンの意味は何か

ニューロンの意味は予測すべき目的値次第

さまざまな単語が完全にそれらの意味に基づいて分類されていたとは言えないことに注意してください。"beautiful" に最もよく似ている単語は "atmosphere" でした。これは貴重な教訓です。映画レビューが肯定的か否定的かを予測するという目的からすると、これらの単語はほぼ同じ意味です。しかし、現実世界では、それらの意味はまったく異なります（たとえば、一方は形容詞、もう一方は名詞です）。

```
print(similar('beautiful'))

[('beautiful', -0.0),
 ('atmosphere', -0.70542101298),
 ('heart', -0.7339429768542354),
 ('tight', -0.7470388145765346),
 ('fascinating', -0.7549291974),
 ('expecting', -0.759886970744),
 ('beautifully', -0.7603669338),
 ('awesome', -0.76647368382398),
 ('masterpiece', -0.7708280057),
 ('outstanding', -0.7740642167)]
```

```
print(similar('terrible'))

[('terrible', -0.0),
 ('dull', -0.760788602671491),
 ('lacks', -0.76706470275372),
 ('boring', -0.7682894961694),
 ('disappointing', -0.768657),
 ('annoying', -0.78786389931),
 ('poor', -0.825784172378292),
 ('horrible', -0.83154121717),
 ('laughable', -0.8340279599),
 ('badly', -0.84165373783678)]
```

この点を認識することは非常に重要です。ネットワークでの（ニューロンの）意味は、目的値（出力ラベル）に基づいて定義されます。ニューラルネットワーク内のものはすべて、予測を正しく行うために、相関の要約に基づいてコンテキストに適用されます。このため、読者や筆者がこれらの単語をよく知っていたとしても、ニューラルネットワークは現在のタスク以外の情報は何も知りません。

ニューラルネットワークにニューロン（この場合は単語ニューロン）に関する情報をもっと

詳しく学習させるにはどうすればよいのでしょう。言語の微妙な理解を要求する入力データと出力データを与えれば、さまざまな単語のより微妙な解釈を学習するようになるはずです。

ニューラルネットワークが学習する単語ニューロンの重みの値をより意味のあるものにするには、ニューラルネットワークを使って何を予測すべきでしょうか。単語ニューロンの重みの値をより意味のあるものにするために、穴埋めタスクを使用することにします。なぜそのようなことをするのでしょうか。まず、(インターネット上には)訓練データがほぼ無限にあります。つまり、単語に関する情報の幅を広げるために、ニューラルネットワークの学習に使用できるシグナルがほぼ無限にあります。さらに、穴埋めを正確に行うには、少なくとも現実世界のコンテキストに関する大まかな知識が必要です。

たとえば、次の空欄を埋めるのにふさわしいのは "anvil"(鉄床)と "wool"(羊毛)のどちらでしょうか。ニューラルネットワークがこれを判断できるかどうか見てみましょう。

????
Mary had a little lamb whose ________ was white as snow.
(メアリーは雪のように白い ________ を持つ小さな羊を飼っていた)

11.12　穴埋め

シグナルの品質を高めることで単語の意味を豊かにする

この例で使用するニューラルネットワークは、先の例で使用したものにほんの少しだけ変更を加えたものです。まず、映画レビューに基づいてラベルを 1 つだけ予測するのではなく、各フレーズ(5 つの単語)を取り出し、1 つの単語(フォーカス語)を削除し、フレーズの残りの部分を使って削除した単語を突き止めるためにネットワークを訓練します。次に、**ネガティブサンプリング**(negative sampling)という手法を使ってネットワークの訓練を少し高速化します。

欠けている単語を予測するには、候補の単語ごとにラベルが 1 つ必要であると考えてください。このため、数千ものラベルが必要となり、ネットワークの訓練に時間がかかってしまいます。そこで、この問題に対処するために、順伝播の各ステップでラベルの大部分を(それらが存在しないかのように)ランダムに無視することにします。大ざっぱな近似のように見えるかもしれませんが、この手法は実際にうまくいきます。順伝播のコードは次のようになります。

```
import sys,random,math
from collections import Counter
import numpy as np
```

```
np.random.seed(1)
random.seed(1)
f = open('reviews.txt')
raw_reviews = f.readlines()
f.close()

tokens = list(map(lambda x:(x.split(" ")), raw_reviews))
wordcnt = Counter()
for sent in tokens:
    for word in sent:
        wordcnt[word] -= 1
vocab = list(set(map(lambda x:x[0], wordcnt.most_common())))

word2index = {}
for i,word in enumerate(vocab):
    word2index[word] = i

concatenated = list()
input_dataset = list()
for sent in tokens:
    sent_indices = list()
    for word in sent:
        try:
            sent_indices.append(word2index[word])
            concatenated.append(word2index[word])
        except:
            ""
    input_dataset.append(sent_indices)

concatenated = np.array(concatenated)
random.shuffle(input_dataset)

alpha, iterations = (0.05, 2)
hidden_size, window, negative = (50, 2, 5)

weights_0_1 = (np.random.rand(len(vocab), hidden_size) - 0.5) * 0.2
weights_1_2 = np.random.rand(len(vocab), hidden_size) * 0

layer_2_target = np.zeros(negative+1)
layer_2_target[0] = 1

def similar(target='beautiful'):
    target_index = word2index[target]
    scores = Counter()
    for word,index in word2index.items():
        raw_difference = weights_0_1[index] - (weights_0_1[target_index])
        squared_difference = raw_difference * raw_difference
```

```
        scores[word] = -math.sqrt(sum(squared_difference))
    return scores.most_common(10)

def sigmoid(x):
    return 1 / (1 + np.exp(-x))

for rev_i,review in enumerate(input_dataset * iterations):
    for target_i in range(len(review)):
        # 語彙を１つ１つ予測すると計算量が膨大になるため、
        # ランダムなサブセットでのみ予測する
        target_samples = [review[target_i]] + list( \
            concatenated[(np.random.rand(negative) * \
                          len(concatenated)).astype('int').tolist()])

        left_context = review[max(0, target_i - window):target_i]
        right_context = review[target_i + 1:min(len(review),
                                 target_i + window)]

        layer_1 = np.mean(weights_0_1[left_context + right_context], axis=0)
        layer_2 = sigmoid(layer_1.dot(weights_1_2[target_samples].T))
        layer_2_delta = layer_2 - layer_2_target
        layer_1_delta = layer_2_delta.dot(weights_1_2[target_samples])
        weights_0_1[left_context+right_context] -= layer_1_delta * alpha
        weights_1_2[target_samples] -= \
            np.outer(layer_2_delta,layer_1) * alpha

    if(rev_i % 250 == 0):
        sys.stdout.write('\rProgress:' + \
            str(rev_i / float(len(input_dataset) * iterations)) + " " + \
            str(similar('terrible')))
        sys.stdout.write('\rProgress:' + \
            str(rev_i/float(len(input_dataset) * iterations)))

print(similar('terrible'))
```

このコードを実行した結果は次のようになります。

```
Progress:0.99998 [('terrible', -0.0), ('horrible', -2.846300248788519),
('brilliant', -3.039932544396419), ('pathetic', -3.4868595532695967),
('superb', -3.6092947961276645), ('phenomenal', -3.660172529098085),
('masterful', -3.6856112636664564), ('marvelous', -3.9306620801551664),
```

11.13 損失の意味

この新しいニューラルネットワークでは、単語埋め込みが先の例とはかなり異なる方法でクラスタ化されることがわかります。以前は肯定的なラベルと否定的なラベルを予測する尤度に従って単語をクラスタ化しましたが、このネットワークでは、同じフレーズに出現する尤度に基づいて(場合によっては感情とは無関係に)単語をクラスタ化しています。

肯定的または否定的を予測

```
print(similar('terrible'))

[('terrible', -0.0),
 ('dull', -0.760788602671491),
 ('lacks', -0.76706470275372),
 ('boring', -0.7682894961694),
 ('disappointing', -0.768657),
 ('annoying', -0.78786389931),
 ('poor', -0.825784172378292),
 ('horrible', -0.83154121717),
 ('laughable', -0.8340279599),
 ('badly', -0.84165373783678)]


print(similar('beautiful'))

[('beautiful', -0.0),
 ('atmosphere', -0.70542101298),
 ('heart', -0.7339429768542354),
 ('tight', -0.7470388145765346),
 ('fascinating', -0.7549291974),
 ('expecting', -0.759886970744),
 ('beautifully', -0.7603669338),
 ('awesome', -0.76647368382398),
 ('masterpiece', -0.7708280057),
 ('outstanding', -0.7740642167)]
```

穴埋め

```
print(similar('terrible'))

[('terrible', -0.0),
 ('horrible', -2.79600898781),
 ('brilliant', -3.3336178881),
 ('pathetic', -3.49393193646),
 ('phenomenal', -3.773268963),
 ('masterful', -3.8376122586),
 ('superb', -3.9043150978490),
 ('bad', -3.9141673639585237),
 ('marvelous', -4.0470804427),
 ('dire', -4.178749691835959)]


print(similar('beautiful'))

[('beautiful', -0.0),
 ('lovely', -3.0145597243116),
 ('creepy', -3.1975363066322),
 ('fantastic', -3.2551041418),
 ('glamorous', -3.3050812101),
 ('spooky', -3.4881261617587),
 ('cute', -3.592955888181448),
 ('nightmarish', -3.60063813),
 ('heartwarming', -3.6348147),
 ('phenomenal', -3.645669007)]
```

非常によく似たアーキテクチャ(3層、交差エントロピー、シグモイド活性化関数)のネットワークを同じデータセットで訓練したにもかかわらず、ネットワークに予測させるものを変更すると、その重みの中でネットワークが学習する内容に影響を与えることができます。ここがポイントです。同じ統計情報を調べているにもかかわらず、入力値と目的値に何を選択するかに基づいて学習内容を変更できるのです。ネットワークに学習させたいものを選択するこのプロセスを、とりあえず**インテリジェンスターゲティング**と呼ぶことにしましょう。

インテリジェンスターゲティングの実行方法は、入力値と目的値の制御だけではありません。ネットワークが誤差を測定する方法、層の大きさと種類、そして適用する正則化の種類を調整するという方法もあります。ディープラーニングの研究では、これらの手法をまとめて**損失関数**(loss function)と呼びます。

ニューラルネットワークはデータを学習するのではなく損失関数を最小化する

第 4 章では、「学習とはニューラルネットワークの各重みを調整して誤差を 0 にすることである」と説明しました。ここでは、この現象を別の角度から捉え、目的のパターンをニューラルネットワークに学習させるための誤差を選択します。次の教訓を覚えているでしょうか。

確実な学習法
各重みを正しい方向に正しい量だけ調整することで、誤差を 0 に近づけます。

秘密
入力値 (input) と目的値 (goal_pred) がどのようなものであっても、誤差 (error) と重み (weight) の関係が正確に定義されます。この関係は、予測値と誤差の式を組み合わせることによって特定されます。

```
error = ((0.5 * weight) - 0.8) ** 2
```

この式は重みが 1 つのニューラルネットワークのものでした。そのネットワークでは、最初に順伝播(0.5 * weight)を行ってから目的値(0.8)と比較することで、誤差を評価することができました。この点について 2 つのステップ(順伝播とそれに続く誤差の評価)の観点から考えるのではなく、式全体(順伝播を含む)を誤差の評価として考えてみてください。そうすると、単語埋め込みのクラスタ化が異なる真の原因が明らかになります。ネットワークとデータセットが似ていても、誤差関数が根本的に異なっているために、それぞれのネットワークで単語のクラスタ化が異なる結果になっていたのです。

肯定的または否定的を予測

```
print(similar('terrible'))

[('terrible', -0.0),
 ('dull', -0.760788602671491),
 ('lacks', -0.76706470275372),
 ('boring', -0.7682894961694),
```

穴埋め

```
print(similar('terrible'))

[('terrible', -0.0),
 ('horrible', -2.79600898781),
 ('brilliant', -3.3336178881),
 ('pathetic', -3.49393193646),
```

```
  ('disappointing', -0.768657),              ('phenomenal', -3.773268963),
  ('annoying', -0.78786389931),              ('masterful', -3.8376122586),
  ('poor', -0.825784172378292),              ('superb', -3.9043150978490),
  ('horrible', -0.83154121717),              ('bad', -3.9141673639585237),
  ('laughable', -0.8340279599),              ('marvelous', -4.0470804427),
  ('badly', -0.84165373783678)]              ('dire', -4.178749691835959)]
```

損失関数の選択によってニューラルネットワークの知識が決まる

誤差関数のより正式な名称は**損失関数**または**目的関数**であり、どの名前を使用してもかまいません。学習の目的を損失関数(順伝播を含む)の最小化であると考えると、ニューラルネットワークの学習方法に関する視野が大きく広がります。2つのニューラルネットワークがあり、開始時点の重みがまったく同じで、まったく同じデータセットで訓練したとしても、異なる損失関数を選択したために最終的にまったく異なるパターンを学習することもあり得ます。2つの映画レビューニューラルネットワークの場合、損失関数が異なっていたのは異なる目的値(肯定的/否定的と穴埋め)を選択したためでした。

アーキテクチャ、層、正則化手法、データセット、活性化関数の種類の違いはそれほど大きくありません。これらは損失関数を構築するために選択できる手段です。ネットワークの学習がうまくいかない場合は、たいてい、いずれかの手段で問題を解決できます。

たとえば、ネットワークが過学習に陥っている場合は、損失関数を拡張するとよいかもしれません。損失関数を拡張するには、より単純な活性化関数、より小さな層、より浅いアーキテクチャ、より大きなデータセット、あるいはもっと積極的な正則化手法を選択します。これらの選択肢はどれも損失関数に対して基本的に同じような効果を持ち、ネットワークの振る舞いに対して同じような影響を与えます。これらの選択肢には相互作用があり、ある選択肢を変更すると他の選択肢の性能にどのような影響がおよぶのかがだんだんわかってくるでしょう。ですが今のところは、損失関数を構築して最小化するのが学習であると覚えておいてください。

ニューラルネットワークにパターンを学習させたい場合、そのために知っておかなければならないことはすべて損失関数に含まれることになります。重みが1つだけの場合、損失関数が次のような単純なものでよかったのは、そのためです。

```
error = ((0.5 * weight) - 0.8) ** 2
```

ただし、多くの複雑な層を連結していくうちに、損失関数は複雑になっていきます(このことに問題はありません)。何かがうまくいかなくなった場合は、順方向予測と生の誤差の評価(平均二乗誤差、交差エントロピーなど)を両方とも含んでいる損失関数にその解決策があることを覚えておいてください。

11.14 King - Man + Woman ≃ Queen

先ほど構築したネットワークがもたらす単語類推

本章を締めくくる前に、本書の執筆時点において、ニューラル単語埋め込み（先ほど作成したような単語ベクトル）の最もよく知られている特性の1つについて説明しておきましょう。穴埋めタスクは単語埋め込みに**単語類推**（word analogy）という興味深い特性をもたらします。これにより、さまざまな単語のベクトルを受け取り、それらに対して基本的な代数演算を実行できるようになります。

たとえば、先のネットワークを十分に大きなコーパスで訓練すると、kingのベクトルからmanのベクトルを引き、womanのベクトルを足すことで、（クエリに含まれているもの以外で）最も似ているベクトルを探索できるようになります。結論から言うと、最も似ているベクトルはたいてい"queen"という単語になります。映画レビューで訓練した穴埋めネットワークでも同じような結果になります。

```
def analogy(positive=['terrible','good'], negative=['bad']):

    norms = np.sum(weights_0_1 * weights_0_1, axis=1)
    norms.resize(norms.shape[0], 1)
    normed_weights = weights_0_1 * norms

    query_vect = np.zeros(len(weights_0_1[0]))
    for word in positive:
        query_vect += normed_weights[word2index[word]]
    for word in negative:
        query_vect -= normed_weights[word2index[word]]

    scores = Counter()
    for word,index in word2index.items():
       raw_difference = weights_0_1[index] - query_vect
       squared_difference = raw_difference * raw_difference
       scores[word] = -math.sqrt(sum(squared_difference))

    return scores.most_common(10)[1:]
```

結果は次のようになります。

```
terrible - bad + good ~=

analogy(['terrible','good'],['bad'])

[('superb', -223.3926217861),
 ('terrific', -223.690648739),
 ('decent', -223.7045545791),
 ('fine', -223.9233021831882),
 ('worth', -224.03031703075),
 ('perfect', -224.125194533),
 ('brilliant', -224.2138041),
 ('nice', -224.244182032763),
 ('great', -224.29115420564)]
```

```
elizabeth - she + he ~=

analogy(['elizabeth','he'],['she'])

[('christopher', -192.7003),
 ('it', -193.3250398279812),
 ('him', -193.459063887477),
 ('this', -193.59240614759),
 ('william', -193.63049856),
 ('mr', -193.6426152274126),
 ('bruce', -193.6689279548),
 ('fred', -193.69940566948),
 ('there', -193.7189421836)]
```

11.15 単語類推

データにすでに存在する特性の線形圧縮

この特性が最初に発見されたときは大きな話題となり、そうした技術の応用法があれこれ推測されました。それ自体が驚くような特性であり、さまざまな種類の単語埋め込みの生成がちょっとした産業になるほどでした。しかし、単語類推自体はそれ以来あまり成長しておらず、現在の言語研究のほとんどは代わりに（次章で取り上げる）リカレントアーキテクチャに焦点を移しています。

とはいえ、損失関数の選択の結果として単語埋め込みに何が起きているのかを直観的に理解していることが非常に重要となります。損失関数の選択が単語の分類方法に影響を与える可能性があることについてはすでに説明しましたが、この単語類推という現象は何かが違います。そのきっかけとなる新しい損失関数はどのようなものでしょうか。

単語埋め込みが2次元であると考えれば、単語類推の振る舞いにとってそれが何を意味するのかが想像しやすくなるはずです。

```
king = [0.6 , 0.1]
man = [0.5 , 0.0]
woman = [0.0 , 0.8]
queen = [0.1 , 1.0]

king - man = [0.1 , 0.1]
queen - woman = [0.1 , 0.2]
```

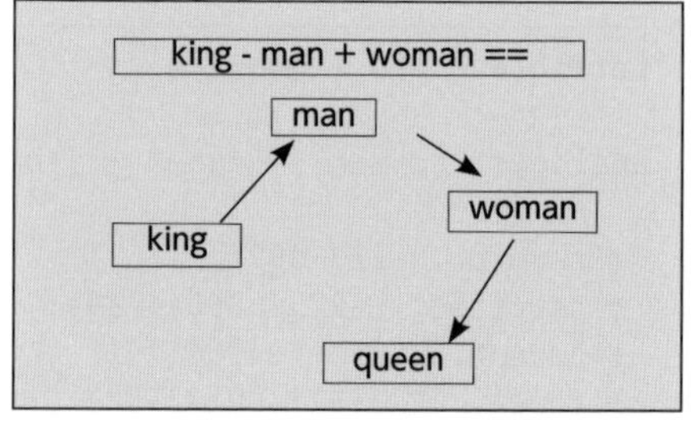

"king"/"man" と "queen"/"woman" 間の最終予測に対する相対的な有用性は似ています。なぜでしょうか。"king" と "man" の差は royalty のベクトルです。男性と女性に関連する単語のグループと、王室に関連する単語のグループが存在します。

ここから選択された損失関数までさかのぼることができます。フレーズ内に "king" という単語が出現すると、他の単語が特定の方法で出現する確率が変化し、"man" に関連する単語の確率と王室関連の単語の確率が高くなります。フレーズ内に "queen" という単語が出現すると、"woman" に関連する単語の確率と王室関連の単語の確率が(まとめて)高くなります。したがって、それらの単語は出力の確率にベン図のような影響をおよぼすため、同じようなグループの組み合わせに属することになります。

かなり単純に言うと、"king" は隠れ層の男性と王室の次元に含まれ、"queen" は隠れ層の女性と王室の次元に含まれます。"king" のベクトルを取り出し、男性の次元の近似値を引き、女性の次元の近似値を足すと、"queen" に近いものになります。最も重要なのは、これがディープラーニングではなく言語の特性であることです。これらの共起統計量※2 の線形圧縮はどれも同じような振る舞いになります。

11.16　まとめ

ニューラル単語埋め込みと、損失関数が学習に与える影響

本章では、ニューラルネットワークを使って言語を学習することに関する基本原理について説明しました。自然言語処理(NLP)の主な問題のオーバービューを皮切りに、ニューラルネットワークが単語埋め込みを使って言語を単語レベルでモデル化する仕組みを確認しました。また、単語埋め込みによって捕捉される特性が損失関数の選択によってどのように変化するのかも確認しました。最後に、この分野において最も摩訶不思議なニューラル現象である単語類推について説明しました。

他の章にも言えることですが、ぜひ本章の例を一から構築してみてください。本章の内容は独立しているように思えるかもしれませんが、損失関数の作成と調整に関する知識はかけがえのないものであり、以降の章で徐々に複雑な手法に取り組んでいくときに非常に重要となります。

※2　[訳注] 共起は単語が同時に出現することを表す。

12 シェイクスピアのような文章を書くニューラルネットワーク
可変長データのためのリカレント層

本章の内容

- 任意長の課題
- 平均化された単語ベクトルの驚くべき効果
- BoW ベクトルの限界
- 単位行列を使って単語埋め込みを合計する
- 遷移行列の学習
- 有益な文ベクトルを作成するための学習
- Python での順伝播
- 任意長での順伝播と逆伝播
- 任意長での重みの更新

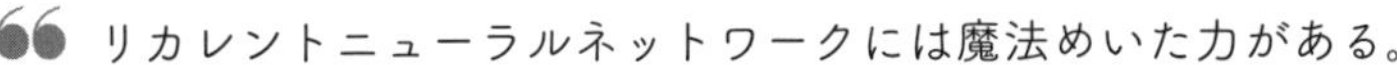

> リカレントニューラルネットワークには魔法めいた力がある。
>
> —アンドレイ・カルパシー、
> "The Unreasonable Effectiveness of Recurrent Neural Networks"※1

※1　http://karpathy.github.io/2015/05/21/rnn-effectiveness/

12.1　任意長の課題

任意長のデータシーケンスをニューラルネットワークでモデル化する

本章と前章の内容は深く絡み合っています。本章に取り組む前に、ぜひ前章の概念や手法をマスターしてください。前章では、自然言語処理(NLP)を取り上げました。その説明には、ニューラルネットワークの重みの中で特定の情報パターンを学習するために損失関数を変更する方法が含まれていました。また、単語埋め込みとは何かを理解し、他の単語埋め込みとの類似度を表す方法についての知識も身につけました。本章では、1つの単語の意味を伝える単語埋め込みに関する知識をさらに発展させ、可変長のフレーズや文章の意味を伝える埋め込みを作成することにします。

最初の課題は、単語埋め込みが単語に関する情報を格納するのと同じ方法で、一連のシンボル全体を格納するベクトルを作成したい場合はどうすればよいかです。最も単純な方法から見ていきましょう。理論的には、単語埋め込みを連結または積み重ねると、一連のシンボル全体を格納する一種のベクトルになります。

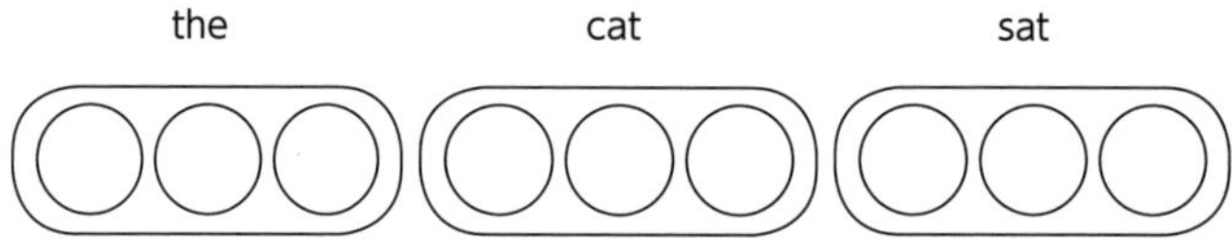

ですが、この方法だと文によってベクトルの長さが異なることになるため、少し不満が残ります。2つのベクトルを並べてみると、片方のベクトルが突き出てしまうため、簡単には比較できません。2つ目の文を見てみましょう。

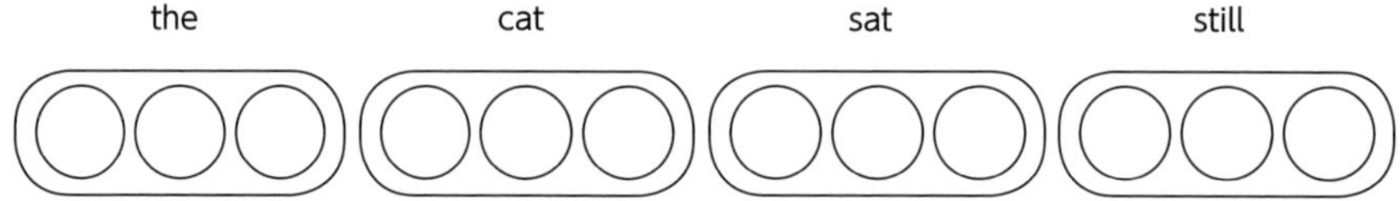

理論的には、これら2つの文は非常によく似ているはずであり、これらのベクトルを比較すれば高い類似性が示されるはずです。しかし、"the cat sat" のほうがベクトルが短いため、"the cat sat still" ベクトルのどの部分と比較するのかを決めなければなりません。左で揃えた場合、2つのベクトルはまったく同じものに見えます(実際には "the cat sat still" が別の文であることは無視されます)。しかし、右で揃えた場合は、単語の4分の3が同じで、同じ順序で並んでいるにもかかわらず、まったく異なるベクトルのように見えます。この安直な方法

でも何がしかの効果はありますが、有益な（他のベクトルとの比較が可能な）方法で文の意味を表すことに関しては、理想からかけ離れています。

12.2　比較は本当に重要か

2つの文ベクトルを比較できるかどうかにこだわるのはなぜか

2つのベクトルを比較することが有益なのは、ニューラルネットワークが見ているものの近似値が得られるからです。2つのベクトルを読まなくても、（前章で説明した関数を用いて）それらが似ているかどうかがわかります。文ベクトルの生成方法に2つの文に認められる類似性が反映されないとしたら、2つの文が似ていることをネットワークもうまく認識しないでしょう。何しろ、ネットワークが扱うのはベクトルだけです。

文ベクトルを計算するさまざまな方法を繰り返し評価していく中で、なぜこのようなことを行うのかを覚えておいてください。私たちはニューラルネットワークの視点に立とうとしており、「相関の要約によって、これと同じような文ベクトルと、予測しようとしているラベルとの間で相関は特定されるだろうか。それとも、ほとんど同じ2つの文から、文ベクトルと予測しようとしているラベルとの間に相関がほとんど存在しないような、まったく異なるベクトルが生成されるだろうか」を問います。私たちは文の何かを予測するのに役立つ文ベクトルを作成したいと考えます。このことは、少なくとも、似たような文から似たようなベクトルが生成されることを意味します。

文ベクトルを作成する先ほどの方法（連結）は、ベクトルの並べ方がかなり恣意的だったので問題がありました。そこで、その次に単純な方法を見てみましょう。文中の単語ごとにベクトルを作成し、それらの平均を求めるのはどうでしょうか。そうすると、文ベクトルの長さがそれぞれ同じになり、その瞬間に並べ方で悩む必要はなくなります。

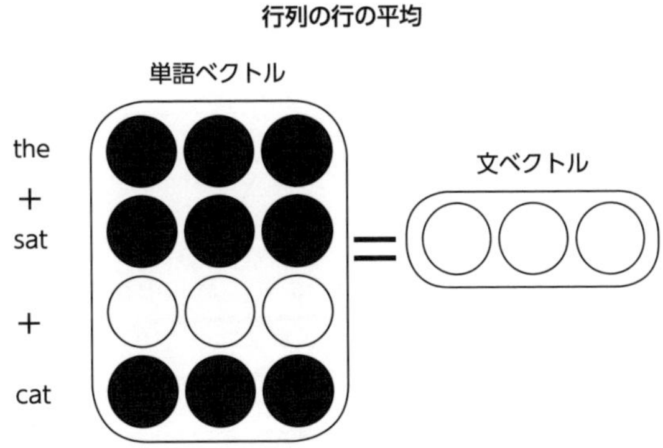

さらに、"the cat sat"と"the cat sat still"は文ベクトルに含まれる単語が似ているため、文ベクトルも似たようなものになります。さらによいことに、"a dog walked"と"the cat sat"が似ている可能性もあります。一致する単語はありませんが、やはり使用されている単語が似ているからです。

結論から言うと、単語埋め込みの平均化は単語埋め込みの作成にとって驚くほど効果的です。

完璧とは言えないまでも、単語間の複雑な関係と考えられるものを見事に捕捉します。先へ進む前に、ぜひ前章の単語埋め込みを用いて、この平均化戦略をいろいろ試してみてください。

12.3 平均化された単語ベクトルの驚くべき効果

ニューラル予測の定番とも言える驚くほど強力なツール

前節では、単語シーケンスの意味を伝えるベクトルを作成する2つ目の方法を提案しました。この方法では、文中の単語に対応するベクトルの平均を求めます。直観的に、平均化された新しい文ベクトルがいくつかの望ましい方法で動作することが予想できます。

ここでは、前章で説明した埋め込みを使って生成した文ベクトルでいろいろなことを試してみます。前章のコードを取り出し、これまでと同じようにIMDbコーパスで埋め込みの訓練を行った後、平均化された文埋め込みでテストしてみましょう。

次のコードでは、単語埋め込みの比較時に使用したものと同じ正規化を使用しています。ですが今回は、すべての単語埋め込みをnormed_weightsという行列に事前に正規化しておきます。続いて、make_sent_vectという関数を作成し、この関数を使って各レビュー（単語のリスト）を平均化方式で埋め込みに変換し、reviews2vectorsという行列に格納します。

その後、入力レビューに最もよく似ているレビューを検索する関数を定義します。この関数は、入力レビューのベクトルと、コーパス内のその他すべてのレビューからなるベクトルとの間で内積を求めます。この内積類似度指標は、第4章で複数の入力に基づく予測に取り組んだときに簡単に説明したものと同じです。

```
import numpy as np
from collections import Counter
...
weights_0_1 = (np.random.rand(len(vocab), hidden_size) - 0.5) * 0.2
norms = np.sum(weights_0_1 * weights_0_1, axis=1)
norms.resize(norms.shape[0], 1)
normed_weights = weights_0_1 * norms

def make_sent_vect(words):
    indices = list(map(lambda x:word2index[x],
                       filter(lambda x:x in word2index, words)))
    return np.mean(normed_weights[indices], axis=0)

reviews2vectors = list()
```

```
# トークン化されたレビュー
for review in tokens:
    reviews2vectors.append(make_sent_vect(review))
reviews2vectors = np.array(reviews2vectors)

def most_similar_reviews(review):
    v = make_sent_vect(review)
    scores = Counter()
    for i,val in enumerate(reviews2vectors.dot(v)):
        scores[i] = val
    most_similar = list()
    for idx,score in scores.most_common(3):
        most_similar.append(raw_reviews[idx][0:40])
    return most_similar

most_similar_reviews(['boring','awful'])
```

結果は次のようになります。

```
['I am amazed at how boring this film',
 'This is truly one of the worst dep',
 'It just seemed to go on and on and.]
```

意外かもしれませんが、"boring" と "awful" の 2 つの単語間の平均ベクトルに最もよく似ているレビューを検索すると、かなり否定的なレビューが 3 つ返されます。どうやらこれらのベクトルの中に、否定的な埋め込みと肯定的な埋め込みがそれぞれクラスタ化されるような興味深い統計情報が含まれているようです。

12.4　これらの埋め込みに情報はどのように格納されるか

単語埋め込みの平均化では、平均的な形状が保たれる

ここで何が行われているのかについては、少し抽象的に考えてみる必要があります。おそらく普段扱っている情報とは少し勝手が異なるため、時間をかけて消化することをお勧めします。さしあたり、単語ベクトルは次に示すような「曲がりくねった線」として視覚的に表現できると考えてください。

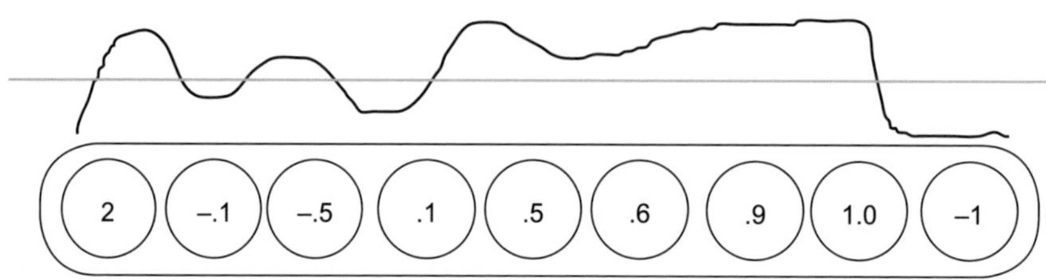

ベクトルを数字のリストとして考えるのではなく、線として考えてください。この線には、ベクトル内のさまざまな位置にある大きい値に対応する高い点と、小さい値に対応する低い点があります。コーパスから複数の単語を選択した場合は、次の図のようになるかもしれません。

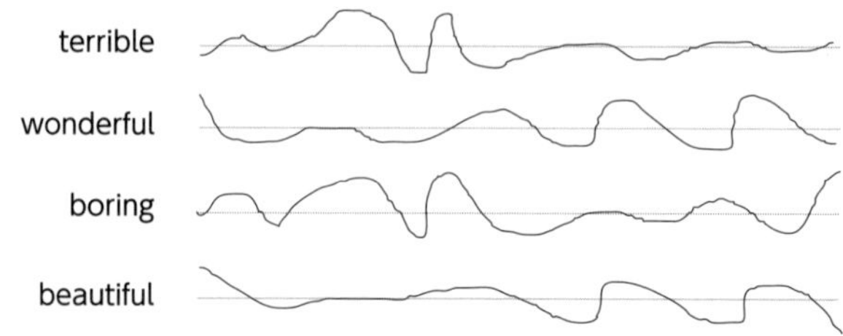

さまざまな単語間の類似性について考えてみましょう。それぞれのベクトルの形状はかなり独特です。ただし、"terrible" と "boring" の線の形はどこか似ています。"beautiful" と "wonderful" の線の形も似ていますが、"terrible" と "boring" の線とは違っています。このような曲がりくねった線をクラスタ化するとしたら、意味が似ている単語によってクラスタが形成されることになるでしょう。さらに重要なのは、このような曲がりくねった線の各部分自体にこそ真の意味が含まれていることです。

たとえば否定的な単語では、左から 40% のあたりで線が急降下した後に上昇しています。各単語の線を描き続けるとしたら、この特徴的なスパイクがその後も現れるでしょう。「否定的」を意味するスパイクは何ら不思議なものではなく、ネットワークを再び訓練すれば、どこか別の場所に現れるはずです。このスパイクは、否定的な単語のすべてに存在するからこそ、否定的であることを意味します。

このため、訓練の過程で、（前章で説明したように）さまざまな場所にあるさまざまなカーブが意味を持つような形状が形成されていきます。文中の単語に対する平均曲線を求めると、その文の主要な意味が保たれ、特定の単語によって生み出されるノイズが平均化によって相殺されます。

12.5　ニューラルネットワークは埋め込みをどのように使用するか

ニューラルネットワークは目的値との相関を持つカーブを検出する

単語埋め込みを特徴的な性質（カーブ）を持つ曲がりくねった線と見なす新しい方法と、これらのカーブが目的を達成するための訓練の過程で形成されることがわかりました。何らかの点で似たような意味を持つ単語では、カーブの特徴的な屈曲（重みの高低パターンの組み合わせ）が共通していることがよくあります。ここでは、相関の要約がこれらのカーブを入力として処理する仕組みを見てみましょう。層がこれらのカーブを入力として使用するというのは、いったいどういうことでしょうか。

実を言うと、ニューラルネットワークが埋め込みを使用する方法は、以前の章に登場した信号機データセットのときと同じです。つまり、隠れ層のさまざまなバンプやカーブと、予測しようとしている目的値（出力ラベル）との間で相関を調べます。ある種の類似性を持つ単語が同じようなバンプとカーブを共有するのはこのためです。ニューラルネットワークは正確な予測を行うために、訓練の過程でさまざまな単語の形状にユニークな特徴（同じようなバンプやカーブ）を持たせることで、それらの単語を区別したり、グループ化したりできるようにします。ただし、これは前章の最後に学んだことを別の方法で要約しているだけです。

本章では、これらの埋め込みを文埋め込みにまとめることの意味について考えます。この合計ベクトルはどのような種類の分類に役立つのでしょうか。先ほど示したように、文の単語埋め込みの平均を求めると、その文に含まれている単語の平均的な特徴を持つベクトルになります。肯定的な単語の数が多い場合、最終的な埋め込みはやや肯定的なものになるでしょう（それらの単語による他のノイズはたいてい相殺されます）。ただし、このアプローチはそれほど堅牢ではなく、十分な数の単語が与えられると、こうした曲がりくねった線がすべて平均化され、たいていまっすぐな線になってしまいます。

これが、このアプローチの１つ目の弱点です。任意長の情報シーケンス（文）を固定長のベクトルに格納しようとする際、格納する情報が多すぎると、文ベクトル（大量の単語ベクトルの平均）がまっすぐな線に平均化され、ほとんど０で埋まったベクトルになってしまいます。

要するに、文の情報を格納するこのプロセスはうまく減衰しません。１つのベクトルにあまりにも多くの単語を詰め込もうとすると、結局ほとんど何も格納されないことになります。とはいえ、多くの場合、１つの文にそれほど多くの単語は含まれていません。そして、文に繰り返し出現するパターンがあるとしたら、これらの文ベクトルが有益なものになることが考えられます。文ベクトルに残るパターンは、合計される単語ベクトルの中で最も優勢なパターン（前節の否定的なスパイクなど）だからです。

12.6 BoWベクトルの限界

単語埋め込みを平均化すると順序が意味を持たなくなる

平均埋め込みの最大の問題は、順序の概念がないことです。たとえば、"Yankees defeat Red Sox"と"Red Sox defeat Yankees"の2つの文について考えてみましょう。これら2つの文を平均化手法でベクトル化するとまったく同じベクトルになりますが、これらの文が伝えている情報はまったく逆です。さらに、この手法は文法や構文を無視するため、"Sox Red Yankees defeat"の文ベクトルもまったく同じになります。

この、単語埋め込みの合計や平均によってフレーズや文の埋め込みを生成する方法は、**BoW** (Bag-of-Words)と呼ばれる古典的な手法です。このように呼ばれるのは、一連の単語を袋に放り込んだときのように順序が保たれないからです。この手法には、重大な制限があります。どのような文であろうと、すべての単語をごちゃまぜにした文ベクトルを生成できてしまうこと、そして単語をどのような順序で並べたとしても(`a + b == b + a`のように加法は結合的であるため)ベクトルが同じになることです。

本章の実質的なテーマは、順序に配慮した上で文ベクトルを生成することです。単語の順序を入れ替えると結果のベクトルが変わるような方法でベクトルを作成したいのです。さらに重要なのは、**どの順序が重要なのか**(順序によってベクトルがどのように変わるのか)を**学習**すべきであることです。このように、ニューラルネットワークでの順序の表現は、言語のタスクを解決するための基盤になることがあります。さらに言えば、言語における順序の本質を捉えるための基盤になるかもしれません。ここでは例として言語を使用していますが、以下の内容はどのようなシーケンスに対しても一般化できます。言語はとりわけ難易度が高いものの、周知の分野です。

文などのシーケンスをベクトル化する手法として最もよく知られているものの1つに**リカレントニューラルネットワーク**(RNN)があります。その仕組みを示すために、**単位行列**と呼ばれるものを使って単語埋め込みを平均化するという、一見無駄に思える新しい方法を試してみましょう。単位行列は、任意の大きさの正方行列(行の数と列の数が同じ)であり、対角成分(左上から右下に伸びる対角線上の要素)に1の値、それ以外の成分に0の値が設定されます。

```
[1,0]
[0,1]

[1,0,0]
[0,1,0]
[0,0,1]

[1,0,0,0]
[0,1,0,0]
[0,0,1,0]
[0,0,0,1]
```

右図に示されている3つの行列はすべて単位行列です。どれも目的は同じであり、「任意」のベクトルとの間でベクトルと行列の乗算を実行すると元のベクトルが得られます。ベクトル `[3,5]` に一番上の単位行列を掛けると、結果は `[3,5]` になります。

12.7 単位行列を使って単語埋め込みを合計する

異なるアプローチを用いて同じロジックを実装する

単位行列に使い道なんてあるだろうかと考えているかもしれません。ベクトルを受け取って同じベクトルを出力する行列にどのような意味があるのでしょうか。この場合は、それを教材として、もう少し複雑な方法で単語埋め込みを合計する手順を示します。そうすれば、最終的な文埋め込みを生成するときにニューラルネットワークが順序を考慮できるようになります。

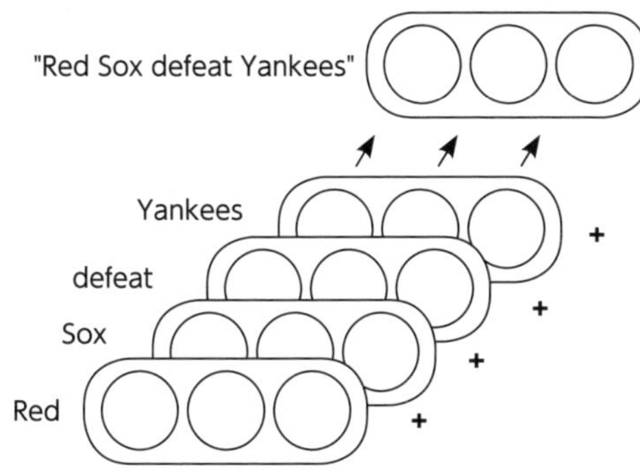

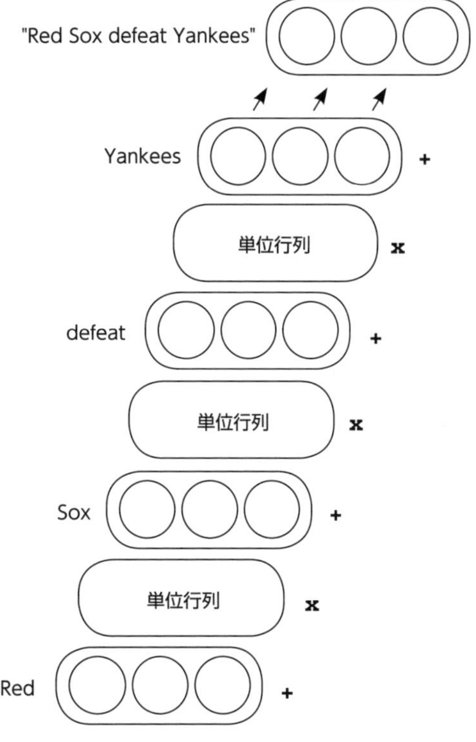

ここで示しているのは、複数の単語埋め込みを合計して文埋め込みを生成する標準的な方法です（単語の数で割ると平均文埋め込みになります）。右図は、それぞれの和の「間」にあるステップ（単位行列によるベクトルと行列の乗算）を追加したものです。

"Red" のベクトルに単位行列を掛け、その出力を "Sox" のベクトルに足し、その出力に単位行列を掛け、その出力を "defeat" のベクトルに足す、といった具合に文全体を処理していきます。単位行列によるベクトルと行列の乗算によって得られるベクトルは入力ベクトルと同じなので、右図の処理によって生成される文埋め込みは左図のものと**まったく同じ**です。

そのとおり、これは無駄な計算ですが、今からそれが変わります。ここで考慮すべき主な点は、単位行列以外の行列が使用され、単語の順序が変化した場合、結果の埋め込みが変化することです。Python で見てみましょう。

12.8 まったく何も変更しない行列

Python で単位行列を使って文埋め込みを作成する

ここでは、Python で単位行列を操作することで、最終的に前節で説明した文ベクトルを生成する新しい方法を実装します。それにより、まったく同じ文埋め込みが生成されることを証明します。

次の左のコードでは、まず、長さが 3 の 4 つのベクトル(a、b、c、d)と、3 × 3 の単位行列を初期化します(単位行列は常に正方行列です)。単位行列には、対角成分(左上から右下に伸びる対角線上の要素)に 1 が含まれるという特徴があります(ちなみに、線形代数では**対角行列**と呼ばれます)。対角成分が 1、それ以外の成分がすべて 0 の正方行列はすべて単位行列です。

```
import numpy as np

a = np.array([1,2,3])
b = np.array([0.1,0.2,0.3])
c = np.array([-1,-0.5,0])
d = np.array([0,0,0])

identity = np.eye(3)
print(identity)
```

```
print(a.dot(identity))
print(b.dot(identity))
print(c.dot(identity))
print(d.dot(identity))
```

右のコードでは、NumPy の dot 関数を使って各ベクトルと単位行列の乗算を行います。次に示すように、このプロセスによって入力ベクトルとまったく同じ出力ベクトルが得られることがわかります。

```
[[1. 0. 0.]
 [0. 1. 0.]
 [0. 0. 1.]]
```

```
[1. 2. 3.]
[0.1 0.2 0.3]
[-1. -0.5 0. ]
[0. 0. 0.]
```

単位行列によるベクトルと行列の乗算では最初のベクトルと同じものが返されるため、このプロセスを文埋め込みに組み込むのは簡単なことに思えるはずです。そして、実際に簡単です。

```
this = np.array([2,4,6])
movie = np.array([10,10,10])
rocks = np.array([1,1,1])

print(this + movie + rocks)
```

```
print((this.dot(identity) + movie).dot(identity) + rocks)

[13 15 17]
[13. 15. 17.]
```

どちらの方法で文埋め込みを作成しても最終的なベクトルは同じです。これはひとえに単位行列がかなり特殊な行列だからです。しかし、単位行列ではなく別の行列を使用していたとしたらどうなっていたでしょう。実際には、単位行列はベクトルと行列の乗算のオペランドと同じベクトルを返すことが保証されている「唯一」の行列です。他の行列には、このような保証はありません。

12.9　遷移行列を学習する

損失関数を最小化するために単位行列を変更できるようにしたらどうなるか

説明に入る前に、目的を思い出しましょう。ここでの目的は、与えられた文と似たような意味の文を見つけ出せるようにするために、その文の意味に従ってクラスタ化される文埋め込みを生成することです。もう少し具体的に言うと、これらの文埋め込みは単語の順序を意識したものでなければなりません。

本章では、まず単語埋め込みの合計を試してみました。ですがそれは、"Red Sox defeat Yankees" と "Yankees defeat Red Sox" では意味が逆であるにもかかわらず、これら２つの文のベクトルがまったく同じものになることを意味していました。ここで作成したいのは、これら２つの文から生成されるベクトルが「異なる」（かつ意味のある方法でクラスタ化される）ような文埋め込みです。理論的には、単位行列方式で文埋め込みを作成し、かつ単位行列以外の行列を使用すれば、単語の順序に応じて異なる文埋め込みになるはずです。

ここで次の疑問が浮かびます。単位行列の代わりにどのような行列を使用するのでしょうか。選択肢の数は無限にあります。しかし、この種の疑問に対するディープラーニングの標準的な答えは、「ニューラルネットワークにおいて他の行列を学習するのと同じようにその行列を学習する」です。なるほど、ではこの行列を学習することにしましょう。どのようにするのでしょうか。

ニューラルネットワークを訓練して何かを学習させるときには、学習するためのタスクが常に必要です。この場合は、興味深い文埋め込みを生成するために、有益な単語ベクトルと、単位行列の有益な変更の両方を学習するタスクになるはずです。どのようなタスクを使用すべきでしょうか。

有益な単語埋め込みを生成したいと考えたとき（穴埋め）の目標も同じようなものでした。そこで、非常によく似たタスクを実行することにしましょう。このタスクでは、単語のリストを受け取り、次の単語を予測するようにニューラルネットワークを訓練します。

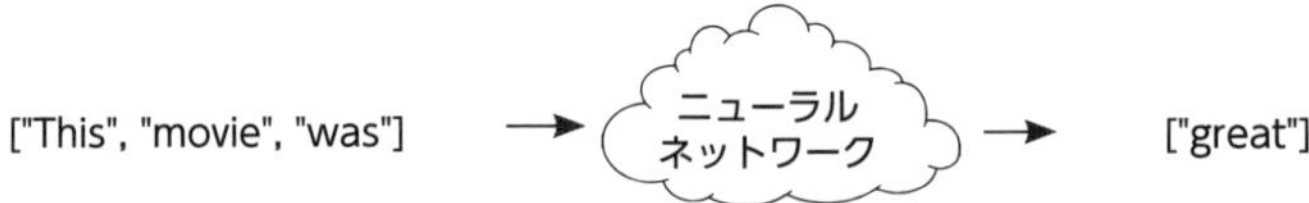

12.10 有益な文ベクトルを作成するための学習

文ベクトルを作成し、予測を行い、文ベクトルの一部を変更する

次の実験では、ニューラルネットワークをこれまでのネットワークと同じように考えるのではなく、文埋め込みを作成し、それを使って次の単語を予測し、その文埋め込みの該当する部分を変更することで予測の正解率を向上させる、ということについて考えます。ここでは「次」の単語を予測するため、文埋め込みの作成には既知の文の一部が使用されます。ニューラルネットワークは右図のようになります。

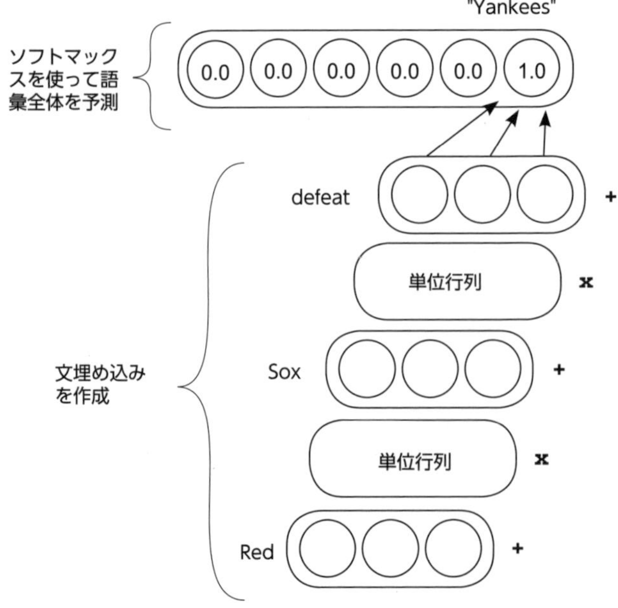

このプロセスは、「文埋め込みの作成」と「その埋め込みを使った次の単語の予測」の2ステップで構成されます。このネットワークの入力は "Red Sox defeat" というテキストであり、予測する単語は "Yankees" です。

単語ベクトルの間のボックスには「単位行列」と書かれています。と言っても、最初は単位行列として始まる、というだけです。訓練の過程で、これらの行列に勾配が逆伝播され、（ネットワークの他の重みと同じように）ネットワークの予測性能を向上させるために更新されます。

ネットワークはこのようにして、**単語埋め込みの単なる和よりも多くの情報を埋め込む方法を学習**します。最初の行列を単位行列からそれ以外のものに変更できるようにすることで、単語が出現する順序によってベクトルが変わるような文埋め込みの作成方法をネットワークに学習させます。ただし、この変更は恣意的なものではありません。ネットワークは**次の単語を予測するタスクにとって有益となる**ような方法で単語の順序を組み込む方法を学習します。

また、**遷移行列**がすべて同じ行列であるという制約もあります。この場合の遷移行列は、最初は単位行列として始まる行列のことです。つまり、"Red" → "Sox" の行列は "Sox" → "defeat" の遷移に再利用されます。ある遷移においてネットワークが学習するロジックは、次の遷移で再利用されます。そして、どの予測ステップでも有益なロジックだけをネットワークに学習させることができます。

12.11 Pythonでの順伝播

この理論に基づいて簡単な順伝播を行う方法

ここで構築しようとしているものを論理的に理解したところで、その単純なバージョンをPythonでチェックしてみましょう。まず、重みを設定します（ここで使用する語彙は9つの単語に制限されています）。

```
import numpy as np

def softmax(x_):
    x = np.atleast_2d(x_)
    temp = np.exp(x)
    return temp / np.sum(temp, axis=1, keepdims=True)

word_vects = {}
word_vects['yankees'] = np.array([[0.,0.,0.]])
word_vects['bears'] = np.array([[0.,0.,0.]])
word_vects['braves'] = np.array([[0.,0.,0.]])
word_vects['red'] = np.array([[0.,0.,0.]])
word_vects['sox'] = np.array([[0.,0.,0.]])        単語埋め込み
word_vects['lose'] = np.array([[0.,0.,0.]])
word_vects['defeat'] = np.array([[0.,0.,0.]])
word_vects['beat'] = np.array([[0.,0.,0.]])
word_vects['tie'] = np.array([[0.,0.,0.]])

# 分類層の重みを出力するための文埋め込み
sent2output = np.random.rand(3, len(word_vects))
```

```
identity = np.eye(3)    # 遷移行列の重み
```

このコードは、単語埋め込みのPythonディクショナリ、単位行列（遷移行列）、分類層の3つの重みを作成します。この分類層sent2outputは、長さが3の文ベクトルが与えられたときに次の単語を予測するための重み行列です。これらの重みがあれば、順伝播は簡単です。順伝播では"red sox defeat"→"yankees"が次のように処理されます。

```
layer_0 = word_vects['red']
layer_1 = layer_0.dot(identity) + word_vects['sox']
layer_2 = layer_1.dot(identity) + word_vects['defeat']     文埋め込みを作成

pred = softmax(layer_2.dot(sent2output))    # すべての語彙に対して予測を行う
print(pred)

[[0.11111111 0.11111111 0.11111111 0.11111111 0.11111111 0.11111111
  0.11111111 0.11111111 0.11111111]]
```

12.12　逆伝播

もっと複雑に思えるかもしれないが、すでに学んだ手順と同じ

このニューラルネットワークで順伝播を行う方法を見てもらいましたが、最初はどうすれば逆伝播を実行できるかわからないかもしれません。実際には単純です。おそらく次のようになるでしょう。

```
        通常のニューラルネットワーク（第1～5章）
                                                見慣れない追加部分
layer_0 = word_vects['red']
layer_1 = layer_0.dot(identity) + word_vects['sox']
layer_2 = layer_1.dot(identity) + word_vects['defeat']

pred = softmax(layer_2.dot(sent2output))  | 通常のニューラルネットワーク（第9章）
print(pred)
```

ここまでの章の知識があれば、損失関数の計算と逆伝播の方法を難なく理解できるはずですが、layer_2_deltaというlayer_2の勾配に達した時点で「どちらの方向に逆伝播するか」で悩むかもしれません。単位行列によるベクトルと行列の乗算を通じてlayer_1に戻るか、word_vects['defeat']に進むことが考えられます。

順伝播を通じて２つのベクトルを足し合わせる際には、同じ勾配を加算の**両側**に逆伝播することになります。layer_2_delta を生成する際には、逆伝播を２回行うことになります。１回は単位行列をまたいで layer_1_delta を作成するためであり、もう１回は word_vects['defeat'] に逆伝播するためです。

```
y = np.array([1,0,0,0,0,0,0,0,0])          # 目的値は "yankees" の one-hot ベクトル

pred_delta = pred - y
layer_2_delta = pred_delta.dot(sent2output.T)
defeat_delta = layer_2_delta * 1           # 前章と同じく "1" は無視できる
layer_1_delta = layer_2_delta.dot(identity.T)
sox_delta = layer_1_delta * 1              # この場合も "1" は無視できる
layer_0_delta = layer_1_delta.dot(identity.T)
alpha = 0.01
word_vects['red'] -= layer_0_delta * alpha
word_vects['sox'] -= sox_delta * alpha
word_vects['defeat'] -= defeat_delta * alpha
identity -= np.outer(layer_0, layer_1_delta) * alpha
identity -= np.outer(layer_1, layer_2_delta) * alpha
sent2output -= np.outer(layer_2, pred_delta) * alpha
```

12.13 訓練

ツールが揃ったところでネットワークを単純なコーパスで訓練する

ロジックを理解できたところで、Babi データセットを使ったトイプロブレム※2 で新しいニューラルネットワークを訓練してみましょう。このデータセットは、周囲の環境に関する簡単な質問に答える方法をマシンに学習させるために合成的に生成された質疑応答（QA）コーパスです。QA には（まだ）使用しませんが、タスクが単純なので、単位行列を学習することがどのような影響をもたらすのかを理解するのに役立つでしょう。まず、次の bash コマンドを使って Babi データセットをダウンロードします※3。

※２　［訳注］トイプロブレムとは、ルールが明確に定められた実験的な問題のこと。

※３　［訳注］このデータセットは原書の GitHub リポジトリの tasksv11 フォルダにも含まれている。以下のコードは、このデータセットが Python コードと同じフォルダに配置されていることを前提としている。

```
wget http://www.thespermwhale.com/jaseweston/babi/tasks_1-20_v1-1.tar.gz

tar -xvf tasks_1-20_v1-1.tar.gz
```

簡単なPythonコードを使って小さなデータセットを開き、ネットワークの訓練に使用するためにクレンジングします。

```
import sys,random,math
from collections import Counter
import numpy as np

f = open('tasksv11/en/qa1_single-supporting-fact_train.txt', 'r')
raw = f.readlines()
f.close()

tokens = list()
for line in raw[0:1000]:
    tokens.append(line.lower().replace("\n","").split(" ")[1:])

print(tokens[0:3])
```

出力は次のようになります。

```
[['mary', 'moved', 'to', 'the', 'bathroom.'],
 ['john', 'went', 'to', 'the', 'hallway.'],
 ['where', 'is', 'mary?', '\tbathroom\t1'],
```

このデータセットにさまざまな単純な文や質問が含まれていることがわかります。それぞれの質問に続いて正しい答えがあります。QAで使用する場合、ニューラルネットワークはこれらの文を順番に読み取り、直近に読み取った文に含まれている情報に基づいて質問に答えます（質問の答えは正しいこともあれば間違っていることもあります）。

まず、最初の単語が（1つまたは複数）与えられたらそれぞれの文を完成させるようにネットワークを訓練してみましょう。その過程で、リカレント行列（元は単位行列）に学習させることの重要性が理解できるはずです。

12.14 ニューラルネットワークを訓練するための準備

行列を作成する前にパラメータの個数を確認する

単語埋め込みニューラルネットワークの場合と同じように、予測、比較、学習プロセスで使用する便利な数値、リスト、ユーティリティ関数を作成することから始めます。これらのユーティリティ関数とオブジェクトには見覚えがあるはずです。

```
vocab = set()
for sent in tokens:
    for word in sent:
        vocab.add(word)
vocab = list(vocab)

word2index = {}
for i,word in enumerate(vocab):
    word2index[word] = i
```

```
def words2indices(sentence):
    idx = list()
    for word in sentence:
        idx.append(word2index[word])
    return idx

def softmax(x):
    e_x = np.exp(x - np.max(x))
    return e_x / e_x.sum(axis=0)
```

左のコードでは、語彙の単語からなる単純なリストと検索ディクショナリを作成することで、単語のテキストとそのインデックスを切り替えられるようにしています。単語リストのインデックスを使って、埋め込み行列や予測行列のどの行と列がどの単語に対応しているのかを調べます。右のコードは、単語リストをインデックスのリストに変換するユーティリティ関数と、次の単語の予測に使用するソフトマックス関数です。

次のコードは、（一貫した結果が得られるように）ランダムシードを初期化し、埋め込みサイズを 10 に設定します。続いて、単語埋め込み（embed）、リカレント埋め込み（recurrent）、最初の埋め込み（start）の行列を作成します。これは空のフレーズをモデル化する埋め込みであり、文の始まり方をモデル化するネットワークにとって重要な意味を持ちます。そして最後に、（埋め込みの行列と同じように）decoder 重み行列と one_hot 単位行列を作成します。

```
np.random.seed(1)
embed_size = 10

# 単語埋め込み
embed = (np.random.rand(len(vocab), embed_size) - 0.5) * 0.1
# 埋め込み→埋め込み (最初は単位行列)
recurrent = np.eye(embed_size)
# 空の文に対する文埋め込み
start = np.zeros(embed_size)
# 埋め込み→出力の重み
decoder = (np.random.rand(embed_size, len(vocab)) - 0.5) * 0.1
```

```
# 損失関数に対する one-hot 探索
one_hot = np.eye(len(vocab))
```

12.15 任意長での順伝播

順伝播のロジックはこれまでと同じ

順伝播を使って次の単語を予測するロジックは以下のようになります。見慣れない構造かもしれませんが、単位行列を使って埋め込みを合計したときと手順は同じです。このコードでは、単位行列がリカレント行列に置き換えられています。この行列の値はすべて0に初期化されています（そして訓練を通じて学習されます）。

さらに、最後の単語でのみ予測を行うのではなく、その手前にある単語によって生成された埋め込みをもとに、時間ステップごとに予測を行います（layer['pred']）。新しい単語の予測が必要になるたびにフレーズの先頭から新たな順伝播を開始するよりも、このほうが効率的です。

```
def predict(sent):
    layers = list()
    layer = {}
    layer['hidden'] = start
    layers.append(layer)

    loss = 0
    preds = list()              # 順伝播
    for target_i in range(len(sent)):
        layer = {}
        layer['pred'] = \       # 次の単語を予測
            softmax(layers[-1]['hidden'].dot(decoder))
        loss += -np.log(layer['pred'][sent[target_i]])
        layer['hidden'] = \     # 次の隠れ層の状態を生成
            layers[-1]['hidden'].dot(recurrent) + embed[sent[target_i]]
        layers.append(layer)

    return layers, loss
```

ここまでの内容と比べて特に目新しいものはありませんが、先へ進む前によく理解しておいてほしいことがあります。ここでlayersと呼ばれているリストは、順伝播の新しい方法です。

sentがもっと長い場合は、さらに順伝播を行うことになります。このため、これまでのように「静的な層」の変数を使用するわけにはいきません。この場合は、要求される数に基づいて、新しい層をこのリストに追加し続ける必要があります。このリストの各部分で何が行われているのかをよく理解しておいてください。このことを順伝播で理解しておかないと、逆伝播と重みの更新ステップで何が行われているのかを理解するのが非常に難しくなるからです。

12.16　任意長での逆伝播

同じロジックで逆伝播を行う

"Red Sox defeat Yankees" の例で説明したように、前節の関数から返された順伝播オブジェクトにアクセスできると仮定して、任意長のシーケンスに対して逆伝播を実装することにしましょう。最も重要なオブジェクトは layers リストです。このリストには、2 つのベクトル（layer['state']、layer['previous->hidden']）が含まれます。

逆伝播を行うには、出力された勾配を受け取り、layer['state_delta'] というリストに新しいオブジェクトを追加する作業を繰り返します。このリストはその層の勾配を表します。これは "Red Sox defeat Yankees" の例の sox_delta、layer_0_delta、defeat_delta などの変数に相当します。順伝播ロジックから返される可変長のシーケンスを利用できるよう、同じロジックを実装します。

```
for iter in range(30000):                              # 順伝播
    alpha = 0.001
    sent = words2indices(tokens[iter%len(tokens)][1:])
    layers,loss = predict(sent)

    for layer_idx in reversed(range(len(layers))):  # 逆伝播
        layer = layers[layer_idx]
        target = sent[layer_idx-1]

        if(layer_idx > 0):  # 1つ目の層ではない場合
            layer['output_delta'] = layer['pred'] - one_hot[target]
            new_hidden_delta = \
                layer['output_delta'].dot(decoder.transpose())

            # 最後の層の場合、それ以上層は存在しないので処理しない
            if(layer_idx == len(layers)-1):
                layer['hidden_delta'] = new_hidden_delta
            else:
                layer['hidden_delta'] = new_hidden_delta + \
                layer['hidden_delta'] = new_hidden_delta + \
                    layers[layer_idx+1]['hidden_delta'].dot(
                        recurrent.transpose())
        else:  # 1つ目の層の場合
```

```
            layer['hidden_delta'] = \
                layers[layer_idx+1]['hidden_delta'].dot(
                    recurrent.transpose())
```

次節に進む前に、このコードを読み、誰かに(あるいは自分自身に)内容を説明できるようにしてください。新しい概念は特に含まれていませんが、その構造のせいで最初は見慣れないものに思えることがあります。少し時間を割いて、このコードに書かれている内容と "Red Sox defeat Yankees" の例の各行を結び付けてください。そうすれば、次節に進んで、逆伝播した勾配を使って重みを更新する準備が整うはずです。

12.17 任意長での重みの更新

同じロジックで重みを更新する

順伝播と逆伝播のロジックと同じように、この重みの更新ロジックも新しいものではありません。というのも、このロジックを先に説明してから実際に見てもらうことで、理論の複雑さをしっかり理解した上で、技術的な複雑さに取り組むことができると考えたからです。

```
for iter in range(30000):                                # 順伝播
    alpha = 0.001
    sent = words2indices(tokens[iter%len(tokens)][1:])
    layers,loss = predict(sent)

    for layer_idx in reversed(range(len(layers))):  # 逆伝播
        layer = layers[layer_idx]
        target = sent[layer_idx-1]

        if(layer_idx > 0):
            layer['output_delta'] = layer['pred'] - one_hot[target]
            new_hidden_delta = \
                layer['output_delta'].dot(decoder.transpose())

            if(layer_idx == len(layers)-1):
                layer['hidden_delta'] = new_hidden_delta
            else:
                layer['hidden_delta'] = new_hidden_delta + \
                    layers[layer_idx+1]['hidden_delta'].dot(
                        recurrent.transpose())
        else:
            layer['hidden_delta'] = \
                layers[layer_idx+1]['hidden_delta'].dot(
                    recurrent.transpose())
```

```
    # 重みを更新
    start -= layers[0]['hidden_delta'] * alpha / float(len(sent))
    for layer_idx,layer in enumerate(layers[1:]):
        decoder -= np.outer(layers[layer_idx]['hidden'], \
                            layer['output_delta']) *
                                alpha / float(len(sent))

        embed_idx = sent[layer_idx]
        embed[embed_idx] -= \
            layers[layer_idx]['hidden_delta'] * alpha / float(len(sent))
        recurrent -= np.outer(layers[layer_idx]['hidden'], \
                              layer['hidden_delta']) *
                                  alpha / float(len(sent))

    if(iter % 1000 == 0):
        print("Perplexity:" + str(np.exp(loss/len(sent))))
```

12.18 実行と出力の解析

さて、決定的瞬間がやってきました。このコードを実行するとどうなるでしょうか。このコードを実行すると、**perplexity**（パープレキシティ）という指標が相対的に低下していきます。厳密には、パープレキシティは正しいラベル（単語）の確率であり、対数関数、符号の反転、指数化（e^x）によって求められます。

しかし、パープレキシティが表すのは、理論的には2つの確率分布の差です。この場合、完璧な確率分布では正しい単語に100%の確率が割り当てられ、それ以外には0%が割り当てられます。

パープレキシティの値は、2つの確率分布が一致しないと大きくなり、一致すると小さくなります（1に近づきます）。したがって、確率的勾配降下法で使用されるすべての損失関数と同様に、パープレキシティの減少は望ましいことであり、データに一致する確率の予測方法をニューラルネットワークが学習していることを意味します。

```
Perplexity:82.09227500075585
Perplexity:81.87615610433569
Perplexity:81.53705034457951
...
Perplexity:4.132556753967558
Perplexity:4.071667181580819
Perplexity:4.0167814473718435
```

しかし、この指標からは、重みに何が起きているのかはわかりません。ここ数年、パープレキシティは（特に言語モデリングコミュニティで）指標としてむやみに使用されているという批判を受けています。予測値をもう少し詳しく調べてみましょう。

```
sent_index = 4
l,_ = predict(words2indices(tokens[sent_index]))

print(tokens[sent_index])

for i,each_layer in enumerate(l[1:-1]):
    input = tokens[sent_index][i]
    true = tokens[sent_index][i+1]
    pred = vocab[each_layer['pred'].argmax()]
    print("Prev Input:" + input + (' ' * (12 - len(input))) + \
          "True:" + true + (" " * (15 - len(true))) + "Pred:" + pred)
```

このコードは、与えられた文をもとに、このモデルが最も有力であると考える単語を予測します。このため、このモデルがどのような特性を持つのかをうかがい知ることができるという点で有益です。このモデルは何を理解し、どのような誤りを犯すのでしょうか。

予測値を調べると何が起きているのかを理解しやすくなる

ニューラルネットワークの予測値から、ネットワークが訓練時に学習するパターンの種類だけでなく、それらを学習する順序も調べることができます。100ステップの訓練の後、出力は次のようになります。

```
['sandra', 'moved', 'to', 'the', 'garden.']
Prev Input:sandra      True:moved         Pred:is
Prev Input:moved       True:to            Pred:to
Prev Input:to          True:the           Pred:the
Prev Input:the         True:garden.       Pred:bedroom.
```

ニューラルネットワークはランダムに始まる傾向にあります。この場合、このネットワークは最初のランダムな状態で始まったときの単語に対してバイアスがかかっていると見られます。訓練を続けることにしましょう。

```
['sandra', 'moved', 'to', 'the', 'garden.']
Prev Input:sandra      True:moved         Pred:the
Prev Input:moved       True:to            Pred:the
Prev Input:to          True:the           Pred:the
Prev Input:the         True:garden.       Pred:the
```

10,000ステップの訓練の後、このネットワークは最も一般的な単語("the")を拾い出し、すべての時間ステップでその単語を予測します。RNNでは、これは非常にありふれた間違いです。かなり歪曲したデータセットの細部を学習するために、さらに訓練を続けます。

```
['sandra', 'moved', 'to', 'the', 'garden.']
Prev Input:sandra      True:moved         Pred:is
Prev Input:moved       True:to            Pred:to
Prev Input:to          True:the           Pred:the
Prev Input:the         True:garden.       Pred:bedroom.
```

これらは実に興味深い間違いです。"sandra"という単語だけを見て、このネットワークは"is"を予測します。"moved"とまったく同じではありませんが、当たらずとも遠からずといったところです。このネットワークは間違った動詞を選んでいます。次の"to"と"the"は正しく予測しています。これらはデータセットによく出現する単語なので、それほど意外ではありません。このネットワークは動詞"moved"の後に"to the"というフレーズを予測する訓練を何度も受けているようです。最後の間違いもやむを得ないもので、"garden"という単語に対して"bedroom"を予測しています。

このニューラルネットワークがこのタスクを完璧に学習できる方法はほぼありません。仮に、"sandra moved to the"という単語を与えられたとしたら、あなたは次の単語を正しく答えることができるでしょうか。このタスクを解決するにはさらにコンテキストが必要ですが、解決不能であるからこそ、失敗する方法の教育的分析が生み出されるのだと筆者は考えています。

12.19 まとめ

RNNは任意長のシーケンスに対して予測する

本章では、任意長のシーケンスに対してベクトル表現を作成する方法について説明しました。最後の実習では、前のフレーズに基づいて次の単語を予測するためにRNNを訓練しました。そのためには、単語からなる可変長の文字列を固定長のベクトルで正確に表す埋め込みを作成する必要があります。そこで、そうした埋め込みの作成方法を学習する必要がありました。

この最後の文から次のような疑問が浮かびます。ニューラルネットワークは可変量の情報を固定サイズの入れ物にどのようにして収めるのでしょうか。実際には、文ベクトルは文に含まれているものを何もかもエンコードするわけではありません。RNNの最も重要な点は、これらのベクトルが何を記憶するかだけでなく、何を忘れてしまうかです。次の単語の予測に関して言うと、ほとんどのRNNは最後のいくつかの単語だけが本当に必要であることを学習し[※4]、履歴においてそれよりも古い単語を忘れてしまう（つまり、ベクトル内で一意なパターンを作成しない）ことを学習します。

ただし、こうした表現の生成に非線形関数が存在しないことに注意してください。このことによってどのような制限が生じるのでしょうか。次章では、この疑問を追求し、非線形関数とゲートを使って**LSTM ネットワーク**と呼ばれるニューラルネットワークを構築します。ですがその前に、収束するRNNを（何も見ずに）コーディングすることにじっくり取り組んでください。これらのネットワークの仕組みや制御フローに少し怯んでしまうかもしれませんし、複雑さもぐんと跳ね上がります。次に進む前に、本章で学んだことをしっかりマスターしてください。

準備ができたら、LSTMに進みましょう。

※4 "Frustratingly Short Attention Spans in Neural Language Modeling" by Michał Daniluk et al. (paper presented at ICLR 2017), https://arxiv.org/abs/1702.04521 などが参考になるだろう。

13 自動最適化
ディープラーニングフレームワークを構築しよう

本章の内容

- ディープラーニングフレームワークとは何か
- テンソルの紹介
- autograd の紹介
- 加算の逆伝播の仕組み
- フレームワークをマスターするには
- 非線形層
- 埋め込み層
- 交差エントロピー層
- リカレント層

> 私たちが炭素でできていようとケイ素でできていようと根本的な違いはない。皆それぞれに尊重されるべきなのだ。
>
> —アーサー・C・クラーク、
> 『2010 年宇宙の旅』（1982 年）

13.1 ディープラーニングフレームワークとは何か

よいツールは誤差を減らし、開発を高速化し、実行時の性能を向上させる

ディープラーニングに関する文献をかなり前から読んでいるとしたら、おそらくPyTorch、TensorFlow、Theano[※1]、Keras、Lasagne、DyNetといった主要なフレームワークの1つが頭に思い浮かんでいることでしょう。フレームワークの開発はここ数年で急速に進んでいます。そして、すべてのフレームワークがオープンソースのフリーウェアであるにもかかわらず、それぞれのフレームワークを取り巻く競争と仲間意識のようなものが存在します。

本書では、ここまでフレームワークの話題を避けてきました。何よりもまず、アルゴリズムを自分で(NumPyで一から)実装することで、これらのフレームワークの内部で何が行われるのかを知ることが非常に重要だからです。しかし、次に訓練するLSTM(Long Short-Term Memory)ネットワークは非常に複雑で、それらを実装しているNumPyコードを読んだりデバッグしたりするのは難しいため(そこらじゅう勾配だらけです)、ここでフレームワークの使用に切り替えることにします。

ディープラーニングフレームワークは、まさに、このコードの複雑さを低減するために作成されたものです。特に、ニューラルネットワークをGPUで訓練することを考えている場合(訓練が10〜100倍高速になります)、ディープラーニングフレームワークはコードの複雑さを大幅に低減する(誤差を減らし、開発速度を向上させる)と同時に、実行時の性能を向上させることができます。このような理由により、ディープラーニングフレームワークを使用することは、研究コミュニティではごく当たり前のことです。そして、ディープラーニングを利用したり研究したりするには、ディープラーニングフレームワークを十分に理解していることが不可欠となります。

しかし、聞き知っているディープラーニングフレームワークにいきなり飛び込んだりすれば、(LSTMなどの)複雑なモデルの仕組みを理解する妨げになってしまいます。そこで、フレームワーク開発の最新動向に従い、単純なディープラーニングフレームワークを構築してみることにします。そうすれば、複雑なアーキテクチャにフレームワークを使用するときに、それらが何を行うのかについて疑問を抱くことがなくなるはずです。さらに、小さなフレームワークを自分で構築してみることで、APIとそのベースとなっている機能に触れておけば、実際のディープラーニングフレームワークにもすんなり移行できるはずです。筆者自身、この実習の効果を実感しています。フレームワークを独自に構築しながら培った知識は、モデルの問題をデバッグするときに特に役立ちます。

ディープラーニングフレームワークによってコードはどのように単純化されるのでしょう

※1 最近非推奨となった。

か。大まかに言うと、同じコードを繰り返し記述する必要がなくなります。具体的に言うと、フレームワークの最も有益な機能は、自動逆伝播と自動最適化のサポートです。これらの機能により、モデルの順伝播コードを指定するだけで、逆伝播と重みの更新をフレームワークが自動的に処理してくれます。ほとんどのフレームワークは一般的な層や損失関数に対して高度なインターフェイスを提供するため、順伝播コードの記述も容易になります。

13.2 テンソルの紹介

テンソルはベクトルと行列の抽象表現

ここまでは、ディープラーニングの基本的なデータ構造としてベクトルと行列のみを扱ってきました。行列がベクトルのリストであり、ベクトルがスカラー（単一の数値）のリストであることを思い出してください。**テンソル**（tensor）は、この入れ子のリストになった数値の抽象表現です。ベクトルは1次元のテンソルであり、行列は2次元のテンソルです。そしてさらに高次元のテンソルを n 次元テンソルと呼びます。そこで、新しいディープラーニングフレームワークの最初の作業として、この基本の型を定義し、Tensor と呼ぶことにしましょう。

```
import numpy as np

class Tensor (object):

    def __init__(self, data):
        self.data = np.array(data)
    def __add__(self, other):
        return Tensor(self.data + other.data)
    def __repr__(self):
        return str(self.data.__repr__())
    def __str__(self):
        return str(self.data.__str__())

x = Tensor([1,2,3,4,5])
print(x)

y = x + x
print(y)
```

```
[1 2 3 4 5]
[ 2  4  6  8 10]
```

以上が、この基本データ型の最初のバージョンです。数値情報をすべてNumPy配列(self.data)に格納していることと、テンソル演算(加算)を1つサポートしていることに注目してください。演算をさらに追加するのは比較的簡単で、適切な機能を含んだ関数をTensorクラスで定義するだけです。

13.3　自動勾配計算(autograd)の紹介

手動で行っていた逆伝播を自動化する

第4章では、微分係数について説明しました。それ以降、ニューラルネットワークの訓練を行うたびに、微分係数を手動で計算してきました。ニューラルネットワークをさかのぼりながら微分係数を計算することを思い出してください。まず、ネットワークの出力層で勾配を計算し、次に、その結果をもとに最後から2番目の層で微分係数を計算するといった具合に、アーキテクチャのすべての重みに正しい勾配が与えられるまで、この作業を繰り返します。この勾配計算ロジックをテンソルオブジェクトに追加することもできます。どういうことか見てみましょう。新しいコードは**太字**で示してあります。

```
import numpy as np

class Tensor (object):

    def __init__(self, data, creators=None, creation_op=None):
        self.data = np.array(data)
        self.creation_op = creation_op
        self.creators = creators
        self.grad = None

    def backward(self, grad):
        self.grad = grad
        if(self.creation_op == "add"):
            self.creators[0].backward(grad)
            self.creators[1].backward(grad)

    def __add__(self, other):
        return Tensor(self.data + other.data,
                      creators=[self,other], creation_op="add")

    def __repr__(self):
        return str(self.data.__repr__())

    def __str__(self):
```

```
        return str(self.data.__str__())

x = Tensor([1,2,3,4,5])
y = Tensor([2,2,2,2,2])
z = x + y
z.backward(Tensor(np.array([1,1,1,1,1])))
```

この方法では、新しい概念を２つ取り入れています。まず、各テンソルに新しい属性を２つ追加しています。creatorsは、現在のテンソルの作成に使用されたテンソルを含んでいるリストです（デフォルト値はNone）。したがって、z = x + yでは、zがxとyの２つの作成元を持つことになります。creation_opは、テンソル作成プロセスでcreatorsが使用した命令を格納する関連機能です。したがって、z = x + yでは、３つのノード（x、y、z）と２つのエッジ（z -> x、z -> y）からなる**計算グラフ**（computation graph）が作成されます。各エッジのラベルは、creation_opであるaddになります。このグラフを利用すれば、勾配を再帰的に逆伝播できます。

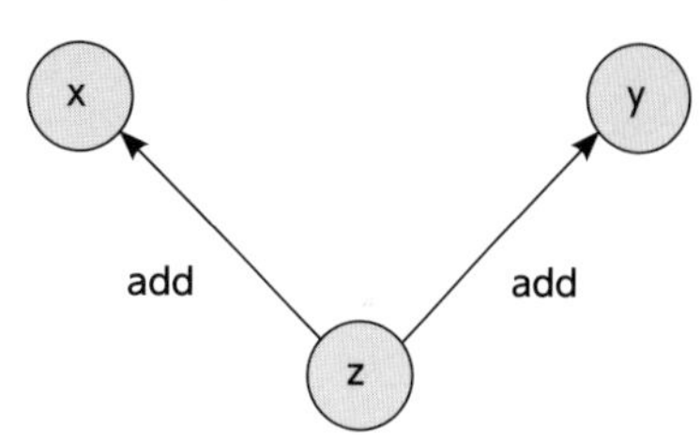

この実装における１つ目の新しい概念は、算術演算を実行すると、このグラフが自動的に作成されることです。zを使ってさらに演算を実行した場合、このグラフはzを指す新しい変数で拡張されるでしょう。

この実装における２つ目の新しい概念は、このグラフを使って勾配を計算できることです。z.backward()を呼び出すと、zを作成するために適用された関数（add）に基づいて、xとyの正しい勾配が伝播されます。このグラフを見ると、勾配のベクトル（np.array([1,1,1,1,1])）をzに配置し、それらをその親に適用することがわかります。第４章で説明したように、加算による逆伝播は、逆伝播時に加算が適用されることも意味します。この場合、xまたはyに加算（add）する勾配は１つだけなので、zからxとyに勾配をコピーします。

```
print(x.grad)          # 出力：[1 1 1 1 1]
print(y.grad)          # 出力：[1 1 1 1 1]
print(z.creators)      # 出力：[array([1, 2, 3, 4, 5]),array([2, 2, 2, 2, 2])]
print(z.creation_op)   # 出力：add
```

この自動勾配の最もすばらしい点は、おそらく、各ベクトルがself.creatorsのすべてでbackwardメソッドを呼び出すため、再帰的にも機能することでしょう。

```
a = Tensor([1,2,3,4,5])
b = Tensor([2,2,2,2,2])
c = Tensor([5,4,3,2,1])
d = Tensor([-1,-2,-3,-4,-5])
e = a + b
f = c + d
g = e + f
g.backward(Tensor(np.array([1,1,1,1,1])))
print(a.grad)
```

出力
[1 1 1 1 1]

13.4 クイックチェック

テンソルの構成要素はどれもすでに学んだことを別の形式で表したもの

先へ進む前に、頭に入れておいてほしいことがあります。それは、グラフ構造を移動する勾配について考えることがちょっとこじつけに思えたり、面倒に思えたりするとしても、ここまで扱ってきたものと比べて何ら新しいものではないことです。RNNに関する前章では、一方向での順伝播の後、活性化関数(の仮想グラフ)を通じて逆伝播を行いました。

言ってしまえば、ノードとエッジをグラフ構造として明示的にコード化しなかっただけです。代わりに、層のリスト(ディクショナリ)を使用することで、順伝播と逆伝播のコードを正しい順序で記述しました。ここでは、便利なインターフェイスを構築することで、コードをあまり書かずに済むようにします。このインターフェイスを利用すれば、複雑な逆伝播コードを手書きしなくても、再帰的に逆伝播できます。

本章は少々理論的です。ここでの理論は主に、ディープニューラルネットワークの学習に一般的に使用されている技術的な手法に関するものです。具体的に言うと、順伝播の過程で構築されるこの「グラフ」という概念は、順伝播時に動的に構築されることから、**動的計算グラフ**(dynamic computation graph)と呼ばれます。この種の自動勾配計算(autograd)は、DyNetやPyTorchといった最近のディープラーニングフレームワークに見られるものです。TheanoやTensorFlowといった古いフレームワークは、順伝播が始まる前に指定される**静的計算グラフ**(static computation graph)と呼ばれるものを使用しています。

一般的には、動的計算グラフのほうが書いたり試してみたりするのが簡単で、静的計算グラフのほうが(内部のロジックが高度なので)実行が高速です。ですが最近では、動的フレームワークと静的フレームワークがその中間に向かっており、(実行を高速化するために)動的グラフを静的グラフにコンパイルしたり、(実験を容易にするために)静的グラフを動的に構築したりできるようになっています。長期的には、両方の結果になるでしょう。主な違いは、順伝播が発生するのがグラフを構築するときなのか、グラフがすでに定義された後なのかだけです。

本書では、動的グラフを扱うことにします。

本章の主なポイントは、現実世界のディープラーニングに向けた準備を整えることにあります。実際には、新しいアイデアを考え出すために費やされる時間は10%（以下）であり、残りの90%の時間はディープラーニングフレームワークをうまく動作させる方法を突き止めることに費やされます。ほとんどのバグはエラーにならず、スタックトレースを出力しないため、これらのフレームワークのデバッグにはかなり苦戦することが予想されます。ほとんどのバグはコードの中に潜んでおり、ネットワークの訓練が（それなりに訓練されているように見えたとしても）期待どおりに行われる妨げとなります。

では、本章の内容に戻りましょう。これまでの記録を塗り替えるスコアをあと一歩のところで阻んでいる最適化バグを夜中の2時に追いかけているときに、読んでおいてよかったと思うはずです。

13.5 繰り返し使用されるテンソル

基本的なautogradのかなりやっかいなバグをやっつける

Tensorの現在のバージョンは、変数への逆伝播を1回だけサポートしています。しかし、順伝播の際に同じテンソル（ニューラルネットワークの重み）を何度か使用するため、計算グラフの複数の部分で同じテンソルに勾配を逆伝播することになります。ですが現在のコードは、複数回使用された（複数の子を持つ親である）変数に逆伝播するときに、間違った勾配を計算します。どういうことか見てみましょう。

```
a = Tensor([1,2,3,4,5])
b = Tensor([2,2,2,2,2])
c = Tensor([5,4,3,2,1])

d = a + b
e = b + c
f = d + e
f.backward(Tensor(np.array([1,1,1,1,1])))
print(b.grad.data == np.array([2,2,2,2,2]))
```

```
array([False, False, False, False, False])
```

この例では、変数fの作成プロセスで変数bが2回使用されます。したがって、その勾配は2つの微分係数の和（[2,2,2,2,2]）になるはずです。この一連の演算によって作成される計算グラフを見てみましょう。bを指しているポインタが2つあるため、bはeとdからの勾配の和になるはずです。

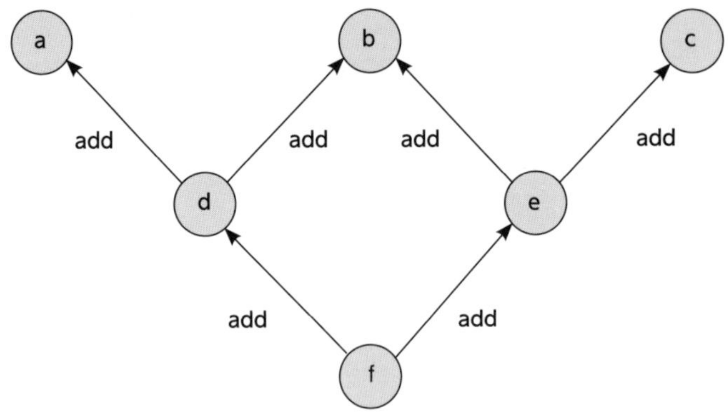

しかし、Tensorの現在の実装は、それぞれの微分係数を1つ前のもので上書きするだけです。このため、bはまずdからの勾配で上書きされ、次にeからの勾配で上書きされます。勾配を記述する方法を変更する必要があります。

13.6 複数のテンソルをサポートするためにautogradをアップグレードする

新しい関数を1つ追加し、古い関数を3つ更新する

Tensorオブジェクトを更新するために、新しい機能を2つ追加します。まず、勾配は蓄積できるため、変数が複数回使用される場合は、すべての子から勾配を受け取るようにします。

```
import numpy as np

class Tensor (object):
    def __init__(self,data, autograd=False,
                 creators=None, creation_op=None, id=None):

        self.data = np.array(data)
        self.creators = creators
        self.creation_op = creation_op
        self.grad = None
        self.autograd = autograd
        self.children = {}
```

```
        if(id is None):     # テンソルの子の数を追跡
            id = np.random.randint(0, 100000)
        self.id = id

        if(creators is not None):
            for c in creators:
                if(self.id not in c.children):
                    c.children[self.id] = 1
                else:
                    c.children[self.id] += 1

    # テンソルがそれぞれの子から正しい数の勾配を受け取っているかどうかを確認
    def all_children_grads_accounted_for(self):
        for id,cnt in self.children.items():
            if(cnt != 0):
                return False
        return True

    def backward(self, grad=None, grad_origin=None):
        if(self.autograd):
            if(grad_origin is not None):
                # 逆伝播できること、または勾配を待っているかどうかをチェックし、
                # その場合はカウンタを1減らす
                if(self.children[grad_origin.id] == 0):
                    raise Exception("cannot backprop more than once")
                else:
                    self.children[grad_origin.id] -= 1

            if(self.grad is None):
                self.grad = grad     # 複数の子からの勾配を蓄積
            else:
                self.grad += grad

            if(self.creators is not None and
                (self.all_children_grads_accounted_for() or
                 grad_origin is None)):

                if(self.creation_op == "add"):     # 実際の逆伝播を開始
                    self.creators[0].backward(self.grad, self)
                    self.creators[1].backward(self.grad, self)

    def __add__(self, other):
        if(self.autograd and other.autograd):
            return Tensor(self.data + other.data,
                          autograd=True,
                          creators=[self,other],
                          creation_op="add")
```

```
            return Tensor(self.data + other.data)

    def __repr__(self):
        return str(self.data.__repr__())

    def __str__(self):
        return str(self.data.__str__())


a = Tensor([1,2,3,4,5], autograd=True)
b = Tensor([2,2,2,2,2], autograd=True)
c = Tensor([5,4,3,2,1], autograd=True)
d = a + b
e = b + c
f = d + e
f.backward(Tensor(np.array([1,1,1,1,1])))
print(b.grad.data == np.array([2,2,2,2,2]))
```

結果は次のようになります。

```
[ True  True  True  True  True]
```

さらに、逆伝播時にそれぞれの子から受け取った勾配の個数を記録するself.childrenカウンタも作成します。このようにして、誤って同じ子から2回逆伝播されるのを防ぎます(2回逆伝播される場合は例外を送出します)。

2つ目の新しい機能は、all_children_grads_accounted_forというかなり長い名前の関数です。この関数の目的は、テンソルが計算グラフ内のすべての子から勾配を受け取ったかどうかをチェックすることです。通常は、計算グラフ内の中間変数でbackwardメソッドが呼び出されると、すぐにその親のbackwardメソッドが呼び出されます。しかし、複数の親から勾配値を受け取る変数がいくつかあるため、それぞれの変数は最終的な勾配が確定するまでその親のbackward呼び出しを待たなければなりません。

すでに述べたように、ディープラーニングの理論としては、これらの概念はどれも新しいものではありません。これらはディープラーニングフレームワークが対処しようとしている技術的な課題です。さらに重要なのは、それらが標準的なフレームワークでニューラルネットワークをデバッグするときに直面するような課題であることです。先へ進む前に、このコードを少しいじって慣れておくための時間をとってください。さまざまな部分を削除して、コードがどのような理由で動かなくなるのかを確認してください。たとえば、backwardメソッドを2回呼び出してみてください。

13.7　加算の逆伝播の仕組み

さらに関数を追加するための抽象化

このフレームワークがおもしろくなるのはここからです。Tensorクラスに関数を追加し、その微分係数をbackwardメソッドに追加すれば、任意の演算をサポートできるようになります。加算の関数は次のようになります。

```
def __add__(self, other):
    if(self.autograd and other.autograd):
        return Tensor(self.data + other.data,
                      autograd=True,
                      creators=[self, other],
                      creation_op="add")
    return Tensor(self.data + other.data)
```

この加算関数による逆伝播に対し、backwardメソッドに次の勾配伝播が定義されます。

```
if(self.creation_op == "add"):
    self.creators[0].backward(self.grad, self)
    self.creators[1].backward(self.grad, self)
```

Tensorクラスの他の場所では加算が処理されないことに注目してください。汎用的な逆伝播ロジックは抽象化され、加算に必要なものはすべてこれら2つの場所で定義されます。さらに、逆伝播ロジックがbackwardメソッドを呼び出す方法にも注目してください。このメソッドは、加算に関与する変数ごとに1回ずつ、合計で2回呼び出されます。したがって、逆伝播ロジックのデフォルト設定では、常に計算グラフのすべての変数が逆伝播の対象となります。しかし、変数の自動勾配計算が無効（self.autograd == False）になっている場合、逆伝播は省略されます。このチェックはbackwardメソッドで行われます。

```
def backward(self, grad=None, grad_origin=None):
    if(self.autograd):
        if(grad_origin is not None):
            if(self.children[grad_origin.id] == 0):
                raise Exception("cannot backprop more than once")
                ...
```

加算の逆伝播ロジックでは、関与する変数のすべてに勾配が逆伝播されますが、その変数で（self.creators[0]またはself.creators[1]に対して）.autogradがTrueに設定されていなければ、逆伝播は実行されません。また、__add__ メソッドの最初の行で、self.autograd == other.autograd == True の場合にのみ self.autograd == True となることにも注意してください。

13.8 符号反転のサポートを追加する

符号反転をサポートするために加算のサポートを修正する

加算がうまくいったところで、符号反転に対する自動勾配計算のサポートを追加できるはずなので、実際に試してみましょう。__add__ メソッドからの修正部分は太字にしてあります。

```
def __neg__(self):
    if(self.autograd):
        return Tensor(self.data * -1,
                      autograd=True,
                      creators=[self],
                      creation_op="neg")
    return Tensor(self.data * -1)
```

ほとんどの部分は同じです。パラメータはないため、いくつかの場所で other パラメータが削除されています。backward メソッドに追加すべき逆伝播ロジックは次のようになります。__add__ メソッドの逆伝播ロジックからの変更部分は太字にしてあります。

```
if(self.creation_op == "neg"):
    self.creators[0].backward(self.grad.__neg__())
```

__neg__ メソッドの作成元は 1 つだけなので、backward メソッドは 1 回だけ呼び出されることになります（逆伝播する正しい勾配を突き止める方法が知りたい場合は、第 4 章〜第 6 章を読み返してください）。さっそく新しいコードを試してみましょう。

```
a = Tensor([1,2,3,4,5], autograd=True)
b = Tensor([2,2,2,2,2], autograd=True)
c = Tensor([5,4,3,2,1], autograd=True)
d = a + (-b)
e = (-b) + c
f = d + e
f.backward(Tensor(np.array([1,1,1,1,1])))
print(b.grad.data == np.array([-2,-2,-2,-2,-2]))
```

```
[ True  True  True  True  True]
```

順伝播に b の代わりに -b を使用すると、逆伝播される勾配の符号も反転します。さらに、この符号反転機能を動作させるために汎用的な逆伝播システムで何かを変更する必要はなく、必要に応じて新しい関数を作成することができます。関数をもう少し追加してみましょう。

13.9 関数のサポートをさらに追加する

減算、乗算、合計、展開、転置、行列乗算

加算と符号反転で学んだのと同じ考え方に基づき、さらにいくつかの関数に対する順伝播ロジックと逆伝播ロジックを追加してみましょう。

```
def __sub__(self, other):
    if(self.autograd and other.autograd):
        return Tensor(self.data - other.data,
                      autograd=True, creators=[self, other],
                      creation_op="sub")
    return Tensor(self.data - other.data)

def __mul__(self, other):
    if(self.autograd and other.autograd):
        return Tensor(self.data * other.data,
                      autograd=True, creators=[self, other],
                      creation_op="mul")
    return Tensor(self.data * other.data)

def sum(self, dim):
    if(self.autograd):
        return Tensor(self.data.sum(dim),
                      autograd=True, creators=[self],
                      creation_op="sum_" + str(dim))
    return Tensor(self.data.sum(dim))

def expand(self, dim, copies):
    trans_cmd = list(range(0, len(self.data.shape)))
    trans_cmd.insert(dim, len(self.data.shape))
    new_shape = list(self.data.shape) + [copies]
    new_data = \
        self.data.repeat(copies).reshape(list(self.data.shape) + [copies])
    new_data = new_data.transpose(trans_cmd)
    if(self.autograd):
```

```
            return Tensor(new_data,
                          autograd=True, creators=[self],
                          creation_op="expand_" + str(dim))
        return Tensor(new_data)

    def transpose(self):
        if(self.autograd):
            return Tensor(self.data.transpose(),
                          autograd=True, creators=[self],
                          creation_op="transpose")
        return Tensor(self.data.transpose())

    def mm(self, x):
        if(self.autograd):
            return Tensor(self.data.dot(x.data),
                          autograd=True, creators=[self,x],
                          creation_op="mm")
        return Tensor(self.data.dot(x.data))
```

これらすべての関数に対する微分係数についてはすでに説明しましたが、sum と expand には新しい名前が付いているため、見慣れないものに思えるかもしれません。sum はテンソルの次元全体で加算を行います。x という 2 × 3 行列があるとしましょう。

```
x = Tensor(np.array([[1,2,3], [4,5,6]]))
```

sum メソッドは次元全体の合計を求めます。`x.sum(0)` の結果は 1 × 3 行列（長さ 3 のベクトル）になりますが、`x.sum(1)` の結果は 2 × 1 行列（長さ 2 のベクトル）になります。

```
x.sum(0)  ──→  array([5, 7, 9])      x.sum(1)  ──→  array([ 6, 15])
```

sum の逆伝播には expand を使用します。expand は次元に沿ってデータをコピーするメソッドです。先ほどと同じ行列 x があるとすれば、1 つ目の次元に沿ったコピーにより、テンソルのコピーが 2 つになります。

```
                                          array([[[1, 2, 3],
                                                  [4, 5, 6]],

                                                 [[1, 2, 3],
                                                  [4, 5, 6]],
x.expand(dim=0, copies=4)  ──────→
                                                 [[1, 2, 3],
                                                  [4, 5, 6]],
```

```
[[1, 2, 3],
 [4, 5, 6]]])
```

わかりやすく言うと、sum メソッドが次元を削除するのに対し(2 × 3 が単なる 2 または 3 になります)、expand メソッドは次元を追加します(2 × 3 行列が 4 × 2 × 3 になります)。この点については、4 つのテンソル(それぞれ 2 × 3)からなるリストとして考えることができます。しかし、最後の次元を展開する場合は最後の次元に沿ってコピーするため、元のテンソル内のエントリはそれぞれエントリのリストになります。

```
                                            array([[[1, 1, 1, 1],
                                                    [2, 2, 2, 2]],
                                                   [3, 3, 3, 3]],

x.expand(dim=0, copies=4)  ———————>
                                                  [[4, 4, 4, 4],
                                                   [5, 5, 5, 5]],
                                                   [6, 6, 6, 6]]])
```

したがって、その次元に 4 つのエントリが含まれているテンソルで sum(dim=1) を実行する際には、逆伝播時に勾配に対して expand(dim=1, copies=4) を実行する必要があります。

これで、対応する逆伝播ロジックを backward メソッドに追加できます。

```
if(self.creation_op == "sub"):
    self.creators[0].backward(Tensor(self.grad.data), self)
    self.creators[1].backward(Tensor(self.grad.__neg__().data), self)

if(self.creation_op == "mul"):
    new = self.grad * self.creators[1]
    self.creators[0].backward(new, self)
    new = self.grad * self.creators[0]
    self.creators[1].backward(new, self)

if(self.creation_op == "mm"):
    act = self.creators[0]          # 通常は活性化関数
    weights = self.creators[1]      # 通常は重み行列
    new = self.grad.mm(weights.transpose())
    act.backward(new)
    new = self.grad.transpose().mm(act).transpose()
    weights.backward(new)
```

```
if(self.creation_op == "transpose"):
    self.creators[0].backward(self.grad.transpose())

if("sum" in self.creation_op):
    dim = int(self.creation_op.split("_")[1])
    ds = self.creators[0].data.shape[dim]
    self.creators[0].backward(self.grad.expand(dim, ds))

if("expand" in self.creation_op):
    dim = int(self.creation_op.split("_")[1])
    self.creators[0].backward(self.grad.sum(dim))
```

この機能について自信がない場合は、第6章を読み返し、逆伝播をどのように行っていたのかを確認してみるとよいでしょう。第6章では、逆伝播の各ステップが図にまとめられており、本章ではその一部を再掲しています。

勾配はネットワークの最後から始まります。そして、活性化の**順伝播**に使用した関数に対応する関数を呼び出すことで、誤差シグナルを**逆伝播**させます。最後の演算が行列乗算であるとしたら(実際にそうです)、逆伝播では転置行列で行列乗算(dot)を実行します。

次の図においてこれに相当するのは、layer_1_delta = layer_2_delta.dot(weights_1_2.T)の行です。先のコードでは、if(self.creation_op == "mm")(の太字部分)で行われます。以前とまったく同じ処理を(順伝播とは逆の順序で)行っていますが、コードがうまく整理されています。

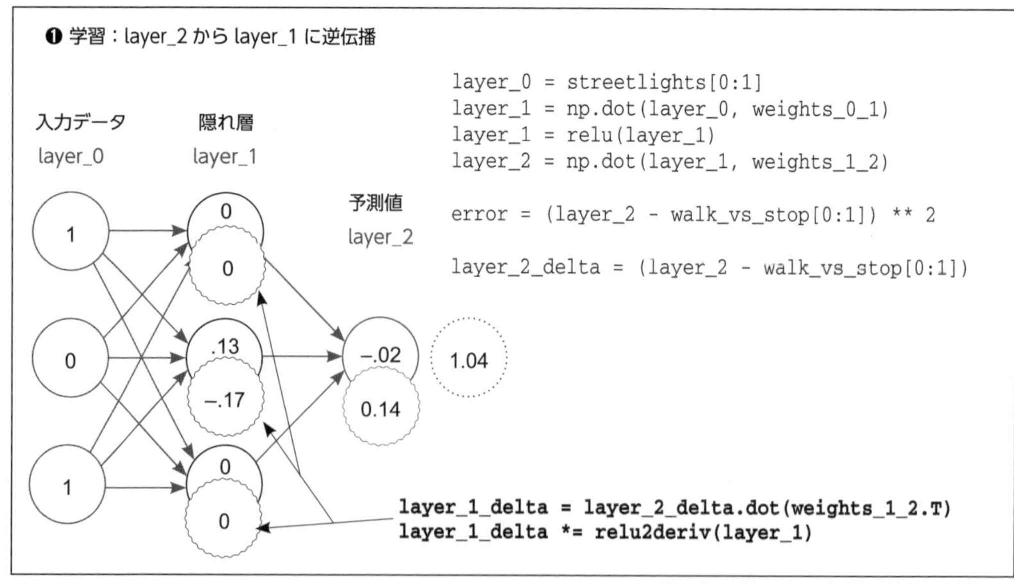

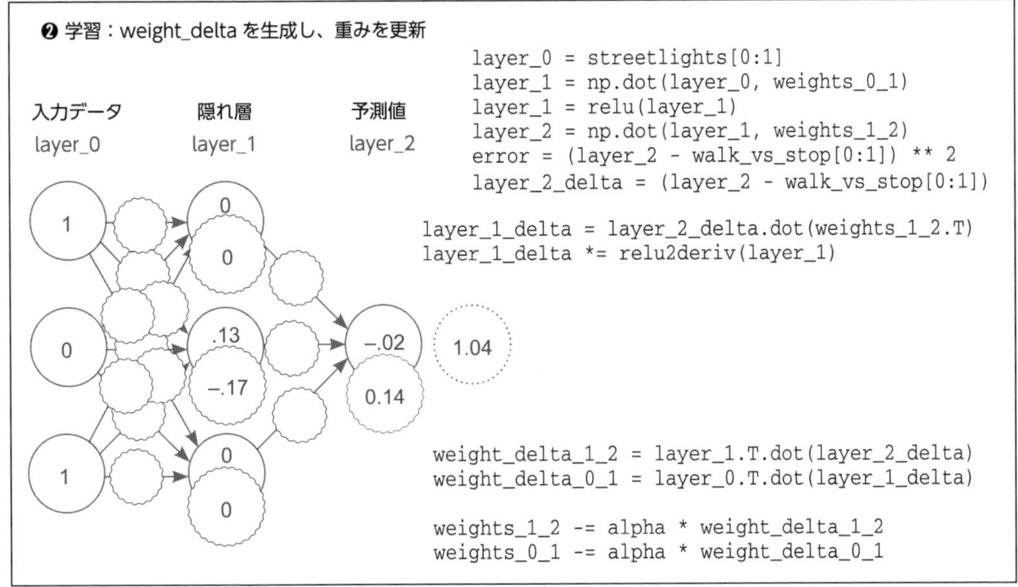

13.10 autogradを使ってニューラルネットワークを訓練する

もう逆伝播ロジックを記述する必要はない

技術的な負担がかなり大きい作業に思えたかもしれませんが、その甲斐はありました。ニューラルネットワークを訓練するときに逆伝播ロジックを記述する必要はもうありません。簡単な例として、逆伝播を明示的に行うニューラルネットワークを見てみましょう。

```
import numpy

np.random.seed(0)
data = np.array([[0,0],[0,1],[1,0],[1,1]])
target = np.array([[0],[1],[0],[1]])

weights_0_1 = np.random.rand(2,3)
weights_1_2 = np.random.rand(3,1)

for i in range(10):
    layer_1 = data.dot(weights_0_1)                    # 予測
    layer_2 = layer_1.dot(weights_1_2)
```

```
    diff = (layer_2 - target)                           # 比較
    sqdiff = (diff * diff)
    loss = sqdiff.sum(0)                                # 損失値（平均二乗誤差）

    layer_1_grad = diff.dot(weights_1_2.transpose())   # 学習の逆伝播部分
    weight_1_2_update = layer_1.transpose().dot(diff)
    weight_0_1_update = data.transpose().dot(layer_1_grad)

    weights_1_2 -= weight_1_2_update * 0.1
    weights_0_1 -= weight_0_1_update * 0.1
    print(loss[0])
```

出力は次のようになります。

```
5.066439994622395
0.4959907791902342
0.4180671892167177
0.35298133007809646
0.2972549636567377
0.24923260381633286
0.20785392075862477
0.17231260916265181
0.14193744536652994
0.11613979792168386
```

layer_1、layer_2、diff はあとから必要になるため、それらを変数として定義した上で順伝播を行う必要があります。続いて、各勾配を適切な重み行列に逆伝播することで、重みを適切に更新する必要があります。

```
import numpy

np.random.seed(0)
data = Tensor(np.array([[0,0],[0,1],[1,0],[1,1]]), autograd=True)
target = Tensor(np.array([[0],[1],[0],[1]]), autograd=True)

w = list()
w.append(Tensor(np.random.rand(2,3), autograd=True))
w.append(Tensor(np.random.rand(3,1), autograd=True))

for i in range(10):
    pred = data.mm(w[0]).mm(w[1])                       # 予測
    loss = ((pred - target) * (pred - target)).sum(0)   # 比較
    loss.backward(Tensor(np.ones_like(loss.data)))      # 学習
    for w_ in w:
```

```
        w_.data -= w_.grad.data * 0.1
        w_.grad.data *= 0

    print(loss)
```

しかし、新しいautogradシステムを利用すれば、コードがはるかに単純になります。一時的な変数を管理する必要はなくなり（それらは動的計算グラフによって管理されます）、逆伝播ロジックを実装する必要もありません（backwardメソッドによって処理されます）。利便性が高まるだけでなく、逆伝播コードでのつまらないミスが少なくなり、バグが発生しにくくなります。

```
[0.58128304]
[0.48988149]
[0.41375111]
[0.34489412]
[0.28210124]
[0.2254484]
[0.17538853]
[0.1324231]
[0.09682769]
[0.06849361]
```

先へ進む前に、この新しい実装のスタイルに関して指摘しておきたいことが1つあります。すべてのパラメータをリストにまとめて、重みを更新するときに反復処理できるようにしている点に注目してください。これは次の機能に対するちょっとした伏線でもあります。autogradシステムを利用すれば、確率的勾配降下法の実装が単純になります（最後のforループだけで済みます）。これをクラスとして独立させてみましょう。

13.11　自動最適化を追加する

確率的勾配降下オプティマイザを作成する

確率的勾配降下オプティマイザだなんて何やら難しそうですが、古きよき時代のオブジェクト指向プログラミングに則り、先の例をコピー＆ペーストするだけです。

```
class SGD(object):

    def __init__(self, parameters, alpha=0.1):
        self.parameters = parameters
        self.alpha = alpha
```

```
    def zero(self):
        for p in self.parameters:
            p.grad.data *= 0

    def step(self, zero=True):
        for p in self.parameters:
            p.data -= p.grad.data * self.alpha
        if(zero):
            p.grad.data *= 0
```

先ほどのニューラルネットワークは次のようにさらに単純になり、それでいて効果はまったく変わりません。

```
import numpy

np.random.seed(0)
data = Tensor(np.array([[0,0],[0,1],[1,0],[1,1]]), autograd=True)
target = Tensor(np.array([[0],[1],[0],[1]]), autograd=True)

w = list()
w.append(Tensor(np.random.rand(2,3), autograd=True))
w.append(Tensor(np.random.rand(3,1), autograd=True))
optim = SGD(parameters=w, alpha=0.1)

for i in range(10):
    pred = data.mm(w[0]).mm(w[1])                          # 予測
    loss = ((pred - target)*(pred - target)).sum(0)        # 比較
    loss.backward(Tensor(np.ones_like(loss.data)))         # 学習
    optim.step()
    print(loss)
```

13.12 さまざまな層のサポートを追加する

Keras と PyTorch の層の種類

この時点で、新しいディープラーニングフレームワークの最も複雑な部分が完成しました。この後の主な作業は、テンソルに対する新しい関数の追加と、便利なクラスや高階関数の作成です。ほとんどのフレームワークにおいておそらく最も一般的な抽象化は、層の抽象化です。要するに、よく使用される順伝播手法を単純な API にまとめ、それらを呼び出す `forward` メソッドのようなものを定義します。単純な線形層の例を見てみましょう。

```
class Layer(object):
    def __init__(self):
        self.parameters = list()

    def get_parameters(self):
        return self.parameters

class Linear(Layer):
    def __init__(self, n_inputs, n_outputs, bias=True):
        super().__init__()
        self.use_bias = bias
        W = np.random.randn(n_inputs, n_outputs) * np.sqrt(2.0 / (n_inputs))
        self.weight = Tensor(W, autograd=True)
        if(self.use_bias):
            self.bias = Tensor(np.zeros(n_outputs), autograd=True)
        self.parameters.append(self.weight)
        if(self.use_bias):
            self.parameters.append(self.bias)

    def forward(self, input)
        if(self.use_bias):
            return input.mm(self.weight) +
                   self.bias.expand(0, len(input.data))
        return input.mm(self.weight)
```

特に新しいものは何もありません。重みはクラスにまとめられています(そして、これは線形層であるため、bias パラメータが追加されています)。重みとバイアスの両方を正しい大きさで初期化するなど、層全体を初期化できるようになり、正しい順伝播ロジックが常に適用されるようになります。

また、ゲッターが1つだけ定義された Layer という抽象クラスを作成している点にも注目してください。このようにすると、さらに複雑な種類の層(他の層を含んでいる層など)にも対応できるようになります。get_parameters メソッドをオーバーライドするだけで、オプティマイザ(前節で作成した SGD クラスなど)に渡されるテンソルを制御できます。

13.13 層を含んでいる層

層は他の層を含むこともできる

最もよく使用される層は、層のリストを順伝播する Sequential 層です。この場合、各層の出力は次の層の入力になります。

```
import numpy

class Sequential(Layer):
    def __init__(self, layers=list()):
        super().__init__()
        self.layers = layers

    def add(self, layer):
        self.layers.append(layer)

    def forward(self, input):
        for layer in self.layers:
            input = layer.forward(input)
        return input

    def get_parameters(self):
        params = list()
        for l in self.layers:
            params += l.get_parameters()
        return params


np.random.seed(0)
data = Tensor(np.array([[0,0],[0,1],[1,0],[1,1]]), autograd=True)
target = Tensor(np.array([[0],[1],[0],[1]]), autograd=True)
model = Sequential([Linear(2,3), Linear(3,1)])
optim = SGD(parameters=model.get_parameters(), alpha=0.05)

for i in range(10):
    pred = model.forward(data)                          # 予測
    loss = ((pred - target)*(pred - target)).sum(0)     # 比較
    loss.backward(Tensor(np.ones_like(loss.data)))      # 学習
    optim.step()
    print(loss)
```

13.14　損失関数層

重みを持たない層もある

入力に関する関数である層を作成することもできます。この種の層として最もよく知られているのは、おそらく平均二乗誤差（MSE）などの損失関数層です。

```
import numpy

class MSELoss(Layer):
    def __init__(self):
        super().__init__()

    def forward(self, pred, target):
        return ((pred - target) * (pred - target)).sum(0)


np.random.seed(0)
data = Tensor(np.array([[0,0],[0,1],[1,0],[1,1]]), autograd=True)
target = Tensor(np.array([[0],[1],[0],[1]]), autograd=True)
model = Sequential([Linear(2,3), Linear(3,1)])
criterion = MSELoss()
optim = SGD(parameters=model.get_parameters(), alpha=0.05)

for i in range(10):
    pred = model.forward(data)                           # 予測
    loss = criterion.forward(pred, target)               # 比較
    loss.backward(Tensor(np.ones_like(loss.data)))       # 学習
    optim.step()
    print(loss)
```

繰り返しになりますが、ここでも特に新しいものはありません。先のいくつかのサンプルコードは、内部ではまったく同じ計算を行っています。逆伝播がすべてautogradで処理されていて、順伝播がクラスにまとめられ、各ステップが正しい順序で行われるようになっている、というだけです。

13.15 フレームワークをマスターするには

フレームワーク＝autograd＋あらかじめ構築された層とオプティマイザ

autogradシステムのおかげで新しい種類の層を（かなりすばやく）記述できるようになったので、どのような機能を持つ層でも簡単につなぎ合わせることができます。実を言うと、これこそが現代のフレームワークの主な特徴であり、順伝播と逆伝播の算術演算をいちいち記述する必要はなくなっています。これらのフレームワークを利用すれば、アイデアを実際に試してみるまでの時間が大幅に短縮され、コードのバグの数も少なくなります。

フレームワークについては、多くの層やオプティマイザからなるautogradシステムとして考えてみるとよいでしょう。本章で構築したAPIに最もよく似ているフレームワークはPyTorchですが、本章の内容を理解していれば、ほとんどのフレームワークにすんなり移行

できるはずです。いずれにしても、主要なフレームワークに含まれている層やオプティマイザをよく調べておいて損はありません。

- PyTorch：https://pytorch.org/docs/stable/nn.html
- Keras：https://keras.io/layers/about-keras-layers※2
- TensorFlow：https://www.tensorflow.org/api_docs/python

新しいフレームワークを学ぶときの常套手段は、できるだけ単純なサンプルコードを探し、そのコードに手を加えながらautogradシステムのAPIを理解し、目的の結果が得られるまでコードを少しずつ書き換えてみることです。

```
def backward(self, grad=None, grad_origin=None):
    if(self.autograd):
        if(grad is None):
            grad = Tensor(np.ones_like(self.data))
```

次へ進む前にもう1点だけ。Tensor.backward()には、backwardメソッドの最初の呼び出し時に1の勾配を渡さずに済ませるための便利な関数が追加してあります。必ずしもこのようにする必要はありませんが、あると便利です。

13.16　非線形層

テンソルに非線形関数を追加して層をいくつか作成する

次章では、sigmoid関数とtanh関数が必要になります。そこで、これらのメソッドをTensorクラスに追加することにします。これらの微分係数についてはすでに説明しているので、簡単に定義できるはずです。

```
def sigmoid(self):
    if(self.autograd):
        return Tensor(1 / (1 + np.exp(-self.data)),
                      autograd=True, creators=[self], creation_op="sigmoid")
    return Tensor(1 / (1 + np.exp(-self.data)))
```

※2　［訳注］KerasはもともとTensorFlowのラッパーライブラリとして開発されていたが、現在はTensorFlowに統合されており、TensorFlowから呼び出せるようになっている。
https://www.tensorflow.org/api_docs/python/tf/keras/layers

```
def tanh(self):
    if(self.autograd):
        return Tensor(np.tanh(self.data),
                      autograd=True, creators=[self], creation_op="tanh")
    return Tensor(np.tanh(self.data))
```

backwardメソッドに追加する逆伝播ロジックのコードは次のようになります。

```
if(self.creation_op == "sigmoid"):
    ones = Tensor(np.ones_like(self.grad.data))
    self.creators[0].backward(self.grad * (self * (ones - self)))

if(self.creation_op == "tanh"):
    ones = Tensor(np.ones_like(self.grad.data))
    self.creators[0].backward(self.grad * (ones - (self * self)))
```

かなり形式的に思えるのではないでしょうか。非線形関数をさらに追加できるか調べてみましょう。ぜひHardTanhやreluを試してみてください。

```
class Tanh(Layer):
    def __init__(self):
        super().__init__()

    def forward(self, input):
        return input.tanh()

class Sigmoid(Layer):
    def __init__(self):
        super().__init__()

    def forward(self, input):
        return input.sigmoid()
```

新しい非線形関数を試してみましょう。新しく追加した部分は太字にしてあります。

```
np.random.seed(0)

data = Tensor(np.array([[0,0],[0,1],[1,0],[1,1]]), autograd=True)
target = Tensor(np.array([[0],[1],[0],[1]]), autograd=True)

model = Sequential([Linear(2,3), Tanh(), Linear(3,1), Sigmoid()])
criterion = MSELoss()

optim = SGD(parameters=model.get_parameters(), alpha=1)
```

```
for i in range(10):
    pred = model.forward(data)                          # 予測
    loss = criterion.forward(pred, target)              # 比較
    loss.backward(Tensor(np.ones_like(loss.data)))      # 学習
    optim.step()
    print(loss)
```

結果は次のようになります。

```
[1.06372865]
[0.75148144]
[0.57384259]
...
[0.07571169]
[0.05837623]
[0.04700013]
```

このように、新しい`Tanh`層と`Sigmoid`層を`Sequential`に入力パラメータとして放り込んでみたところ、ニューラルネットワークはそれらの使い方をちゃんと心得ているようです。

前章では、リカレントニューラルネットワーク（RNN）を取り上げ、前のいくつかの単語に基づいて次の単語を予測するモデルを訓練しました。本章の締めくくりとして、そのコードを新しいフレームワークに変換してみることにします。そのためには、単語埋め込みを学習する埋め込み層、入力シーケンスのモデル化を学習できるRNN層、そしてラベルの確率分布を予測できるソフトマックス層の3つが新たに必要となります。

13.17 埋め込み層

埋め込み層はインデックスを活性化に変換する

第11章では、単語埋め込みを取り上げました。単語埋め込みは、ニューラルネットワークで順伝播できる単語にマッピングされたベクトルです。したがって、200語の語彙がある場合は、埋め込みの数も200になります。これが埋め込み層を作成するための最初の仕様です。まず、（正しい大きさの）単語埋め込みからなる（正しい長さの）リストを初期化します。

```
class Embedding(Layer):
    def __init__(self, vocab_size, dim):
        super().__init__()
        self.vocab_size = vocab_size
        self.dim = dim
```

```
# word2vec スタイルの初期化
self.weight = (np.random.rand(vocab_size, dim) - 0.5) / dim
```

ここまではよいでしょう。この行列には、語彙の単語ごとに行（ベクトル）があります。順伝播はどのようになるのでしょうか。順伝播は常に「入力はどのようにエンコードされるか」という問いかけから始まります。単語埋め込みの場合、単語そのものを渡すことはどう考えても無理です。単語を渡したのでは、`self.weight` のどの行が順伝播の対象になるのかがわからないからです。代わりに、第 11 章で説明したように、インデックスを渡します。ありがたいことに、NumPy はこの処理をサポートしています。

```
identity = np.eye(5)            ——→   [[1., 0., 0., 0., 0.],
print(identity)                         [0., 1., 0., 0., 0.],
                                        [0., 0., 1., 0., 0.],
                                        [0., 0., 0., 1., 0.],
                                        [0., 0., 0., 0., 1.]])

print(identity[np.array([[1,2,3,4],  ——→  [[[0. 1. 0. 0. 0.]
                         [2,3,4,0]])])     [0. 0. 1. 0. 0.]
                                           [0. 0. 0. 1. 0.]
                                           [0. 0. 0. 0. 1.]]

                                          [[0. 0. 1. 0. 0.]
                                           [0. 0. 0. 1. 0.]
                                           [0. 0. 0. 0. 1.]
                                           [1. 0. 0. 0. 0.]]]
```

整数の行列を NumPy 行列に渡すと同じ行列が返されますが、それぞれの整数が、その整数によって指定される行と置き換えられていることがわかります。したがって、インデックスからなる 2 次元行列が埋め込み（行）からなる 3 次元行列に変換されます。言うことなしです！

13.18 autograd にインデックスを追加する

埋め込み層を構築するために autograd にインデックスをサポートさせる

新しい埋め込み戦略、つまり、単語がインデックスの行列として順伝播されると仮定する戦略をサポートするには、前節で操作したインデックスを autograd にサポートさせる必要があります。考え方はとても単純で、逆伝播の際に、順伝播のためにインデックス付けされたのと同じ行に勾配が配置されているようにする必要があります。そこで、渡されたインデックスを保管しておき、逆伝播の際に単純な `for` ループを用いて各勾配を適切に配置できるようにする必要があります。

```
def index_select(self, indices):
    if(self.autograd):
        new = Tensor(self.data[indices.data], autograd=True,
                     creators=[self], creation_op="index_select")
        new.index_select_indices = indices
        return new
    return Tensor(self.data[indices.data])
```

backwardメソッドでは、まず、前節で学んだNumPy手法を使って正しい行を選択します。

```
def backward(self, grad=None, grad_origin=None):
    if(self.autograd):
        ...
        if(self.creators is not None and ...):
            ...
            if(self.creation_op == "index_select"):
                new_grad = np.zeros_like(self.creators[0].data)
                indices_ = self.index_select_indices.data.flatten()
                grad_ = grad.data.reshape(len(indices_), -1)
                for i in range(len(indices_)):
                    new_grad[indices_[i]] += grad_[i]
                self.creators[0].backward(Tensor(new_grad))
```

続いて、backward呼び出しの中で、正しい大きさ（インデックス付けされた元の行列の大きさ）の新しい勾配を初期化します。次に、インデックスを平坦化して反復的に処理できるようにします。さらに、grad_を行の単純なリストに変換します（注意が必要なのは、indices_のインデックスのリストと、grad_のベクトルのリストの順序を対応させる部分です）。そして、各インデックスをループで処理し、新たに作成している勾配の正しい行にそれを追加した後、self.creators[0]に逆伝播します。このように、grad_[i]はインデックスが使用される回数に従って各行を正しく更新（この場合は成分が1のベクトルを追加）します。インデックス2とインデックス3は2回更新します（太字部分）。

```
x = Tensor(np.eye(5), autograd=True)
x.index_select(Tensor([[1,2,3],
                       [2,3,4]])).backward()
print(x.grad)
```

→

```
[[0. 0. 0. 0. 0.]
 [1. 1. 1. 1. 1.]
 [2. 2. 2. 2. 2.]
 [2. 2. 2. 2. 2.]
 [1. 1. 1. 1. 1.]]
```

13.19　埋め込み層：その 2

新しい index_select メソッドを呼び出せば順伝播は完了

順伝播のために index_select メソッドを呼び出すと、残りの処理は autograd が実行してくれます。

```
class Embedding(Layer):
    def __init__(self, vocab_size, dim):
        super().__init__()
        self.vocab_size = vocab_size
        self.dim = dim
        self.weight = Tensor((np.random.rand(vocab_size, dim) - 0.5) / dim,
                             autograd=True)
        self.parameters.append(self.weight)

    def forward(self, input):
        return self.weight.index_select(input)


np.random.seed(0)
data = Tensor(np.array([1,2,1,2]), autograd=True)
target = Tensor(np.array([[0],[1],[0],[1]]), autograd=True)

embed = Embedding(5,3)
model = Sequential([embed, Tanh(), Linear(3,1), Sigmoid()])
criterion = MSELoss()
optim = SGD(parameters=model.get_parameters(), alpha=0.5)

for i in range(10):
    pred = model.forward(data)                          # 予測
    loss = criterion.forward(pred, target)              # 比較
    loss.backward(Tensor(np.ones_like(loss.data)))     # 学習
    optim.step()
    print(loss)
```

結果は次のようになります。

```
[0.98874126]
[0.6658868]
[0.45639889]
...
[0.08731868]
[0.07387834]
```

このニューラルネットワークでは、入力インデックス1と入力インデックス2を予測値0と予測値1に相関させることを学習します。理論的には、最後の例で示すように、インデックス1とインデックス2は単語（またはその他の入力オブジェクト）に対応するはずです。この例の目的は、埋め込みの仕組みを示すことにありました。

13.20　交差エントロピー層

autogradに交差エントロピーを追加し、層を作成する

そろそろ新しい種類の層を作成する方法に慣れてきた頃です。交差エントロピーは、本書で何度か取り上げてきた非常に標準的な層です。新しい種類の層を作成する方法はすでに確認したので、参考までにコードを示しておきます。このコードをコピーする前に、自分で層を作成してみてください。

```
# Tensorクラスに追加
def cross_entropy(self, target_indices):
    temp = np.exp(self.data)
    softmax_output = temp / np.sum(temp, axis=len(self.data.shape) - 1,
                                   keepdims=True)
    t = target_indices.data.flatten()
    p = softmax_output.reshape(len(t), -1)
    target_dist = np.eye(p.shape[1])[t]
    loss = -(np.log(p) * (target_dist)).sum(1).mean()
    if(self.autograd):
        out = Tensor(loss, autograd=True, creators=[self],
                     creation_op="cross_entropy")
        out.softmax_output = softmax_output
        out.target_dist = target_dist
        return out
    return Tensor(loss)

# backwardメソッドに追加
if(self.creation_op == "cross_entropy"):
    dx = self.softmax_output - self.target_dist
    self.creators[0].backward(Tensor(dx))

# 新しいクラスを追加
class CrossEntropyLoss(object):
    def __init__(self):
        super().__init__()

    def forward(self, input, target):
```

```
        return input.cross_entropy(target)

# モデルの作成と学習
np.random.seed(0)

# データインデックス
data = Tensor(np.array([1,2,1,2]), autograd=True)

# ターゲットインデックス
target = Tensor(np.array([0,1,0,1]), autograd=True)

model = Sequential([Embedding(3,3), Tanh(), Linear(3,4)])
criterion = CrossEntropyLoss()
optim = SGD(parameters=model.get_parameters(), alpha=0.1)
for i in range(10):
    pred = model.forward(data)                           # 予測
    loss = criterion.forward(pred, target)               # 比較
    loss.backward(Tensor(np.ones_like(loss.data)))       # 学習
    optim.step()
    print(loss)
```

結果は次のようになります。

```
1.3885032434928422
0.9558181509266037
0.6823083585795604
...
0.18946427334830068
0.16527389263866668
```

同じ交差エントロピーロジックをここまでのニューラルネットワークで使用すると、新しい損失関数になります。ここで注目すべき点の1つは、最終的なソフトマックス関数と損失関数の計算の両方が損失クラスに含まれることです。ディープニューラルネットワークでは、これはごく一般的な慣例であり、ほとんどのフレームワークはこのようになっています。ネットワークを交差エントロピーで訓練したい場合は、順伝播ステップからソフトマックス関数を削除し、ソフトマックス関数を損失関数の一部として自動的に実行する交差エントロピークラスを呼び出すことができます。

これらを一貫した方法でまとめる理由は性能にあります。ソフトマックス関数の勾配と負の対数尤度を交差エントロピー関数で同時に計算するほうが、それらの順伝播と逆伝播を2つのモデルで別々に実行するよりもずっと高速です。

13.21　リカレント層

複数の層を組み合わせると時系列に沿って学習できる

最後の実習として、複数の小さな層を組み合わせて新しい層をもう 1 つ作成してみましょう。この層の目的は、前章の最後に行ったタスクを学習することです。この層は**リカレント層**であり、3 つの線形層を使って構築します。forward メソッドでは、1 つ前の隠れ層の状態と、現在の訓練データからの入力を受け取ります。

```
class RNNCell(Layer):
    def __init__(self, n_inputs, n_hidden, n_output, activation='sigmoid'):
        super().__init__()
        self.n_inputs = n_inputs
        self.n_hidden = n_hidden
        self.n_output = n_output

        if(activation == 'sigmoid'):
            self.activation = Sigmoid()
        elif(activation == 'tanh'):
            self.activation == Tanh()
        else:
            raise Exception("Non-linearity not found")

        self.w_ih = Linear(n_inputs, n_hidden)
        self.w_hh = Linear(n_hidden, n_hidden)
        self.w_ho = Linear(n_hidden, n_output)

        self.parameters += self.w_ih.get_parameters()
        self.parameters += self.w_hh.get_parameters()
        self.parameters += self.w_ho.get_parameters()

    def forward(self, input, hidden):
        from_prev_hidden = self.w_hh.forward(hidden)
        combined = self.w_ih.forward(input) + from_prev_hidden
        new_hidden = self.activation.forward(combined)
        output = self.w_ho.forward(new_hidden)
        return output, new_hidden

    def init_hidden(self, batch_size=1):
        return Tensor(np.zeros((batch_size, self.n_hidden)), autograd=True)
```

リカレントニューラルネットワーク（RNN）について再び説明する代わりに、すでによく知っているはずの点を再確認しておきましょう。RNN には、時間ステップから時間ステップへと渡される状態ベクトルがあります。この場合、それはhidden変数であり、forwardメソッドの入力パラメータであると同時に出力変数でもあります。RNNには、何種類かの重み行列もあります。具体的には、入力層のベクトルを隠れ層のベクトルにマッピング（入力データを処理）するものや、隠れ層のベクトルを隠れ層のベクトルにマッピング（1つ前のベクトルに基づいて各ベクトルを更新）するものがあります。そしてさらに、隠れ層のベクトルに基づいて予測を行うことを学習する隠れ層と出力層の間のマッピングが含まれることもあります。このRNNCell実装には、この3つがすべて含まれています。self.w_ih層は入力層から隠れ層へのマッピング、self.w_hhは隠れ層から隠れ層へのマッピング、self.w_hoは隠れ層から出力層へのマッピングです。それぞれの次元に注意してください。self.w_ihの入力サイズとself.w_hoの出力サイズはどちらも語彙のサイズです。その他の次元はすべてn_hiddenパラメータに基づいて設定することができます。

最後に、activationパラメータは、それぞれの時間ステップで隠れ層の状態ベクトルに適用される非線形関数を定義します。ここでは2つの選択肢（Sigmoid、Tanh）を追加していますが、選択肢は他にもたくさんあります。さっそくネットワークを訓練してみましょう。

```
import sys,random,math
from collections import Counter
import numpy as np

f = open('tasksv11/en/qa1_single-supporting-fact_train.txt', 'r')
raw = f.readlines()
f.close()

tokens = list()
for line in raw[0:1000]:
    tokens.append(line.lower().replace("\n","").split(" ")[1:])

new_tokens = list()
for line in tokens:
    new_tokens.append(['-'] * (6 - len(line)) + line)
tokens = new_tokens

vocab = set()
for sent in tokens:
    for word in sent:
        vocab.add(word)

vocab = list(vocab)

word2index = {}
for i,word in enumerate(vocab):
    word2index[word] = i
```

```
def words2indices(sentence):
    idx = list()
    for word in sentence:
        idx.append(word2index[word])
    return idx

indices = list()
for line in tokens:
    idx = list()
    for w in line:
        idx.append(word2index[w])
    indices.append(idx)

data = np.array(indices)
```

前章で行ったタスクを学習する

これで、前章と同じタスクを解決するために、リカレント層を埋め込み入力で初期化し、ネットワークを訓練できるようになりました。この小さなフレームワークのおかげでコードはずっと単純になりますが、こちらのネットワークのほうが少し複雑です（層が 1 つ増えます）。

```
embed = Embedding(vocab_size=len(vocab), dim=16)
model = RNNCell(n_inputs=16, n_hidden=16, n_output=len(vocab))

criterion = CrossEntropyLoss()
params = model.get_parameters() + embed.get_parameters()
optim = SGD(parameters=params, alpha=0.05)
```

まず、埋め込み入力を定義し、次に、リカレントセルを作成します。**セル**（cell）とは、回帰が 1 つだけのリカレント層に対する慣例的な呼び名です。任意の個数のセルを同時に設定できる別の層を作成したい場合、その層は RNN と呼ばれ、`n_layers` が入力パラメータになります[※3]。

```
for iter in range(1000):
    batch_size = 100
    total_loss = 0
    hidden = model.init_hidden(batch_size=batch_size)
```

※3 ［訳注］このコードについては次章に説明がある。

```
    for t in range(5):
        input = Tensor(data[0:batch_size,t], autograd=True)
        rnn_input = embed.forward(input=input)
        output, hidden = model.forward(input=rnn_input, hidden=hidden)

    target = Tensor(data[0:batch_size,t+1], autograd=True)
    loss = criterion.forward(output, target)
    loss.backward()
    optim.step()
    total_loss += loss.data
    if(iter % 200 == 0):
        p_correct = (target.data == np.argmax(output.data, axis=1)).mean()
        print_loss = total_loss / (len(data) / batch_size)
        print("Loss:", print_loss, "% Correct:", p_correct)
```

```
Loss: 0.44545644770084725 % Correct: 0.0
Loss: 0.18007833501776138 % Correct: 0.21
Loss: 0.16234906169824664 % Correct: 0.29
Loss: 0.13940761816629205 % Correct: 0.36
Loss: 0.13861152663034398 % Correct: 0.36
```

```
batch_size = 1
hidden = model.init_hidden(batch_size=batch_size)
for t in range(5):
    input = Tensor(data[0:batch_size,t], autograd=True)
    rnn_input = embed.forward(input=input)
    output, hidden = model.forward(input=rnn_input, hidden=hidden)

target = Tensor(data[0:batch_size,t+1], autograd=True)
loss = criterion.forward(output, target)

ctx = ""
for idx in data[0:batch_size][0][0:-1]:
    ctx += vocab[idx] + " "

print("Context:",ctx)
print("Pred:", vocab[output.data.argmax()])
```

```
Context: - mary moved to the
Pred: garden.
```

このニューラルネットワークは訓練データセットの最初の100個のサンプルを約36%の正解率で予測することを学習しています（このトイプロブレムにしては完璧に近い正解率です）。前章の最後と同じように、Maryが向かっているもっともらしい場所を予測しています。

13.22　まとめ

フレームワークは前方ロジックと後方ロジックの効率的で便利な抽象化

本章の実習を通じて、フレームワークがいかに便利であるかを実感できたことを願っています。フレームワークを利用すれば、コードが読みやすくなり、コードをすばやく記述できるようになり、（組み込みの最適化を通じて）実行がより高速になり、バグの数が大幅に少なくなります。さらに重要なのは、PyTorchやTensorFlowといった業界標準のフレームワークを使用したり拡張したりする準備ができたことです。本章で培ったスキルは、既存の層をデバッグするのか、プロトタイプを作成するのかにかかわらず、本書において最も重要なものの1つです。これらのスキルは、ディープラーニングの理論的な知識と、今後モデルを実装するために使用する現実のツールの設計との橋渡しをするからです。

本章で作成したフレームワークに最もよく似ているのはPyTorchです。本書を読み終えたらぜひPyTorchを試してみることをお勧めします。最もしっくりくるフレームワークであることがわかるでしょう。

14 シェイクスピアのような文章を書くための学習 LSTM

本章の内容

- 文字言語のモデル化
- T-BPTT
- 勾配消失と勾配発散
- RNN 逆伝播のトイプロブレム
- LSTM セル

“人間というのはなんと愚かなのか 

—ウィリアム・シェイクスピア、『真夏の夜の夢』

14.1　文字言語のモデル化

RNN を使ってさらに難しいタスクに取り組む

第 12 章と第 13 章では、単純な時系列予測問題を学習する標準的なリカレントニューラルネットワーク（RNN）の訓練を行いました。しかし、その訓練に使用したのは、特定のルールに基づいて合成的に作り出されたフレーズからなるデータセットでした。

本章では、それよりもはるかに難易度の高いデータセット（シェイクスピアの作品）を使って言語のモデル化を試みます。そして、（前章で行ったように）前の単語に基づいて次の単語を予測することを学習するのではなく、文字に対する訓練を行います。すでに観測された文字に基づいて次の文字を予測することを学習する必要があります。コードは次のようになります[※1]。

```
import numpy as np

np.random.seed(0)

f = open('shakespear.txt', 'r')
raw = f.read()
f.close()

vocab = list(set(raw))
word2index = {}
for i,word in enumerate(vocab):
    word2index[word] = i

indices = np.array(list(map(lambda x:word2index[x], raw)))
```

第12章と第13章の語彙はデータセット内の単語で構成されていましたが、この場合はデータセット内の文字で構成されています。このため、データセットは単語に対応するインデックスのリストに変換されるのではなく、文字に対応するインデックスのリストに変換されます。NumPy配列`indices`に続くコードは次のようになります[※2]。

```
embed = Embedding(vocab_size=len(vocab), dim=512)
model = RNNCell(n_inputs=512, n_hidden=512, n_output=len(vocab))
model.w_ho.weight.data *= 0
criterion = CrossEntropyLoss()
optim = SGD(parameters=model.get_parameters() + embed.get_parameters(),
            alpha=0.05)
```

このコードには見覚えがあるはずです。このコードは、埋め込みを8次元で初期化し、RNNの隠れ層の状態（隠れ状態）の大きさを512に初期化します。出力の重みは0で初期化します（そのように決まっているわけではありませんが、こうするとうまくいくようです）。最後に、`CrossEntropyLoss`と SGDオプティマイザを初期化します。

※1 本書のGitHubリポジトリから`shakespear.txt`ファイルを`.ipynb`ファイルと同じフォルダにダウンロードしておく必要がある。元のファイルは次のURLで提供されている。
http://karpathy.github.io/2015/05/21/rnn-effectiveness/

※2 ［訳注］前章の`Tensor`をはじめとするクラスが定義されていることが前提となる。

14.2　T-BPTT はなぜ必要か

100,000 文字の逆伝播は扱いにくい

RNN の読み取りコードにおいて難解な部分の 1 つは、データを供給するためのミニバッチロジックです。先の（より単純な）ニューラルネットワークには、次のような内側の for ループがありました（太字部分）。

```
for iter in range(1000):
    batch_size = 100
    total_loss = 0
    hidden = model.init_hidden(batch_size=batch_size)

    for t in range(5):
        input = Tensor(data[0:batch_size,t], autograd=True)
        rnn_input = embed.forward(input=input)
        output, hidden = model.forward(input=rnn_input, hidden=hidden)

    target = Tensor(data[0:batch_size,t+1], autograd=True)
    loss = criterion.forward(output, target)
    loss.backward()
    optim.step()
    total_loss += loss.data
    if(iter % 200 == 0):
        p_correct = (target.data == np.argmax(output.data, axis=1)).mean()
        print_loss = total_loss / (len(data) / batch_size)
        print("Loss:", print_loss,"% Correct:", p_correct)
```

イテレーションがなぜ 5 回なのか疑問に思っているかもしれません。結論から言うと、このときのデータセットには、6 語よりも長いサンプルが含まれていなかったのです。そこで、5 つの単語を読み取った後、6 つ目の単語を予測していました。

さらに重要なのは、逆伝播ステップです。MNIST の手書きの数字を分類する単純なフィードフォワードネットワークを実行したときのことを思い出してください。勾配は常にネットワークの終わりから逆伝播され、入力データに到達するまでネットワークをさかのぼっていました。これにより、ネットワークはすべての重みを調整することで、入力サンプル全体に基づいて予測を正しく行う方法を学習することができました。

この RNN の例も同じです。入力として 5 つのデータポイントを順伝播した後、loss.backward() を呼び出し、入力に到達するまで勾配を逆伝播します。このようなことが可能なのは、一度に供給されるデータポイントがそれほど多くないためです。ですが、シェイクスピアデータセットは 100,000 文字もあります。これでは数が多すぎて、予測のたびに逆伝播

するわけにはいきません。では、どうするのでしょうか。

あらかじめ決められたステップ数だけ逆伝播し、そこで逆伝播を打ち切ります。これは **T-BPTT**（Truncated Backpropagation Through Time）と呼ばれる標準的な手法であり、逆伝播の長さも（バッチサイズやアルファと同じように）調整可能なパラメータの 1 つとなります。

14.3 T-BPTT

厳密には、ニューラルネットワークの理論上の上限を下げる

T-BPTT を使用する場合の欠点は、ニューラルネットワークが何かを記憶することを学習できる期間が短くなることです。基本的には、たとえば 5 つの時間ステップで勾配を刈り込む場合、ニューラルネットワークは 5 つの時間ステップよりも前のイベントを覚えておくことを学習できなくなります。

厳密には、もう少し微妙な意味合いがあります。RNN の隠れ層には、過去の 5 つの時間ステップよりも前の情報が偶然に残っていることがあります。しかし、それらの勾配を現在の予測に役立てるために、ニューラルネットワークが過去の 6 つの時間ステップの情報をモデルに明示的に記憶させることはできません。このため、5 つの時間ステップで打ち切りの場合、ニューラルネットワークは 5 つの時間ステップよりも前の入力シグナルに基づいて予測を行うことを学習しません。言語をモデル化するときには、打ち切り変数（bptt）を通常は 16 ～ 64 の値に設定します。

```
batch_size = 32
bptt = 16
n_batches = int((indices.shape[0] / (batch_size)))
```

T-BPTT のもう 1 つの欠点は、ミニバッチロジックが少し複雑になることです。T-BPTT を使用するには、1 つの大きなデータセットではなく、サイズが bptt の小さなデータセットがいくつかあるように見せかけます。それに合わせて、データセットをいくつかに分割する必要があります。

```
trimmed_indices = indices[:n_batches * batch_size]
batched_indices = trimmed_indices.reshape(batch_size, n_batches)
batched_indices = batched_indices.transpose()

input_batched_indices = batched_indices[0:-1]
target_batched_indices = batched_indices[1:]
```

```
n_bptt = int(((n_batches - 1) / bptt))
input_batches = input_batched_indices[:n_bptt * bptt]
input_batches = input_batches.reshape(n_bptt, bptt, batch_size)
target_batches = target_batched_indices[:n_bptt * bptt]
target_batches = target_batches.reshape(n_bptt, bptt, batch_size)
```

このコードはいろいろなことを行っています。1行目のコードは、データセットをbatch_sizeとn_batchesの偶数倍にします。これは、テンソルにグループ化するときに2乗になるようにするためです(あるいは、データセットを0でパディングして正方行列にすることもできます)。2行目と3行目のコードは、データセットを再び整形し、各列が最初のindices配列の一部になるようにします。batch_sizeを(読みやすいように)8に設定した場合はどうなるか見てみましょう。

```
print(raw[0:5])
print(indices[0:5])

That,
[ 5 16 59 15 27]
```

これらはシェイクスピアデータセットの最初の5文字であり、文字列"That,"を1文字ずつ綴っています。batched_indicesに含まれている変換出力の最初の5行を見てみましょう。

```
print(batched_indices[0:5])

[[ 5 26 37 15 15 41 27 25]
 [16 52 23 37 26 16 45 15]
 [59 29 23 21 49 37  4 27]
 [15 23 27 47 37 21 24 26]
 [27 23 26 45 15 37 37 44]]
```

1列目を太字にしていますが、文字列"That,"のインデックスが一番左の列にあることがわかるでしょうか。これが標準的な構造です。列が8つあるのはbatch_sizeが8だからです。このテンソルは、それぞれの長さがbpttの小さなデータセットのリストを作成するために使用されます。

入力と出力がどのように構築されるのか見てみましょう。出力インデックスは(ネットワークが次の文字を予測するために)入力インデックスから1行ずれています。この出力はbatch_sizeが8なので読みやすくなっていますが、batch_sizeに実際に設定するのは32です。

```
print(input_batches[0][0:5])

[[ 5 26 37 15 15 41 27 25]
 [16 52 23 37 26 16 45 15]
 [59 29 23 21 49 37  4 27]
 [15 23 27 47 37 21 24 26]
 [27 23 26 45 15 37 37 44]]
```

```
print(target_batches[0][0:5])

[[16 52 23 37 26 16 45 15]
 [59 29 23 21 49 37  4 27]
 [15 23 27 47 37 21 24 26]
 [27 23 26 45 15 37 37 44]
 [26 26 29 55 13  6 21 45]]
```

まだピンとこなくても心配はいりません。これはディープラーニングの理論とはあまり関係がなく、RNNを準備するときの特にやっかいな部分にすぎません。本当は、その説明に数ページを割く予定でした。

T-BPTTを使ったイテレーションの方法

T-BPTTの実際のコードを見てみましょう。前章のイテレーションロジックと非常によく似ていることに注目してください。実質的な違いは、各ステップでbatch_lossを生成することだけです。そして、bpttステップが終わるたびに逆伝播を行い、重みを更新します。その後は、何事もなかったかのようにデータセットを最後まで読み取ります（使用する隠れ層の状態も以前と同じで、各エポックでリセットされるだけです）※3。

```
import sys

def train(iterations=100):
    for iter in range(iterations):
        total_loss = 0
        n_loss = 0
        hidden = model.init_hidden(batch_size=batch_size)

        for batch_i in range(len(input_batches)):
            hidden = Tensor(hidden.data, autograd=True)
            loss = None
            losses = list()
            for t in range(bptt):
                input = Tensor(input_batches[batch_i][t], autograd=True)
```

※3　［訳注］train関数を実際に呼び出す前に、次節で説明するgenerate_sample関数が定義されている必要がある。また、Tensorクラスにsoftmaxメソッドを追加する必要もある。

```
def softmax(self):
    temp = np.exp(self.data)
    softmax_output = temp / np.sum(temp, axis=len(self.data.shape) - 1,
                                   keepdims=True)
    return softmax_output
```

```
            rnn_input = embed.forward(input=input)
            output, hidden = model.forward(input=rnn_input,
                                           hidden=hidden)
            target = Tensor(target_batches[batch_i][t], autograd=True)
            batch_loss = criterion.forward(output, target)
            losses.append(batch_loss)
            if(t == 0):
                loss = batch_loss
            else:
                loss = loss + batch_loss

        for loss in losses:
            ""

        loss.backward()
        optim.step()
        total_loss += loss.data
        log = "\r Iter:" + str(iter)
        log += " - Batch:" + str(batch_i+1) + "/" + \
               str(len(input_batches))
        log += " - Loss:" + str(np.exp(total_loss / (batch_i+1)))
        if(batch_i == 0):
            log += " - " + generate_sample(70, '\n').replace("\n", " ")
        if(batch_i % 10 == 0 or batch_i-1 == len(input_batches)):
            sys.stdout.write(log)

    optim.alpha *= 0.99
    print()
```

train 関数の出力は次のようになります。

```
train()

Iter:0 - Batch:191/195 - Loss:148.00388828554404
Iter:1 - Batch:191/195 - Loss:20.588816924127116 mhnethet tttttt t t t
....
Iter:99 - Batch 61/195 - Loss:1.0533843281265225 I af the mands your
```

14.4 出力のサンプル

モデルの予測値からのサンプリングにより、シェイクスピア風の文章を書く

モデルと訓練ロジックの一部を使って予測を行うコードは次のようになります。予測値を文字列に格納し、文字列バージョンを出力として返します。生成されるサンプルはまるでシェイ

クスピアのようであり、登場人物の会話まで含まれています。

```
def generate_sample(n=30, init_char=' '):
    s = ""
    hidden = model.init_hidden(batch_size=1)
    input = Tensor(np.array([word2index[init_char]]))
    for i in range(n):
        rnn_input = embed.forward(input)
        output, hidden = model.forward(input=rnn_input, hidden=hidden)
        output.data *= 10                  # サンプリングの温度（高いほど貪欲）
        temp_dist = output.softmax()
        temp_dist /= temp_dist.sum()
        m = (temp_dist > np.random.rand()).argmax()     # 予測値からのサンプル
        c = vocab[m]
        input = Tensor(np.array([m]))
        s += c
    return s
```

出力は次のようになります。

```
print(generate_sample(n=2000, init_char='\n'))

I war ded abdons would.

CHENRO:
Why, speed no virth to her,
Plirt, goth Plish love,
Befion
    hath if be fe woulds is feally your hir, the confectife to the nightion
As rent Ron my hath iom
the worse, my goth Plish love,
Befion
Ass untrucerty of my fernight this we namn?

ANG, makes:
That's bond confect fe comes not commonour would be forch the conflill
As poing from your jus eep of m look o perves, the worse, my goth
Thould be good lorges ever word

DESS:
Where exbinder: if not conflill, the confectife to the nightion
As co move, sir, this we namn?

ANG VINE PAET:
There was courter hower how, my goth Plish lo res
Toures
```

```
ever wo formall, have abon, with a good lorges ever word.
```

14.5　勾配消失と勾配発散

RNN の勾配消失問題と勾配発散問題

RNN を最初に作成したときの図を覚えているでしょうか。考え方は「順序を考慮に入れた上で単語埋め込みを組み合わせることができる」というもので、実装は「各埋め込みを次の時間ステップに変換する行列を学習する」という方法で行いました。その際、順伝播は 2 ステップのプロセスになりました。1 つ目のステップは、最初の単語埋め込み（「Red」の埋め込み）から始まり、それに重み行列を掛け、次の単語埋め込み（「Sox」の埋め込み）に足します。2 つ目のステップは、結果として得られたベクトルに同じ重み行列を掛け、次の単語を足します。そして、一連の単語をすべて読み取るまで、このプロセスを繰り返します。

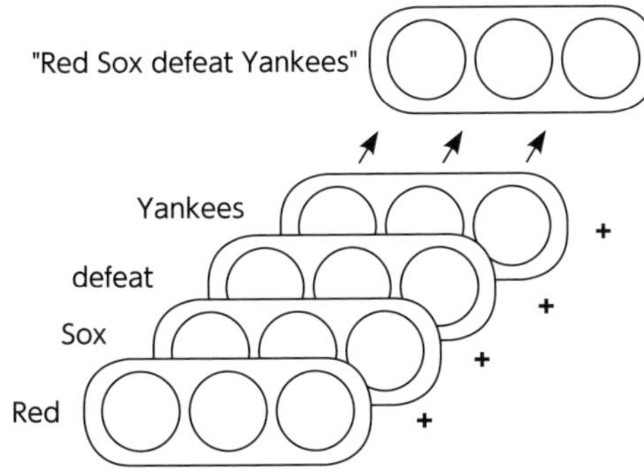

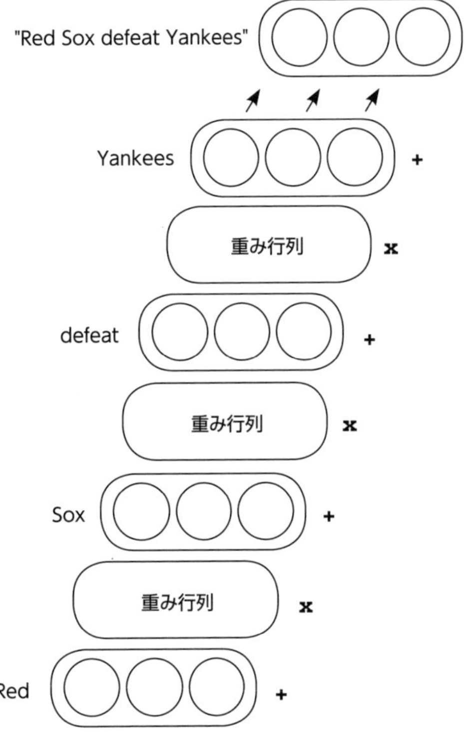

しかし、すでに見てきたように、隠れ状態を生成するプロセスに新たな非線形関数が追加されています。このため、順伝播は 3 ステップのプロセスになります。つまり、1 つ前の隠れ状態に重み行列を掛け、次の単語の埋め込みを足し、非線形関数を適用します。

この非線形関数がネットワークの安定性において重要な役割を果たすことに注意してください。単語のシーケンスがどれだけ長くても、隠れ状態（理論的には徐々に大きくなることが考えられます）は非線形関数の値の範囲（シグモイドの場合は 0 から 1）にとどまります。しかし、逆伝播の方法は順伝播とは少し違っており、このような便利な特性はありません。逆伝播は非常に大きい値や非常に小さい値を引き起こしがちです。大きい値は発散（大量の NaN）の原因になることがあり、非常に小さい値はネットワークの学習を妨げます。RNN の逆伝播を詳しく見ていきましょう。

14.6　RNN の逆伝播の例

勾配消失問題と勾配発散問題を確認するための例を作成する

次のコードは、活性化関数 sigmoid と relu のリカレント逆伝播ループです。sigmoid と relu の勾配が非常に小さく／大きくなる様子に注目してください。逆伝播では、行列乗算の結果として勾配が大きくなります。また、sigmoid 活性化関数の微分がその両端でかなり平坦になることにより（多くの非線形関数に共通する特性です）、勾配が小さくなります。

```
import numpy as np

sigmoid = lambda x:1/(1+np.exp(-x))
relu = lambda x:(x>0).astype(float)*x
weights = np.array([[1,4],[4,1]])
activation = sigmoid(np.array([1,0.01]))

print("Sigmoid Activations")
activations = list()
for iter in range(10):
    activation = sigmoid(activation.dot(weights))
    activations.append(activation)
    print(activation)

print("\nSigmoid Gradients")
gradient = np.ones_like(activation)
for activation in reversed(activations):
    # 活性化関数が 0 または 1（両端）に非常に近いとき、
    # シグモイドの微分によって勾配が非常に小さくなる
    gradient = (activation * (1 - activation) * gradient)
    gradient = gradient.dot(weights.transpose())
    print(gradient)

print("\nReLU Activations")
activations = list()
for iter in range(10):
    # 行列乗算による勾配発散は非線形関数によって阻止されない
    activation = relu(activation.dot(weights))
    activations.append(activation)
    print(activation)
```

```
print("\nReLU Gradients")
gradient = np.ones_like(activation)
for activation in reversed(activations):
    gradient = ((activation > 0) * gradient).dot(weights.transpose())
    print(gradient)
```

出力は次のようになります。

```
Sigmoid Activations
[0.93940638 0.96852968]
[0.9919462  0.99121735]
[0.99301385 0.99302901]
...
[0.99307291 0.99307291]

Sigmoid Gradients
[0.03439552 0.03439552]
[0.00118305 0.00118305]
[4.06916726e-05 4.06916726e-05]
...
[1.45938177e-14 2.16938983e-14]
```

```
ReLU Gradients
[4.8135251  4.72615519]
[23.71814585 23.98025559]
[119.63916823 118.852839  ]
...
[9315234.18124649 9316953.88328115]

ReLU Gradients
[5. 5.]
[25. 25.]
[125. 125.]
...
[9765625. 9765625.]
```

14.7 LSTM セル

勾配消失問題と勾配発散問題に対抗する業界標準モデル

前節では、RNN での隠れ状態の更新方法が原因で、勾配消失と勾配発散が発生することについて説明しました。問題は、次の隠れ状態を生成するために行列乗算と非線形関数を組み合わせて使用することにあります。ここで驚くほど単純な解決策を提供するのが LSTM です。

> **ゲート付きコピー**
> LSTM (Long Short-Term Memory) は、1 つ前の隠れ状態をコピーし、必要に応じて情報を追加または削除することにより、次の隠れ状態を作成します。LSTM が情報の追加と削除に使用するメカニズムを**ゲート** (gate) と呼びます。

RNN セル(`RNNCell`)の順伝播ロジックは次のように定義されていました。

```
def forward(self, input, hidden):
    from_prev_hidden = self.w_hh.forward(hidden)
    combined = self.w_ih.forward(input) + from_prev_hidden
    new_hidden = self.activation.forward(combined)
    output = self.w_ho.forward(new_hidden)
    return output, new_hidden
```

LSTMセル(LSTMCell)の順伝播ロジックは次のようになります。LSTMには、2つの隠れ状態ベクトルh(隠れ状態)とc(セル状態)があります。

```
def forward(self, input, hidden):
    prev_hidden, prev_cell = (hidden[0], hidden[1])
    f = (self.xf.forward(input) + self.hf.forward(prev_hidden)).sigmoid()
    i = (self.xi.forward(input) + self.hi.forward(prev_hidden)).sigmoid()
    o = (self.xo.forward(input) + self.ho.forward(prev_hidden)).sigmoid()
    u = (self.xc.forward(input) + self.hc.forward(prev_hidden)).tanh()
    c = (f * prev_cell) + (i * u)
    h = o * cell.tanh()
    output = self.w_ho.forward(h)
    return output, (h, cell)
```

cがどのように更新されるのかに注目してください。新しいセルはそれぞれ、1つ前のセルにuを足し、iとfで重み付けしたものです。fは忘却ゲートであり、fが0の場合、新しいセルは以前に記憶した値を忘れ去ることになります。iは入力ゲートであり、値が1の場合は、uの値を完全に足した新しいセルを作成します。oは出力ゲートであり、予測時に参照できるセルの状態の量を制御します。たとえば、oがすべてゼロの場合、self.w_ho.forward(h)行は予測時にセルの状態を完全に無視します[※4]。

14.8 LSTMのゲートを直観的に理解する

LSTMのゲートは意味的にメモリの読み書きと似ている

さて、f、i、oの3つのゲートと、セル更新ベクトルuが定義されています。それぞれを忘却、入力、出力、更新として考えてください。これらを組み合わせることで、cを更新するたびに行列乗算や非線形関数を適用しなくても、cに情報を格納したりその情報を操作したりできます。つまり、nonlinearity(c)やc.dot(weights)をそもそも呼び出さずに済みます。

※4 [訳注] 入力部分に入力ゲート、出力部分に出力ゲートを配置することで、過去の情報が必要になったときだけゲートを開け、それ以外は閉じておくことで、過去の情報を保持できるようになる。忘却ゲートは、セルを無限に成長させるのではなく、必要に応じてセルに記憶された値を忘れ去ることで、セル状態をリセットできるようにする。

これにより、LSTMは勾配消失や勾配発散の心配をすることなく、時系列にまたがって情報を格納できるようになります。それぞれのステップはコピーと更新の組み合わせです（f がゼロではなく、i がゼロではないと仮定します）。h は隠れ層の値であり、予測に使用されるマスクされたセルになります。

さらに、3つのゲートが同じ方法で生成されることに注目してください。それぞれに重み行列がありますが、どれもシグモイド関数を通じて渡される入力と1つ前の隠れ状態を前提とします。これらがゲートとして役立つのは、0と1で飽和するこのシグモイド関数のおかげです。

```
f = (self.xf.forward(input) + self.hf.forward(prev_hidden)).sigmoid()
i = (self.xi.forward(input) + self.hi.forward(prev_hidden)).sigmoid()
o = (self.xo.forward(input) + self.ho.forward(prev_hidden)).sigmoid()
```

最後にhについてもう1つだけ述べておくと、基本的には、標準的なRNNと同じように使用されるため、勾配消失と勾配発散に陥りやすい点は変わりません。まず、ベクトルhは常にtanhとsigmoidによって単純化されたベクトルの組み合わせを使って作成されるため、勾配発散はそれほど問題ではありません。問題は勾配消失だけです。しかし、hの前提条件は長期的な情報を保持する可能性があるcなので、結果的に問題はありません。勾配消失はこの手の情報の伝播を学習できないため、長期的な情報はすべてcを使って伝播されます。hは、次の時間ステップでの出力（予測）とゲート活性化の構築に役立つcの局所的な解釈にすぎません。要するに、長期的な情報の伝播はcが学習できるため、hがそれを学習できなくても問題はありません。

14.9 LSTM層

autogradシステムを使ってLSTMを実装する

```
class LSTMCell(Layer):
    def __init__(self, n_inputs, n_hidden, n_output):
        super().__init__()

        self.n_inputs = n_inputs
        self.n_hidden = n_hidden
        self.n_output = n_output

        self.xf = Linear(n_inputs, n_hidden)
        self.xi = Linear(n_inputs, n_hidden)
        self.xo = Linear(n_inputs, n_hidden)
        self.xc = Linear(n_inputs, n_hidden)
```

```
        self.hf = Linear(n_hidden, n_hidden, bias=False)
        self.hi = Linear(n_hidden, n_hidden, bias=False)
        self.ho = Linear(n_hidden, n_hidden, bias=False)
        self.hc = Linear(n_hidden, n_hidden, bias=False)
        self.w_ho = Linear(n_hidden, n_output, bias=False)

        self.parameters += self.xf.get_parameters()
        self.parameters += self.xi.get_parameters()
        self.parameters += self.xo.get_parameters()
        self.parameters += self.xc.get_parameters()
        self.parameters += self.hf.get_parameters()
        self.parameters += self.hi.get_parameters()
        self.parameters += self.ho.get_parameters()
        self.parameters += self.hc.get_parameters()
        self.parameters += self.w_ho.get_parameters()

    def forward(self, input, hidden):
        prev_hidden = hidden[0]
        prev_cell = hidden[1]
        f = (self.xf.forward(input) + self.hf.forward(prev_hidden)).sigmoid()
        i = (self.xi.forward(input) + self.hi.forward(prev_hidden)).sigmoid()
        o = (self.xo.forward(input) + self.ho.forward(prev_hidden)).sigmoid()
        g = (self.xc.forward(input) + self.hc.forward(prev_hidden)).tanh()
        c = (f * prev_cell) + (i * g)
        h = o * c.tanh()
        output = self.w_ho.forward(h)
        return output, (h, c)

    def init_hidden(self, batch_size=1):
        h = Tensor(np.zeros((batch_size, self.n_hidden)), autograd=True)
        c = Tensor(np.zeros((batch_size, self.n_hidden)), autograd=True)
        h.data[:,0] += 1
        c.data[:,0] += 1
        return (h, c)
```

14.10 文字言語モデルを改良する

RNN を新しい LSTM セルに置き換える

本章では、シェイクスピアの文章を予測するように文字言語モデルを訓練しました。ここでは、LSTM ベースのモデルを同じ目的で訓練してみましょう。前章のフレームワークを利用すれば簡単です。新しいセットアップコードは次のようになります。RNN のコードからの変更点はすべて太字にしてあります。ニューラルネットワークの設定に関しては、ほとんど何も変更していない点に注目してください[※5]。

```
np.random.seed(0)
f = open('shakespear.txt','r')
raw = f.read()
f.close()

vocab = list(set(raw))
word2index = {}
for i,word in enumerate(vocab):
    word2index[word]=i
indices = np.array(list(map(lambda x:word2index[x], raw)))

embed = Embedding(vocab_size=len(vocab), dim=512)
model = LSTMCell(n_inputs=512, n_hidden=512, n_output=len(vocab))
model.w_ho.weight.data *= 0    # 訓練に役立つようだ
criterion = CrossEntropyLoss()
optim = SGD(parameters=model.get_parameters() + embed.get_parameters(),
            alpha=0.05)

batch_size = 16
bptt = 25
n_batches = int((indices.shape[0] / (batch_size)))

trimmed_indices = indices[:n_batches*batch_size]
batched_indices = trimmed_indices.reshape(batch_size, n_batches)
batched_indices = batched_indices.transpose()
input_batched_indices = batched_indices[0:-1]
target_batched_indices = batched_indices[1:]

n_bptt = int(((n_batches - 1) / bptt))
input_batches = input_batched_indices[:n_bptt * bptt]
input_batches = input_batches.reshape(n_bptt, bptt, batch_size)
target_batches = target_batched_indices[:n_bptt * bptt]
target_batches = target_batches.reshape(n_bptt, bptt, batch_size)
min_loss = 1000

def generate_sample(n=30, init_char=' '):
```

※5 ［訳注］Tensor クラスの backward メソッドを次のように変更しておく必要がある。

```
def backward(self, grad=None, grad_origin=None):
    if(self.autograd):
        ...
        if(grad_origin is not None):
            return;
        else:
            ...
```

```
    s = ""
    hidden = model.init_hidden(batch_size=1)
    input = Tensor(np.array([word2index[init_char]]))
    for i in range(n):
        rnn_input = embed.forward(input)
        output, hidden = model.forward(input=rnn_input, hidden=hidden)
        m = output.data.argmax()
        c = vocab[m]
        input = Tensor(np.array([m]))
        s += c
    return s
```

14.11　LSTM 文字言語モデルを訓練する

訓練ロジックもそれほど変わらない

標準的な RNN ロジックからの実際の変更点は T-BPTT だけです。というのも、隠れベクトルが時間ステップごとに 1 つではなく 2 つあるからです。ただし、これは比較的小さな修正です（太字部分）。また、訓練を容易にするオプションもいくつか追加しています（alpha が徐々に減少するのと、ログ機能がさらに追加されています）。

```
iterations = 100
for iter in range(iterations):
    total_loss, n_loss = (0, 0)
    hidden = model.init_hidden(batch_size=batch_size)
    batches_to_train = len(input_batches)

    for batch_i in range(batches_to_train):
        hidden = (Tensor(hidden[0].data, autograd=True),
                  Tensor(hidden[1].data, autograd=True))
        losses = list()
        for t in range(bptt):
            input = Tensor(input_batches[batch_i][t], autograd=True)
            rnn_input = embed.forward(input=input)
            output, hidden = model.forward(input=rnn_input, hidden=hidden)
            target = Tensor(target_batches[batch_i][t], autograd=True)
            batch_loss = criterion.forward(output, target)
            if(t == 0):
                losses.append(batch_loss)
            else:
                losses.append(batch_loss + losses[-1])
```

```
        loss = losses[-1]
        loss.backward()
        optim.step()

        total_loss += loss.data / bptt
        epoch_loss = np.exp(total_loss / (batch_i+1))
        if(epoch_loss < min_loss):
            min_loss = epoch_loss
            print()

        log = "\r Iter:" + str(iter)
        log += " - Alpha:" + str(optim.alpha)[0:5]
        log += " - Batch " + str(batch_i+1) + "/" + str(len(input_batches))
        log += " - Min Loss:" + str(min_loss)[0:5]
        log += " - Loss:" + str(epoch_loss)
        if(batch_i == 0):
            s = generate_sample(n=70, init_char='T').replace("\n"," ")
            log += " - " + s
        sys.stdout.write(log)

    optim.alpha *= 0.99
```

14.12 LSTM文字言語モデルを調整する

このモデルの訓練時の出力を見てみましょう。パラメータの数が多いので、訓練にはかなり時間がかかりました。また、このタスクに適した調整（学習率、バッチサイズなど）を見つけ出すために訓練を何度も行う必要がありました。最終的なモデルの訓練には、ひと晩（8時間）かかりました。一般的には、訓練にかける時間が長いほど、よい結果が得られるはずです。

```
Iter:0 - Alpha:0.05 - Batch:1/249 - Min Loss:62.00 - Loss:62.00 - eeeeeeeeee
    ...
Iter:7 - Alpha:0.04 - Batch:140/249 - Min Loss:10.5 - Loss:10.7 - heres, and
    ...
Iter:91 - Alpha:0.016 - Batch:176/249 - Min Loss:9.900 - Loss:11.9757225699
```

以前と同じように、モデルと訓練ロジックの一部を使って予測を行ってみましょう。

```
def generate_sample(n=30, init_char=' '):
    s = ""
    hidden = model.init_hidden(batch_size=1)
    input = Tensor(np.array([word2index[init_char]]))
```

```
    for i in range(n):
        rnn_input = embed.forward(input)
        output, hidden = model.forward(input=rnn_input, hidden=hidden)
        output.data *= 15
        m = output.data.argmax()    # 予測値の最大値を取得
        c = vocab[m]
        input = Tensor(np.array([m]))
        s += c
    return s
```

出力は次のようになります。

```
print(generate_sample(n=500, init_char='\n'))

Intestay thee.

SIR:
It thou my thar the sentastar the see the see:
Imentary take the subloud I
Stall my thentaring fook the senternight pead me, the gakentlenternot
they day them.

KENNOR:
I stay the see talk :
Non the seady!

Sustar thou shour in the suble the see the senternow the antently the see
the seaventlace peake,
I sentlentony my thent:
I the sentastar thamy this not thame.
```

14.13　まとめ

LSTMがその生成方法を学習したシェイクスピア言語の分布は侮れません。言語は、学習するにはひどく複雑な統計学的分布であり、LSTMがそれを見事にやってのけることは筆者を（そして他の人々も）困惑させます。本書の執筆時点では、LSTMは他のモデルを大きくリードしています。このモデルを少しアレンジしたものはさまざまなタスクにおいて最先端の手法となっています。単語埋め込みや畳み込み層とともに、これからしばらくの間、主力ツールの1つとなることは間違いなさそうです。

15 未知のデータでのディープラーニング フェデレーションラーニング

本章の内容

- ディープラーニングのプライバシー問題
- フェデレーションラーニング
- スパム検出の学習
- フェデレーションラーニングのハッキング
- セキュアアグリゲーション
- 準同型暗号
- 準同型暗号化されたフェデレーションラーニング

> 仲間はスパイ行為を働かない。
> 真の友情とは秘密を守ることでもある。
>
> —スティーヴン・キング、
> 『アトランティスのこころ』（1999 年）

15.1 ディープラーニングのプライバシー問題

ディープラーニング（とそのツール）は訓練データにアクセスできることを意味する

機械学習の一分野であるディープラーニングが「データからの学習」に尽きることはもうすっかり認識していると思います。ですが多くの場合、学習の対象となるデータはきわめて個人的なものです。最も有意義なモデルは、人間の生活に関する最も個人的なデータを扱い、他の方法では知り得なかったかもしれない私たち自身に関する情報を教えてくれるものです。言い換えるなら、ディープラーニングモデルは何千人もの人々の生活を学習することで、人間が自分たち自身をよく理解する手助けをします。

ディープラーニングの主な情報源は、（人工または自然の）訓練データです。それなしには、ディープラーニングが学習することは不可能です。そして、価値の高いユースケースほど、より個人的なデータを扱う傾向にあることから、企業がデータを集めようとする背景にはたいていディープラーニングという動機があります。特定のユースケースを解決するには、データが必要なのです。

しかし 2017 年、この話を大きく前進させる非常に刺激的な論文が Google から発表され、ブログに投稿されました。Google が提唱したのは、モデルを訓練するためにデータを一元的に管理する必要はない、というものでした。Google は次のような疑問を投げかけました ―― すべてのデータを 1 か所に集める代わりに、データが生成される場所にモデルのほうを移動できるとしたらどうでしょうか。これは**フェデレーションラーニング**（federated learning）と呼ばれる機械学習の新たな分野です。そして、これが本章のテーマです。

> モデルを訓練するために訓練データのコーパスを 1 か所に集める代わりに、データが生成される場所にモデルのほうを移動させることができるとしたらどうでしょうか。

この単純な発想の逆転はきわめて重要です。まず、ディープラーニングのサプライチェーンに参加するにあたって、厳密には、自分たちが持っているデータを誰かに送らなくてもよくなります。医療や人事管理といった機密性の高い領域において有益なモデルを、私たち自身に関する情報を開示しなくても訓練できるようになります。理論的には、（少なくともディープラーニングに関しては）個人データのただ 1 つのコピーに対する権利を守ることができます。

この手法はディープラーニングの勢力図にも大きな影響をおよぼすでしょう。これまで顧客に関するデータを共有していなかった（または法的な理由で共有できなかった）大企業は、そのデータから収益を上げることができるかもしれません。一方で、データを取り巻く機密性や規制上の制約がその行く手を阻んでいる問題領域がいくつか存在します。医療はその１つであり、データセットはたいてい厳重に保護されています。

15.2 フェデレーションラーニング

データセットにアクセスできなくても学習できる

フェデレーションラーニングでは、多くのデータセットに問題解決（MRIでのがんの特定など）に役立つ情報が含まれていることが前提となります。十分な性能を持つディープラーニングモデルを訓練するには十分な量のデータセットにアクセスする必要がありますが、それは容易なことではありません。最大の懸念は、ディープラーニングモデルを訓練するのに十分な量の情報がデータセットに含まれていたとしても、（タスクの学習とはおそらく無関係であるものの）漏洩すると誰かに損害を与えかねない情報も含まれていることです。

フェデレーションラーニングのポイントは、セキュアな環境にアクセスし、データをまったく動かさずに問題解決の方法を学習するモデルにあります。さっそく例を見てみましょう[※1]。

```
import numpy as np
import sys
import codecs

np.random.seed(12345)

# http://www2.aueb.gr/users/ion/data/enron-spam/ のデータセット
with codecs.open("spam.txt", "r", encoding="utf-8", errors="ignore") as f:
    raw = f.readlines()

vocab, spam, ham = (set(["<unk>"]), list(), list())
for row in raw:
    spam.append(set(row[:-2].split(" ")))
    for word in spam[-1]:
        vocab.add(word)

with codecs.open("ham.txt", "r", encoding="utf-8", errors="ignore") as f:
    raw = f.readlines()

for row in raw:
    ham.append(set(row[:-2].split(" ")))
    for word in ham[-1]:
```

※1　［訳注］本書のGitHubリポジトリからspam.txtファイルとham.txtファイルを.ipynbファイルと同じフォルダにダウンロードしておく必要がある。また、第13～14章のTensorをはじめとするクラスが定義されていることが前提となる。

```
        vocab.add(word)]

vocab, w2i = (list(vocab), {})
for i,w in enumerate(vocab):
    w2i[w] = i

def to_indices(input, l=500):
    indices = list()
    for line in input:
        if(len(line) < l):
            line = list(line) + ["<unk>"] * (l - len(line))
            idxs = list()
            for word in line:
                idxs.append(w2i[word])
            indices.append(idxs)
    return indices
```

15.3 スパムの検出を学習する

メールからスパムを検出するようにモデルを訓練する

次のユースケースはメールの仕分けです。この最初のモデルは Enron データセットで訓練されます。Enron データセットは有名なエンロン訴訟によって公開されたメールからなる大規模なコーパスであり、メール解析コーパスの業界標準となっています。おもしろいことに、このデータセットを読んで注釈を付ける仕事をしていた人はかつての知り合いで、ありとあらゆる内容のメールがやり取りされていたようです（その多くは非常に個人的な内容でした）。しかし、裁判ですべて公開されてしまったので、自由に利用できるようになったわけです。

前節と本節のコードは単なる前処理です。第 13 章でディープラーニングフレームワークを作成したときに定義した、埋め込みクラスへの順伝播を可能にするためのものと同じです。そのときと同じように、このコーパスに含まれているすべての単語をインデックスのリストに変換します。さらに、メールを切り詰めるか、<unk> トークンを挿入することで、すべてのメールがちょうど 500 語になるようにします。このようにすると、最終的なデータセットが正方形になります。

```
spam_idx = to_indices(spam)
ham_idx = to_indices(ham)

train_spam_idx = spam_idx[0:-1000]
train_ham_idx = ham_idx[0:-1000]
```

```
test_spam_idx = spam_idx[-1000:]
test_ham_idx = ham_idx[-1000:]

train_data = list()
train_target = list()
test_data = list()
test_target = list()

for i in range(max(len(train_spam_idx), len(train_ham_idx))):
    train_data.append(train_spam_idx[i%len(train_spam_idx)])
    train_target.append([1])
    train_data.append(train_ham_idx[i%len(train_ham_idx)])
    train_target.append([0])

for i in range(max(len(test_spam_idx), len(test_ham_idx))):
    test_data.append(test_spam_idx[i%len(test_spam_idx)])
    test_target.append([1])
    test_data.append(test_ham_idx[i%len(test_ham_idx)])
    test_target.append([0])

def train(model, input_data, target_data, batch_size=500, iterations=5):
    criterion = MSELoss()
    optim = SGD(parameters=model.get_parameters(), alpha=0.01)
    n_batches = int(len(input_data) / batch_size)

    for iter in range(iterations):
        iter_loss = 0
        for b_i in range(n_batches):
            model.weight.data[w2i['<unk>']] *= 0
            input = Tensor(input_data[b_i*batch_size:(b_i+1)*batch_size],
                           autograd=True)
            target = Tensor(target_data[b_i*batch_size:(b_i+1)*batch_size],
                            autograd=True)
            pred = model.forward(input).sum(1).sigmoid()
            loss = criterion.forward(pred, target)
            loss.backward()
            optim.step()
            iter_loss += loss.data[0] / batch_size
            sys.stdout.write("\r\tLoss:" + str(iter_loss / (b_i+1)))

        print()
    return model

def test(model, test_input, test_output):
    model.weight.data[w2i['<unk>']] *= 0
    input = Tensor(test_input, autograd=True)
    target = Tensor(test_output, autograd=True)
```

```
    pred = model.forward(input).sum(1).sigmoid()
    return ((pred.data > 0.5) == target.data).mean()
```

これらの train 関数と test 関数により、ニューラルネットワークの初期化と訓練を次の数行のコードで実行できます。

```
model = Embedding(vocab_size=len(vocab), dim=1)
model.weight.data *= 0

for i in range(3):
    model = train(model, train_data, train_target, iterations=1)
    print("% Correct on Test Set: " +
          str(test(model, test_data, test_target) * 100))
```

たった3回のイテレーションの後、このネットワークはすでに99.45%の正解率でテストデータセットを分類できています（このテストデータセットには偏りがないため、これはかなりよい結果です）。

```
        Loss:0.037140416860871446
% Correct on Test Set: 98.65
        Loss:0.011258669226059114
% Correct on Test Set: 99.15
        Loss:0.008068268387986223
% Correct on Test Set: 99.45
```

15.4　フェデレーション環境をシミュレートする

プライバシーを保護する

前節では、メールの例を使用しました。次に、メールをすべて1か所に集めてみましょう。従来の（依然としてごく一般的な）方法に従って、複数のメールコレクションからなるフェデレーションラーニング環境をシミュレートすることから始めます。

```
bob = (train_data[0:1000], train_target[0:1000])
alice = (train_data[1000:2000], train_target[1000:2000])
sue = (train_data[2000:], train_target[2000:])
```

とても簡単です。これで以前と同じ訓練を実行できますが、それぞれのメールデータセットで訓練を一斉に開始します。イテレーションのたびに Bob、Alice、Sue のモデルの値を平均化した上で評価します。フェデレーションラーニングによっては、それぞれのバッチ（または一連のバッチ）の後に集計する手法もあります。ここではシンプルに保つことにします。

```
import copy

model = Embedding(vocab_size=len(vocab), dim=1)
model.weight.data *= 0

for i in range(3):
    print("Starting Training Round...")
    print("\tStep 1: send the model to Bob")
    bob_model = train(copy.deepcopy(model), bob[0], bob[1], iterations=1)

    print("\n\tStep 2: send the model to Alice")
    alice_model = train(copy.deepcopy(model), alice[0], alice[1],
                        iterations=1)

    print("\n\tStep 3: Send the model to Sue")
    sue_model = train(copy.deepcopy(model), sue[0], sue[1], iterations=1)

    print("\n\tAverage Everyone's New Models")
    model.weight.data = (bob_model.weight.data + alice_model.weight.data +
                         sue_model.weight.data) / 3

    print("\t% Correct on Test Set: " +
          str(test(model, test_data, test_target) * 100))

    print("\nRepeat!!\n")
```

このモデルは以前とほぼ同じ性能で学習し、理論上は訓練データセットにアクセスしていないはずです。ですが結局、各ユーザーがモデルを何らかの形で変化させています。それらのデータセットについて本当に何もわからないのでしょうか。

```
Starting Training Round...
    Step 1: send the model to Bob
    Loss:0.21908166249699718
    ...
    Step 3: Send the model to Sue
    Loss:0.015368461608470256

    Average Everyone's New Models
    % Correct on Test Set: 98.8

Repeat!!
```

15.5 フェデレーションラーニングのハッキング

トイプロブレムを使って訓練データセットを知る方法を確認する

フェデレーションラーニングには大きな課題が2つあります。訓練データセットに各ユーザーの訓練サンプルがほんの少ししか含まれていない場合、どちらも最悪の状態となります。2つの課題とは、性能とプライバシーです。結論から言うと、誰かの訓練サンプルがほんの少ししかない（ユーザーから送られてくるモデルの改善に使用されるサンプルがほんのわずか［訓練バッチ］である）場合でも、データについて多くのことがわかります。ユーザーの数が10,000人で、それぞれのデータがわずかであるとすれば、ほとんどの時間はモデルの送受信に費やされ、訓練にはあまり時間をかけないでしょう（モデルが非常に大きい場合は特にそうなります）。

ですが、少し先走ってしまったようです。ユーザーが単一のバッチで重みを更新するときに何がわかるか見てみましょう。

```
bobs_email = ["my", "computer", "password", "is", "pizza"]
bob_input = np.array([[w2i[x] for x in bobs_email]])
bob_target = np.array([[0]])

model = Embedding(vocab_size=len(vocab), dim=1)
model.weight.data *= 0

bobs_model = train(copy.deepcopy(model), bob_input, bob_target,
                   iterations=1, batch_size=1)
```

Bobは受信トレイのメールを使ってモデルを更新するためのデータを作成します。ですが愚かにも、Bobは「My computer password is pizza」（コンピュータのパスワードはpizza）というメールを自分宛てに送信していたのです。どの重みが変化したのかを調べれば、Bobのメールの語彙を突き止めることができます（そして、その意味を推測できます）。

```
for i, v in enumerate(bobs_model.weight.data - model.weight.data):
    if(v != 0):
        print(vocab[i])

password
computer
pizza
is
my
```

見てのとおり、Bobのパスワード（と好きな食べ物）がわかりました。どうすればよいのでしょう。重みの更新から訓練データの内容がこれほど簡単にわかってしまうとしたら、フェデレーションラーニングをどのように使用すればよいのでしょうか。

15.6 セキュアアグリゲーション

重みの更新を誰にも見られないうちに平均化する

Bobに勾配をさらすのをやめさせれば、問題は解決します。どうすれば他人に見られないように勾配を提供できるのでしょうか。社会科学では、**ランダム回答**（randomized response）という興味深い手法が使用されます。

その仕組みは次のようになります。ある調査を行っていて、凶悪犯罪を起こしたことがあるかどうかを100人に質問したいとしましょう。誰にも言わないと約束したとしても、全員が「いいえ」と答えるでしょう。そこで、（あなたから見えないようにして）コインを2回投げてもらい、1枚目のコインが表だった場合は正直に答えてもらい、裏だった場合は、2枚目のコインに従って「はい」または「いいえ」と答えてもらいます。

このシナリオでは、罪を犯したかどうかは実際には教えてもらえません。本当の答えは1回目と2回目のコイン投げのランダムなノイズに埋もれています。60%の人が「はい」と答えた場合は、調査を行った人の約70%が凶悪犯罪を起こしたと断定できます（単純な計算を用いるため、数パーセントの誤差があります）。要するに、ランダムノイズのせいで、個人についての情報が、その個人からではなく、ノイズによってもたらされたかのように見えるわけです。

もっともらしい否認によるプライバシー
特定の回答が個人ではなくランダムノイズによってもたらされた可能性が少しでもあれば、もっともらしい否認によってプライバシーが保護されます。このことは、セキュアアグリゲーション、さらには差分プライバシーのベースとなります。

あなたが目にするのは集計された統計データだけであり、誰かの回答を直接目にすることはありません。このため、ノイズを追加する前に人数を集めれば集めるほど、個人を隠ぺいするために追加しなければならないノイズの量が少なくなります（そして調査結果の精度が高まります）。

フェデレーションラーニングでは、（必要であれば）大量のノイズを追加することも可能ですが、それは訓練の妨げになるでしょう。代わりに、自分のもの以外の勾配は誰にもわからないような方法で、参加者全員の勾配を最初に集計してしまいます。そこで問題となるのが**セキュアアグリゲーション**(secure aggregation)、つまり、安全な集計です。セキュアアグリゲーションを実現するには、**準同型暗号**(homomorphic encryption)という新たな(非常に便利な)ツールが必要となります。

15.7 準同型暗号

暗号化された値で演算を実行する

ディープラーニングをはじめとする人工知能と暗号法が交わる部分は、最も刺激的な新しい研究分野の 1 つです。その中心にあるのが準同型暗号と呼ばれる非常に強力な技術です。大まかに言うと、準同型暗号を利用すれば、暗号化された値を復号せずに、そのまま計算を行うことができます。

具体的な例として、それらの値で足し算を実行したとしましょう。その仕組みを厳密に説明するとそれだけで 1 冊の本になってしまいますが、いくつかの定義とともにその仕組みを示すことにします。まず、**公開鍵**を使って数値を暗号化し、**秘密鍵**を使って暗号化された数値を復号します。暗号化された値を**暗号文**と呼び、復号された値を**平文**と呼びます。

phe ライブラリを使った準同型暗号の例を見てみましょう。

phe ライブラリのインストール
このライブラリをインストールするには、`pip install phe` を実行するか、GitHub からダウンロードする必要があります。

https://github.com/n1analytics/python-paillier

```
import phe

public_key, private_key = phe.generate_paillier_keypair(n_length=1024)
x = public_key.encrypt(5)          # 数字の 5 を暗号化
y = public_key.encrypt(3)          # 数字の 3 を暗号化
z = x + y                          # 暗号化された 2 つの値を足す
z_ = private_key.decrypt(z)        # 結果を復号
print("The Answer: " + str(z_))
```

答えは 8 になります。このコードは、5 と 3 の 2 つの数字を暗号化し、それらを暗号化されたままの状態で足し合わせます。便利ですね。準同型暗号に関連するもう1つの手法に**MPC**（Multi-Party Computation）があります。詳細については、「Cryptography and Machine Learning」というブログ[※2]を参照してください。

さて、セキュアアグリゲーションの問題に戻りましょう。見えない数値の足し算ができることがわかったので、答えは簡単です。このモデルを初期化する人（モデルの所有者）は、Bob、Alice、Sueに公開鍵（public_key）を送信することで、それぞれが重みの更新値（勾配）を暗号化できるようにします。続いて、（秘密鍵を持たない）Bob、Alice、Sueが直接やり取りしてそれぞれの勾配を1つの最終的な更新値にまとめ、モデルの所有者に送り返します。そして、モデルの所有者がそのデータを秘密鍵（private_key）で復号します。

15.8　準同型暗号が適用されたフェデレーションラーニング

準同型暗号を使って集計対象の勾配を保護する

```
model = Embedding(vocab_size=len(vocab), dim=1)
model.weight.data *= 0

# 実際に使用する際、n_lengthは少なくとも1024でなければならない
public_key, private_key = phe.generate_paillier_keypair(n_length=128)

def train_and_encrypt(model, input, target, pubkey):
    new_model = train(copy.deepcopy(model), input, target, iterations=1)
    encrypted_weights = list()
    for val in new_model.weight.data[:,0]:
        encrypted_weights.append(public_key.encrypt(val))
    ew = np.array(encrypted_weights).reshape(new_model.weight.data.shape)
    return ew

for i in range(3):
    print("\nStarting Training Round...")
    print("\tStep 1: send the model to Bob")
    bob_encrypted_model = train_and_encrypt(copy.deepcopy(model),
                                            bob[0], bob[1], public_key)

    print("\n\tStep 2: send the model to Alice")
    alice_encrypted_model=train_and_encrypt(copy.deepcopy(model),
                                            alice[0], alice[1], public_key)

    print("\n\tStep 3: Send the model to Sue")
```

※2　https://mortendahl.github.io/

```
    sue_encrypted_model = train_and_encrypt(copy.deepcopy(model),
                                            sue[0], sue[1], public_key)

    print("\n\tStep 4: Bob, Alice, and Sue send their")
    print("\tencrypted models to each other.")
    aggregated_model = bob_encrypted_model + alice_encrypted_model +
                       sue_encrypted_model

    print("\n\tStep 5: only the aggregated model")
    print("\tis sent back to the model owner who")
    print("\t can decrypt it.")
    raw_values = list()
    for val in sue_encrypted_model.flatten():
        raw_values.append(private_key.decrypt(val))

    model.weight.data = \
        np.array(raw_values).reshape(model.weight.data.shape) / 3
    print("\t% Correct on Test Set: " +
          str(test(model, test_data, test_target) * 100))
```

これで、新たなステップが追加された新しい訓練法を実行できます。Alice、Bob、Sueは準同型暗号が適用されたモデルを足し合わせた上で返送するため、どの更新が誰からのものであるかは決してわかりません(いわゆるもっともらしい否認です)。本番環境では、Bob、Alice、Sueがそれぞれ要求する特定のプライバシー基準を満たすのに十分なランダムノイズも追加することになるでしょう。それについて説明するのはまたの機会にします。

```
Starting Training Round...
    Step 1: send the model to Bob
    Loss:0.21908166249699718

    Step 2: send the model to Alice
    Loss:0.2937106899184867

    ...

    % Correct on Test Set: 99.15
```

15.9 まとめ

フェデレーションラーニングはディープラーニングのブレークスルーの１つ

今後数年間にフェデレーションラーニングによってディープラーニングの情勢は変わるだろうと筆者は確信しています。フェデレーションラーニングにより、これまでは機密性が高すぎて扱うことができなかった新たなデータセットが解放され、この新しい企業活動の機会によって大きな社会的利益が生み出されるでしょう。これは暗号化と人工知能研究の一種の収斂であり、この10年間で最も刺激的な収斂であると筆者は考えています。

これらの手法を実用化するにあたって最大のネックは、現代のディープラーニングツールでは利用できないことです。転機が訪れるのは、`pip install ...` を実行すれば、プライバシーとセキュリティを最優先し、フェデレーションラーニング、準同型暗号、差分プライバシー、セキュアなMPCなどの手法がすべて組み込まれた（そして専門家でなくても利用できる）ディープラーニングフレームワークに誰でもアクセスできるようになったときでしょう。

この信念に突き動かされた筆者は、この1年間、OpenMinedプロジェクトの一環としてオープンソースのボランティアチームと協力し、主要なディープラーニングフレームワークをこれらのプリミティブで拡張してきました。プライバシーとセキュリティの未来におけるこれらのツールの重要性を信じているのなら、ぜひOpenMinedプロジェクト※3を調べてみてください。いくつかのリポジトリにスターを付けるだけでもサポートは大歓迎です。ぜひプロジェクトに参加してください（チャットルーム※4があります）。

※3 https://www.openmined.org/
https://github.com/OpenMined

※4 https://slack.openmined.org

次のステップ クイックガイド 16

本章の内容

- ステップ1：PyTorchを学び始める
- ステップ2：別のディープラーニングコースを受講する
- ステップ3：数学的なディープラーニングの教科書を読む
- ステップ4：ディープラーニングのブログを始める
- ステップ5：Twitter
- ステップ6：学術論文を書く
- ステップ7：GPUを手に入れる
- ステップ8：報酬をもらって練習する
- ステップ9：オープンソースプロジェクトに参加する
- ステップ10：ローカルコミュニティを開拓する

> できると思えばできるし、できないと思えばできない。どちらにしてもあなたは正しい。
>
> —ヘンリー・フォード、自動車製造業者

本書は盛りだくさんの内容でした。ここまで読み通したことを誇りに思ってください。この時点で、読者は人工知能の基本的な概念を理解しており、自信を持ってそれらの話をしたり、

より高度な概念を学んだりできるはずです。

ディープラーニングの本を読んだのはこれが初めて、という場合は特にそうですが、この最後の章では、次のステップを順番に説明します。大まかな前提として、この分野で働くことに関心がある、あるいは少なくとも副業としてちょっとかじってみたいと考えているものとします。筆者の一般的な意見が読者を正しい方向に導くのに役立つことを願っています（これらはかなり大まかなガイドラインにすぎず、すべてが直接当てはまるとは限りません）。

ステップ1：PyTorchを学び始める

本書で作成したディープラーニングフレームワークはPyTorchと最もよく似ている

本書では、ディープラーニングを学ぶのにNumPyを使用してきました。NumPyは基本的な行列ライブラリです。その後はディープラーニングフレームワークを実際に構築し、存分に活用してきました。ですがここからは、新しいアーキテクチャを学ぶ場合を除いて、実際のフレームワークを使用すべきです。そのほうがバグが少なく、実行も（はるかに）高速になります。また、他の人のコードを継承したり勉強したりできるようになります。

なぜPyTorchを選択するのでしょうか。よい選択肢は他にもたくさんありますが、NumPyを経験した後、最もしっくりくるのがPyTorchです。さらに、第13章で構築したフレームワークはPyTorchのAPIによく似ています。実際のフレームワークに向けた準備を整えるために、あえてそうしたのです。PyTorchを選択すれば、違和感なく使えるはずです。とはいえ、ディープラーニングフレームワークの選択はホグワーツの寮に入るようなものです。つまり、どれもすばらしいフレームワークです（ただし、PyTorchがグリフィンドールであることは間違いありません）。

では、次の質問です。PyTorchはどのように学べばよいのでしょうか。最もよいのは、このフレームワークを使ってディープラーニングを教えるコースを受講することです。すでによく知っている概念についての記憶を呼び起こしながら、それぞれの要素がPyTorchのどこに当てはまるのかを確認できるでしょう（確率的勾配降下法を復習しながら、それがPyTorchのAPIのどこにあるのかを理解することになります）。本書の執筆時点では、UdacityのDeep Learning Nanodegree※1やfast.ai※2がお勧めです。また、PyTorchのチュートリアル※3や

※1　https://www.udacity.com/course/deep-learning-nanodegree--nd101
公平を期すために言うと、筆者もここで教えている。

※2　https://www.fast.ai/

※3　https://pytorch.org/tutorials

サンプル※4 もすばらしい情報源です。

ステップ 2：別のディープラーニングコースを受講する

同じ概念を何度も学び直すことでディープラーニングをマスターする

1 冊の本や 1 つのコースでディープラーニング全体の習得に十分であると考えるのも結構ですが、たとえすべての概念が本書でカバーされていたとしても、（本書のタイトルにもあるように）それらを完全に理解するには、同じ概念を異なる視点から説明してもらうことが欠かせません（そもそも本書ではそれらをカバーしきれていません）。筆者は開発者として成長するために、基本的な概念を説明する YouTube の動画を観まくり、ブログの記事を読み漁る傍ら、6 種類ほどのコース（または YouTube のシリーズものの動画）を受講しました。

スタンフォード大学、マサチューセッツ工科大学、オックスフォード大学、ニューヨーク大学など、ディープラーニングで有名な大学や AI 研究所のオンライン講座をぜひ YouTube で探してみてください。すべての動画を観て、すべての練習問題を解いてください。fast.ai を受講し、できれば Udacity も受講してください。同じ概念を繰り返し学び直し、実践しながらしっかり身につけてください。基本概念を頭に叩き込んでください。

ステップ 3：数学的なディープラーニングの教科書を読む

ディープラーニングの知識から数学をリバースエンジニアリングできる

筆者は大学で応用離散数学の学士号を取得しましたが、代数学、微積分学、統計学については、教室で費やした時間よりもディープラーニングに費やした時間からはるかに多くのことを学びました。さらに、意外に思えるかもしれませんが、NumPy コードをハックして、そのコードが実装している数学問題を逆にたどっていくことでその仕組みを理解する、という方法を覚えました。筆者はこのようにしてディープラーニング関連の数学への理解を深めました。よい方法なので、ぜひ心に留めておいてください。

どの本を選べばよいかわからない場合、本書の執筆時点において出版されている中では、おそらく Ian Goodfellow、Yoshua Bengio、Aaron Courville 著『Deep Learning』※5（MIT Press、2016 年）が最もお勧めです。それほど数学に偏った内容ではありませんが、本書の次に読むべき本です（冒頭に数学表記のすばらしいガイドもあります）。

※4　https://github.com/pytorch/examples

※5　『深層学習』（アスキードワンゴ、2018 年）

ステップ4：ディープラーニングのブログを始める

筆者の知識やキャリアにとってこれほど役立ったものはない

これをステップ1にすべきだったかもしれませんが、とにかく説明しましょう。筆者のディープラーニングの知識を高める上で（そしてディープラーニングでのキャリアアップに）最も役立ったのは、個人的なブログでディープラーニングを教えることでした。人に何かを教えるには、何もかもできるだけわかりやすく説明しなければなりません。大勢の人々の前で恥をかかないよう、しっかりやろうという気になります。

これは笑い話ですが、最初の記事の1つがHacker Newsで取り上げられたことがあります。ですが、記事の内容がひどかったので、大手のAI研究所の一流の研究者にコメント欄でこてんぱんに叩かれました。筆者は傷つき、自信を失いましたが、文章力を鍛えるきっかけにもなりました。何かを読んでいて理解しにくいとしたら、それはたいてい自分のせいではなく、それを書いた人が、その内容全体を理解するために知っておかなければならない細かな点の説明に十分な時間を割いていなかったからだ、ということに気づかされたのです。理解の助けになるような、共感できるたとえを与えてくれなかったのです。

とにかく、ブログを始めましょう。Hacker NewsやML Redditのフロントページにブログが載ることを目指して、基本的な概念を教えることから始めます。誰よりもうまく教えてください。すでに取り上げられているテーマであっても気にしないでください。今日に至るまで、筆者のブログで最も人気の高い記事『A Neural Network in 11 Lines of Python』（11行のPythonで書くニューラルネットワーク）は、ディープラーニングにおいて教え尽くされた内容である基本的なフィードフォワードニューラルネットワークを教えるものです。しかし、それを新しい方法で説明することができたので、一部の人々にとって助けになったのです。「自分」の理解の助けとなるような方法で記事を書いたことが、その最大の理由でした。そのとおり、自分が学びたい方法で教えればよいのです。

それから、ディープラーニングの概念を要約するだけではだめです。要約ほど退屈なものはありませんし、誰も読みたくありません。チュートリアルを書いてください。すべての記事に「何かをすること」を学習するニューラルネットワークが含まれるようにしてください。その何かをダウンロードして実行できるようになっていれば言うことなしです。それぞれの要素が何を行うのかを細かく説明し、5歳児でも理解できるようにしてください。それが目安です。2ページの記事を書くのに3日もかかっていて、投げ出したくなるかもしれませんが、そこで引き返さないでください。そういうときこそとにかく前に進み、すばらしい記事にしてください。まじめな話、1本のすばらしい記事があなたの人生を変えるかもしれません。

AIの仕事に就きたい、あるいはAIの修士課程や博士課程に進みたい場合は、一緒に活動したい研究者を探し、その人の研究内容に関するチュートリアルを書いてください。筆者の経験では、どのチュートリアルもその研究者との出会いのきっかけになりました。チュートリアルを書くことで、彼らが取り組んでいるコンセプトをあなたが理解していることが証明され、そのことが彼らに共同で作業したいと考えてもらうための前提条件になるからです。よそよそしい電子メールを送るよりも、このほうがずっと効果的です。Reddit や Hacker News などで記事が取り上げられると、他の誰かが先にその記事を本人に送ってくれるからです。場合によっては、相手のほうから連絡が来ることもあります。

ステップ5：Twitter

Twitter は AI 関連の話題でいっぱい

筆者が世界中の研究者と最もよく知り合うきっかけとなった場所は、他でもない Twitter です。これまでに読んだ論文のほとんども Twitter で知りました。フォローしていた人がその論文についてつぶやいたからです。最新の変更には常に通じていたいものです。さらに重要なのは、会話の一部に加わることです。筆者の場合は、尊敬している AI 研究者を見つけ出してフォローし、彼らがフォローしている人々をフォローすることから始めました。そこからフィードをスタートさせ、それが大きな助けになりました（ただし、Twitter 中毒にならないように注意してください）。

ステップ6：学術論文を書く

Twitter ＋ブログ＝学術論文に関するチュートリアル

おもしろそうで、なおかつ尋常ではない数の GPU を必要としない論文が見つかるまで、Twitter フィードに目を光らせてください。そして、その論文に関するチュートリアルを書いてください。その論文を読み、数学を解読し、元の研究者が行ったチューニングをざっと再現してみる必要があります。理論研究に興味がある場合、これ以上によい方法はありません。筆者が ICML（International Conference on Machine Learning）で初めて発表した論文は、word2vec に関する論文を読み、コードをリバースエンジニアリングしたことによって生まれました。いずれ論文を読みながら、「待てよ、もっとうまくできそうな気がする」と思う瞬間がやってくるでしょう。そうなれば、あなたも晴れて研究者の仲間入りです。

ステップ 7：GPU を手に入れる

実験が高速になればなるほど学習時間が短くなる

GPU によって訓練が 10 ～ 100 倍高速になることはよく知られていますが、要するに、（よい悪いはともかく）思い付いたアイデアを 100 倍高速に検証できる、ということです。このことはディープラーニングの学習にとって信じられないほど有益です。筆者が自分のキャリアで犯した誤りの 1 つは、GPU になかなか手を出さなかったことです。筆者と同じ轍を踏まないでください。NVIDIA の GPU を購入するか、Google Colab で無償で利用できる K80 を試してください。AI コンテストでは NVIDIA の GPU が学生に無償で提供されることがありますが、そのときまで待たなければなりません。

ステップ 8：報酬をもらって練習する

ディープラーニングに費やす時間が長いほど習得が早くなる

筆者のキャリアでもう 1 つの転機となったのは、ディープラーニングツールの調査や研究ができる仕事を得たことです。データサイエンティスト、データエンジニア、リサーチエンジニアになるか、統計分析を行うフリーランスのコンサルタントとして活動してください。要するに、働きながら学び続けることで報酬を得る方法を見つけるのです。そうした仕事は存在します。見つけるのにある程度の努力が必要なだけです。

このような仕事を得るには、ブログが必要不可欠です。どのような仕事に就きたいとしても、雇用者が求めている能力があなたにあることを示す記事を少なくとも 2 本は書いてください。それらは最高の履歴書です（数学の学位よりも価値があります）。仕事ができることがすでに証明されている人は申し分のない候補者です。

ステップ 9：オープンソースプロジェクトに参加する

AI での人脈作りとキャリア形成にはオープンソースプロジェクトでコアデベロッパーになるのが一番

まず、ディープラーニングフレームワークの中から気に入ったものを選んで実装を開始します。そうすると、気がつけば一流の研究所の研究者とやり取りしているでしょう（彼らはあなたのプルリクエストを読み、承認します）。筆者はこのようにして（見たところ無名の状態から）すばらしい仕事に就いた人々をたくさん知っています。

とはいえ、それなりに時間はかかります。誰も手取り足取り教えてくれません。コードを読み、友達を作りましょう。ユニットテストとコードを説明するドキュメントを追加することから始めて、バグをつぶします。そしてようやく、もっと大きなプロジェクトに着手します。時間はかかりますが、将来への投資です。自信がない場合は、PyTorch、TensorFlow、Kerasといった主要なディープラーニングフレームワークを使用してください。あるいは、（筆者が最高のオープンソースプロジェクトだと考えている）OpenMined に参加して、筆者と一緒に作業することもできます。新たな参加者は大歓迎です。

ステップ 10：ローカルコミュニティを開拓する

ディープラーニングを覚えたのは友達付き合いが楽しかったおかげ

筆者は Bongo Java[※6] でディープラーニングを覚えました。筆者の隣には同じくディープラーニングに興味を持っていた親友が座っていました。バグをつぶすのに手こずったり（たった 1 つのピリオドを見つけるのに 2 日かかったこともありました）、概念をマスターするのに苦労したりしてもそこに通い続けたのは、一緒に過ごしたい人々がいたからでした。侮るなかれ、お気に入りの場所に気心の知れた人たちと一緒にいると、ついつい長居をして作業がはかどることになります。ちっとも難しいことではありませんが、意志がないと続きません。ひょっとしたら、ちょっとした息抜きになるかもしれません。

※6　米国テネシー州ナッシュビルのコーヒーハウス。

索引

◆ ひ

◆ ふ

◆ へ

◆ ほ

◆ も

◆ ゆ

◆ よ

◆ ら

◆ り

◆ る

◆ れ

◆ ろ

装丁　山口了児（zuniga）

なっとく！ディープラーニング

2020年03月16日　　初版第1刷発行

著　者　Andrew W. Trask（アンドリュー・W・トラスク）
監　訳　株式会社クイープ
発行人　佐々木幹夫
発行所　株式会社翔泳社（https://www.shoeisha.co.jp/）
印刷・製本　株式会社廣済堂

本書へのお問い合わせについては、ii ページに記載の内容をお読みください。

落丁・乱丁はお取り替え致します。03-5362-3705 までご連絡ください。

ISBN978-4-7981-5501-2　　Printed in Japan